战略性新兴领域“十四五”高等教育系列教材

矿山机械与智能化技术

主　编　马立峰　瞿　铁

副主编　李爱峰　王志霞　赵广辉

参　编　孙　刚　岳海峰　王正谊　李懿江

杨小霞　刘鹏涛　王朝华　高翔宇

机械工业出版社

本书主要介绍包括露天开采、地下开采和选矿过程在内的矿山生产过程中所采用的不同种类设备的概述、结构组成、设备特点、工作原理，以及其自动化或智能化技术等基础知识。本书共 8 章，主要内容包括绪论、钻孔机械及其智能化技术、装载与挖掘机械及其智能化技术、矿井提升机械及其智能化技术、选前作业机械及其智能化技术、选别作业机械及其智能化技术、选后作业机械及其智能化技术、智慧矿山的关键技术及展望。

本书可作为高等院校矿山机械类专业的教学用书，也可作为从事矿山机械设计制造、矿山生产及设备管理的工程技术人员的学习参考用书。

图书在版编目（CIP）数据

矿山机械与智能化技术 / 马立峰，瞿铁主编. 北京 ：机械工业出版社，2024. 10. --（战略性新兴领域“十四五”高等教育系列教材）. -- ISBN 978-7-111-77003-9

Ⅰ. TD4

中国国家版本馆 CIP 数据核字第 2024GK6904 号

机械工业出版社（北京市百万庄大街 22 号　邮政编码 100037）

策划编辑：徐鲁融　　　　责任编辑：徐鲁融　王效青

责任校对：郑　雪　刘雅娜　　封面设计：王　旭

责任印制：刘　媛

北京中科印刷有限公司印刷

2025 年 1 月第 1 版第 1 次印刷

184mm×260mm · 13.25 印张 · 321 千字

标准书号：ISBN 978-7-111-77003-9

定价：49.00 元

电话服务　　　　　　　　　网络服务

客服电话：010-88361066　　机　工　官　网：www.cmpbook.com

　　　　　010-88379833　　机　工　官　博：weibo.com/cmp1952

　　　　　010-68326294　　金　书　网：www.golden-book.com

　机工教育服务网：www.cmpedu.com

PREFACE 前言

矿产资源是社会经济发展的重要物质基础，开发和利用好矿产资源是现代化建设的必然要求。我国矿产资源的特点是总量大，但人均占有量低；贫矿较多，富矿稀少；共生、伴生矿床多，单一矿床少；开发利用难度大。这些特点决定了我国必须加强矿产资源的合理开发和利用。

矿山生产是矿产资源开发和利用的基本手段，也是国民经济的基础工业，承担着向各种加工工业提供有用矿物和原材料的任务。在矿山生产中，各个环节的机械化和智能化程度，以及生产组织与管理工作智能化水平，直接决定了矿山生产的技术水平和生产能力。

为满足现代矿山智能化建设的需求，拓展矿山机械相关专业学生的知识宽度，本书介绍了矿山生产过程的特点、国内外矿山机械的现状、矿山机械智能化技术的现有成果和发展趋势，并对智慧化矿山建设提出了展望。本书从露天开采、地下开采和选矿三个维度入手，阐述了矿山开采及选矿中常用的钻孔机械、装载与挖掘机械、提升机械、选矿机械等的基本结构、基本原理及相关的自动控制或智能化技术，旨在加深学生对矿山机械及其智能化技术的理解，拓展学生的知识结构和创新维度。

本书由马立峰（太原科技大学）和瞿铁（中信重工）担任主编，李爱峰（太原科技大学）、王志霞（太原科技大学）、赵广辉（太原科技大学）担任副主编。具体编写分工：第1章由马立峰、瞿铁编写，第2章由王志霞编写，第3章由李爱峰、孙刚（太原重工）和岳海峰（太原重工）编写，第4章由王正谊（太原科技大学）和王志霞编写，第5章由瞿铁、赵广辉、王朝华（太原科技大学）编写，第6章由赵广辉、杨小霞（太原科技大学）编写，第7章由刘鹏涛（太原科技大学）、李懿江（太原科技大学）编写，第8章由马立峰、高翔宇（太原科技大学）编写。

太原科技大学的晋民杰、太原重工的张永明对本书的编写提出了很多宝贵意见，在此表示衷心感谢！本书的编写参考了大量文献，在此向原作者表示衷心的感谢！

由于编者水平有限，书中难免有不妥之处，恳请广大读者批评指正。

编　者

CONTENTS

目 录

章节知识点
讲解视频

第1章 绪论

1.1 矿山生产过程及特点

1.1.1 矿产资源

矿产资源在人类的日常生活及工业、农业的各个方面都得到了广泛的应用。统计数据显示，目前，我国95%以上的能源、80%以上的工业原料、70%以上的农业生产资料、30%的农田灌溉用水以及1/3人口的饮用水都来自矿产资源。简而言之，人类社会发展的历史，在某种程度上也是矿产资源开发利用的历史。由此可见，矿产资源对人类生活产生了深远的影响。

矿产资源是经过漫长的地质历史形成的，赋存于地表或埋藏于地下，含有可被利用的有用元素、矿物或岩石，并且是人类目前及未来可以开发利用的天然（固态、液态或气态）集合体。

从属性和用途来划分，可将矿产资源分为能源矿产、金属矿产、非金属矿产及水气矿产四类。每类矿产资源所含矿种见表1-1。

表1-1 每类矿产资源所含矿种

矿产资源的类型	所含矿种
能源矿产	煤、石油、天然气、铀、钍、地热等
金属矿产	铁、锰、铬、钒、钛、铜、铅、锌、铝土、镍、钴、钨、锡、钼、汞、镁、铂、金、银、锂、稀土金属等
非金属矿产	金刚石、石墨、磷、自然硫、钾盐、水晶、刚玉、石棉、云母、石膏、天然碱、石英砂、高岭土、花岗岩、大理石、矿盐等
水气矿产	地下水、矿泉水、二氧化碳气、硫化氢气、氦气等

地壳中各种形态及产状的具有工业意义的矿物、化合物的自然聚集体或矿石集合体称为矿体。矿石，是指从矿体中开采出来，可从中提取有用组分（元素、化合物或矿物）或利用其特性的矿物集合体，包括金属矿石、非金属矿石，以及煤、油页岩等有用的岩石。矿床是矿体的总称，在一定的技术条件下，其所含有用矿物资源能被开采利用，一个矿床可由一个或多个矿体组成。

矿体周围的岩石称为围岩。矿体的围岩及矿体中的岩石（夹石），不含有用成分或有用成分含量过少，从经济角度出发无开采价值，称为废石。单位体积或单位质量矿石中有用矿物或有用组分的含量称为矿石品位（简称为品位），它是衡量矿石质量好坏的主要指标，一般以质量百分比表示。根据矿石中有益、有害组分的含量、物理性能、质量差异以及不同用途或要求等，对矿石划分的不同等级称为矿石品级，它是工业上合理开采利用矿石的重要依据。

我国矿产资源储量较大，各矿石的查明资源储量：铁矿石为 852.19 亿 t；锰矿为 18.16 亿 t；铜矿为 11443.49 万 t；铅矿为 9216.31 万 t；锌矿为 18755.67 万 t；铝土矿为 51.7 亿 t；钨矿为 1071.57 万 t。这使我国成为世界上少数几个矿种齐全、矿产资源总量丰富的大国之一。我国的煤炭、钢铁、十种有色金属、水泥、玻璃等主要矿产品产量居世界前列，是世界最大矿产品生产国，因此针对矿产资源的绿色低碳、高质量开发和利用意义重大。

1.1.2 矿山生产过程

以固态形式赋存于地表或埋藏于地下的矿物资源通常需要经过采矿和选矿过程才能成为人类社会生产生活所需要的矿物产品。

1. 采矿

根据矿体在地下赋存的条件不同，采矿的方法分为地下开采和露天开采。当矿体埋藏较浅，且可以通过移走矿体上的覆盖物、从裸露地表的采矿场采出有用矿物时，采用露天开采方法。当矿体埋藏较深，采用露天开采会使剥离系数过高，经过技术经济比较认为，必须通过开凿由地表通往矿体的巷道，如竖井、斜井、斜坡道、平巷、溜井等，才能将矿石采出来时，采用地下开采方法。

（1）地下开采　地下开采是指从地下矿床的矿块里采出矿石的过程，包括矿床开拓、采准、切割、回采四个过程。开拓是从地表掘进一系列竖井、斜井、斜坡道、平巷等井巷到达矿体，建立地表与矿体的通路，建立提升、运输、通风、排水、供电、供水、供风、行人等系统。图 1-1 所示为地下开采开拓全景示意图。采准是在完成开拓工作的阶段内，掘进采准巷道，将阶段划分为矿块，并在矿块内形成行人、通风、凿岩、出矿等系统。切割是在完成采准工作的矿块内，掘进切割巷道、拉底巷道、放矿漏斗、凿岩硐室等，开辟切割空间，

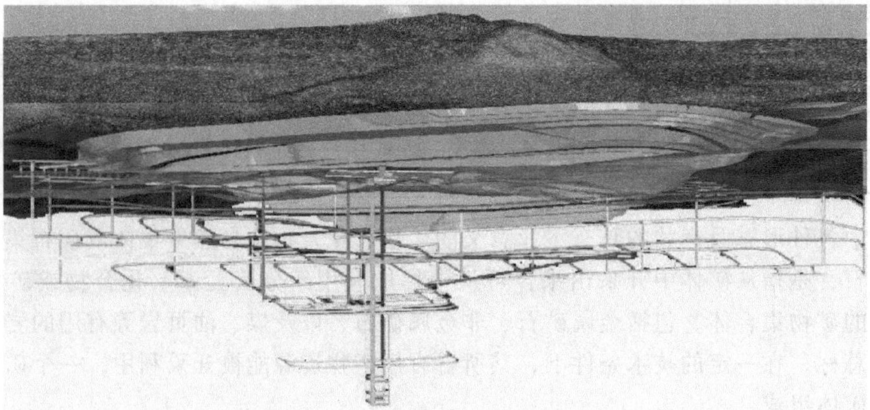

图 1-1　地下开采开拓全景示意图

为大规模回采开辟自由面和补偿空间，为出矿创造条件。回采是在完成切割工作的矿块内，大量的回收矿石，包括凿岩和崩落矿石、运搬矿石、地压管理等。这四个过程在开采工作开始时依次进行。当矿山投产以后，仍需继续开凿各种井巷以保证持续正常生产，如延伸开拓巷道及开凿各种探矿、采准、回采巷道等，在时间上须遵循“开拓超前于采准、采准超前于回采、确保各级生产准备矿量达到合理保有期”的原则。图 1-2 所示为地下采矿示意图。

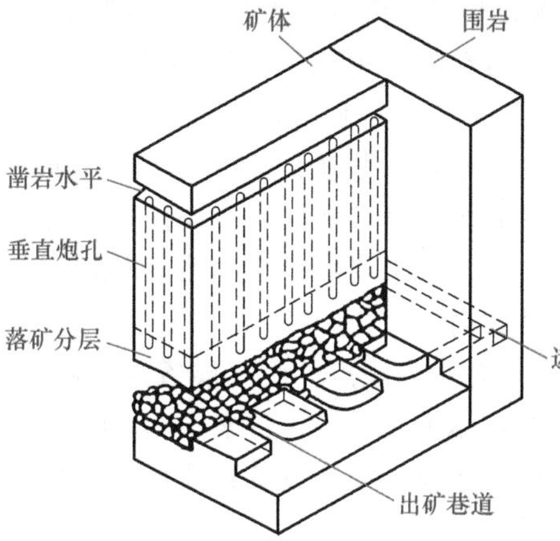

图 1-2　地下采矿示意图

（2）露天开采　露天开采是一种历史悠久的采矿方法。由于矿体几乎都是覆盖在岩石或表土之下，露天开采方法需要先将这些岩石或表土剥开，然后直接从地表采出有用矿物。在 20 世纪以前，由于受到矿床赋存条件和生产力的限制，露天开采在采矿业中的占比较小。随着 20 世纪机械制造业的飞速发展，出现了一系列高效的采掘和运输设备，使露天开采矿山的技术发生了根本性变化。同时，为解决矿物原料供需间的矛盾，大量开采低品位矿石的需求日益增加，露天开采无论从技术上还是经济上都是最适合的方法。据统计，全球每年从地壳采出的矿石超过 100 亿 t，露天开采量占 70% 以上。除瑞典、法国和日本等少数国家以地下开采为主外，大部分国家的采矿业均是露天开采为主。

露天矿山的生产工艺主要包括掘沟、剥岩、采矿三项工程，这三项工程的生产工艺过程基本相同，一般包括穿孔爆破、采装、运输和排土四个环节。这些工艺之间需要密切配合，任何一个生产工艺跟不上，都会影响其他工艺的正常进行，从而影响露天矿生产任务的完成。因此，必须合理配套各工艺的生产设备，加强组织管理工作，提高设备的完好率、开动率和生产率，以确保更好地完成和超额完成生产任务。图 1-3 所示是露天矿场全貌。

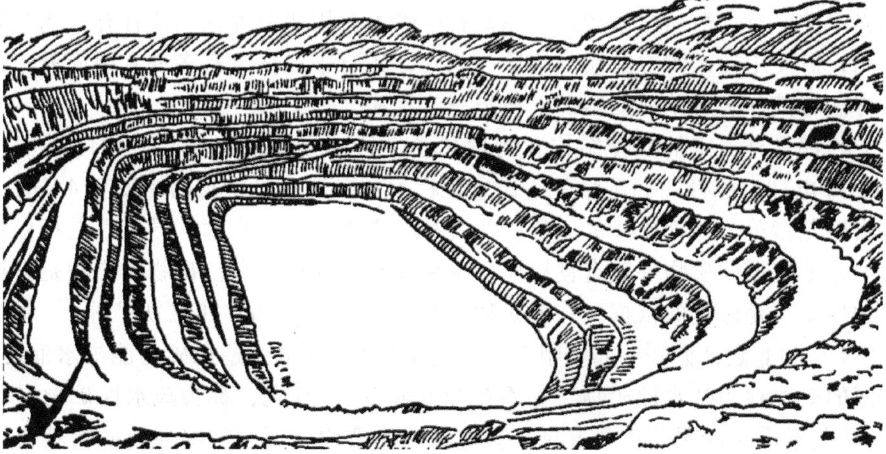

图 1-3　露天矿场全貌

露天开采与地下开采在工艺上有相似之处，但在工程发展上却截然不同。

1）露天开采的优点。受开采空间限制小，大型机械设备的使用能大幅提高开采强度和矿石产量；劳动生产率高，一般为地下开采的2~10倍；开采成本低，一般为地下开采的1/3~1/2。有利于开采低品位矿石；露天开采矿石的损失率在3%~5%以内，贫化率在5%~10%以内，能充分利用地下资源，比地下开采指标好；相较于地下开采，露天开采高温、易燃、多水的矿体，具有更好的适应性和灵活性；露天开采用于每一吨矿石年生产能力的基建投资一般比地下开采要低；基础建设时间短，投资回报快；露天开采的劳动条件相对好些，工作安全性较高。

2）露天开采的缺点。受气候条件影响较大，严寒、酷热、暴雨、大雪、暴风、大雾等天气条件会给露天开采工作带来不利影响；由于需要进行大量的基建剥离，占用的土地面积较大，因此需要使用大型设备，使得露天开采的基建投资总额一般较大，只能用于开采覆盖岩层较浅的近地表矿体。

综合来看，在条件允许的情况下，应该优先采用露天开采。我国露天开采量占总开采量的比例见表1-2。

表1-2　我国露天开采量占总开采量的比例

矿石种类	露天开采量占总开采量的比例(%)
铁矿石	86.4
有色金属	49.6
煤炭	8
建筑材料	100
冶金辅助原料	90.5

2. 选矿

从矿山开采出来的矿石称为原矿。原矿通常是由有用矿物和脉石所组成的。有用矿物就是含有用成分（如Fe、Cu）的矿物，如Fe_2O_3、CuS等。脉石就是原矿中没有使用价值的或不能被利用的部分，如SiO_2。有用矿物和脉石通常以紧密的实体嵌布或者是疏散的混合物状态存在。

自然界中的矿石一般品位都较低，原矿石中除了有用成分外往往还含有一些杂质，不能直接被利用，需要用选矿的方法剔除杂质。此外，矿石中往往含有多种有用成分，同样需要用选矿的方法将其分离成单独的精矿以被进一步利用。

固体矿物都具有一定的晶体结构和物理化学性质。与选矿有关的矿物性质主要有比重（或密度）、导电性、磁性、润湿性等。比重也称为相对密度是矿物的密度与4℃时水的密度的比值，密度是指单位体积矿物的质量，两者都是重力选矿的依据。导电性是指矿物的导电能力，是电选的依据。矿物一般有良导体、半导体和非导体之分。矿物的磁性是它被磁铁吸引或排斥的性质，是磁选的依据。一般矿物可分为强磁性矿物（如磁铁矿等）、弱磁性矿物（如赤铁矿等）和非磁性矿物（如金刚石、赤铜矿等）。润湿性是指矿物能被水润湿的性质。易被水润湿的矿物称为亲水性矿物（如石英和方解石），反之，称为疏水性矿物（如辉钼矿和石墨）。矿物的自然润湿性主要取决于矿物的结晶结构。不同润湿性的矿物具有不同的可浮性，可浮性是浮选的依据。例如，磁铁矿呈黑色，结晶为八面体，比重为4.6~5.2，强磁性，化学成分为 Fe_3O_4 等。这些性质为识别、选分和利用这些矿物提供了依据。此外，矿物的形状、粒度、颜色、光泽等也是某些特殊选矿方法的依据。

选矿是一个连续的生产过程，由一系列连续的作业所组成。矿石连续加工的工艺过程称为选矿工艺流程。整个选矿工艺过程由选前准备作业、选别作业和选后脱水作业等组成。

（1）选前准备作业　有用矿物在矿石中通常呈嵌布状态，嵌布粒度的大小通常为 0.05mm 至数毫米。目前，露天矿开采的原矿最大块度为 500~2000mm，地下矿开采的原矿最大块度为 300~600mm。为了从矿石中选出有用矿物，首先必须将矿石破碎，使其中的有用矿物和脉石单体解离，以达到可选粒度的要求。通常，将粉碎产品粒度为 5mm 以上的粉碎过程称为破碎，将取得更细产品粒度的粉碎过程称为磨矿。破碎与磨矿的划分是相对的，合理的破碎粒度必须经过技术和经济的全面比较来确定。

物料经过破碎（磨矿）的次数称为破碎（磨矿）阶段的段数。生产实践中，大致分为以下阶段。

粗碎：给矿粒度为 500~1500mm，破碎到 125~400mm。

中碎：给矿粒度为 125~400mm，破碎到 25~100mm。

细碎：给矿粒度为 25~100mm，破碎到 5~25mm。

粗磨：给矿粒度为 5~25mm，磨碎到 0.3~1mm。

细磨：给矿粒度为 0.3~1mm，磨碎到 0.074~0.1mm。

选前准备作业通常分为破碎筛分作业和磨矿分级作业两个阶段进行。

1）破碎筛分作业。目前选矿厂常用的粉碎设备一般不能一次将采出的矿石粉碎到单体解离，而需连续多次粉碎。在破碎后的产品中也时常含有粒度过大的矿粒，需要将这些过大的矿粒从混合物料中分出并返回至破碎机中再破碎。为了达到上述目的，必须对矿石进行筛分。筛分即将颗粒大小不同的混合物料按粒度分成几种级别的分级作业。在选矿作业中，通常将破碎和筛分组成联合作业，基本破碎筛分流程如图 1-4 所示。图 1-4a 所示为三段开路破碎筛分作业流程，图 1-4b 所示为三段一次闭路破碎筛分流程，有的中小型选厂也可将三段流程简化为两段或在第一段不设预先筛分。

2）磨矿分级作业。有用矿物呈细粒嵌布时，由于粒度比较小（0.05~1mm），因此，矿石经几段破碎以后，必须在磨碎后才能使有用矿物与脉石达到单体分离，以选出有用矿物并去掉脉石。取得更细产品粒度的粉碎过程称为磨矿，破碎与磨矿的划分是相对的。与破碎筛分作业类似，磨矿作业通常需要与分级作业联合进行。图 1-5 所示为基本磨矿分级流程，其中，图 1-5a 所示为有检查分级的一段闭路磨矿流程，适用于磨矿细度大于 0.15mm 的粗磨情况，在我国黄金选矿厂中得到广泛应用。图 1-5b 所示为有检查分级和控制分级的一段闭路磨矿流程，适用于小型选矿厂的磨矿细度不小于 0.15mm 时采用。图 1-5c 所示为有检查分级的两段一次闭路磨矿流程，它适用于给矿粒度大、生产规模大的选矿厂采用。第一段常用棒磨机做开路

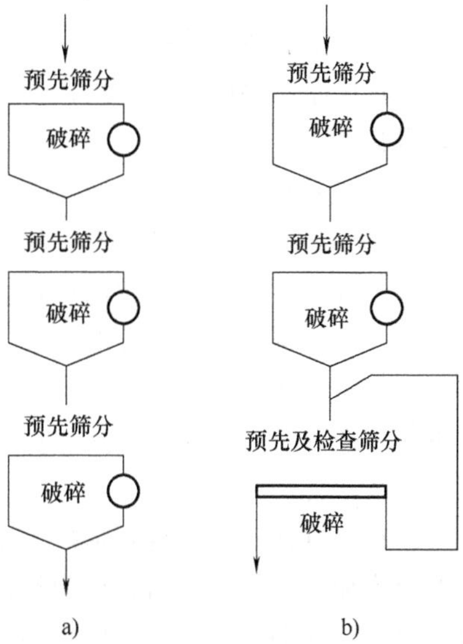

图 1-4　基本破碎筛分流程

磨矿，将20~25mm的矿石磨碎到3mm左右后再经球磨机细磨。图1-5d所示为两段两闭路磨矿流程，第二段磨矿的预先分级和检查分级合并在一起。它常用于最终产品粒度要求小于0.15mm的大中型选矿厂。这种流程必须正确的分配第一段和第二段磨矿机的负荷量，才能提高磨矿效率。

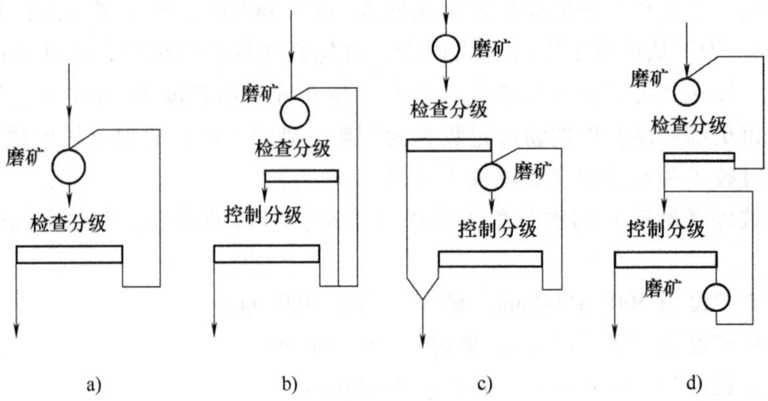

图1-5 基本磨矿分级流程

(2) 选别作业 矿石破碎到一定大小的粒度以后，虽然有用矿物呈单体分离状态，但仍与脉石混在一起。因此，必须根据矿石的性质，用适当的方法将矿石中的有用矿物与脉石分离。这是选矿过程的关键作业（或主要作业）。最常用的选矿方法有重力选矿法、浮选法、磁力选矿法等。重力选矿法是利用矿石中有用矿物和脉石的比重（密度）差，以及它们在介质（水、空气、重介质）中运动时的不同速度而使它们分离的一种选矿方法。浮选法是根据各种矿物表面物理化学性质的差别，使有用矿物与脉石相互分离的选矿方法。浮选是在浮选机中进行的。磁力选矿法是根据有用矿物与脉石的磁性不同，使它们分离的一种选矿方法。此外，还有根据矿物的导电性、摩擦系数、颜色和光泽等不同来进行的选矿的方法，如静电选矿法、摩擦选矿法、光电分选法等。近年来还出现了细菌选矿法，它主要利用某些细菌及其代谢产物的氧化作用，使矿石中的金属变成硫酸盐形式溶解出来，适当处理后再回收有用金属。

(3) 选后脱水作业 绝大多数的选矿产品（如浮游精矿、摇床精矿等）都含有大量的水分，运输和冶炼加工都很不方便，因此，精矿冶炼前必须将选矿产品中的水分脱出，通常按浓缩、过滤、干燥三个阶段进行。浓缩是利用液体中的固体粒子在重力或离心力作用下发生沉淀，进而排出部分水分的作业。过滤是使矿浆通过透水而不透固体颗粒的间隔层，以实现固液分离的作业。干燥是根据加热蒸发的原理减少产品中水分的作业，只有当脱水后的精矿还需要进行干燥时才进行该项作业。干燥作业一般在干燥机中进行，也有采用其他干燥装置的。

矿石经过选矿后可得到精矿、中矿和尾矿三种产品。分选所得有用矿物的含量较高、适合于冶炼加工的最终产品，称为精矿。选别过程中得到的中间的、尚需进一步处理的产品，称为中矿。选别后，其中有用矿物含量很低、无需做进一步处理（或技术经济上不适于进一步处理）的产品，称为尾矿。

1.2 矿山机械概述

1.2.1 露天采矿机械

露天开采常采用机械开采方法，也就是利用钻孔机械、露天采装机械、露天运输机械、排土机械等进行露天开采的方法，适用于金属矿和冶金辅助原料、煤矿、建筑材料、化工原料等矿床。

1. 钻孔机械

利用钻孔设备按一定的技术要求钻进爆破孔的工作，称为穿孔工作。当矿岩硬度较大时，不能使用挖掘机直接采掘，开采时必须先对坚硬的岩石实施爆破。矿岩爆破的前期工作就是使用钻孔设备在整体矿岩上钻凿炮孔，以便在爆破孔内装入炸药进行爆破。为使工作面经常备有供采装所需的足够的爆破矿岩量（一般备有 5~7 天以上的采装矿岩量），必须保证穿孔工作正常进行，以提高穿孔效率，同时加强设备的维护保养，定期检修，在允许的情况下采用效率高的钻孔设备。

露天矿常用的穿孔设备主要有潜孔钻机、牙轮钻机和钢绳冲击式钻机。在小型露天矿还用手持式凿岩机和凿岩台车。其中，钢绳冲击式钻机是 20 世纪 50 年代常用的穿孔设备，现在已经被逐步淘汰，仅在极少数软岩中使用。牙轮钻机多用在大型露天矿，钻孔直径在 150~500mm 之间；中小型露天矿山多使用潜孔钻机和轻型牙轮钻机，钻孔直径大多在 200mm 以下，最大钻孔直径能达到 300mm。图 1-6 所示为 ROC L8 型履带式潜孔钻机现场作业图，图 1-7 所示为牙轮钻机。

图 1-6　ROC L8 型履带式潜孔钻机现场作业图

图 1-7　牙轮钻机

2. 露天采装机械

采装工作就是用装载机械将矿岩装入运输容器或由挖掘机直接卸至一定地点的工作。生产中常用的采装设备主要有单斗机械式挖掘机、轮斗式挖掘机、拉铲挖掘机、前端式装载机等。

单斗机械式挖掘机的采装效率与其工作参数、工作面参数、操作技术水平、穿爆效果以及向工作面供车情况有直接关系。目前全球能自主研制 $55m^3$ 以上巨型挖掘机的企业，只有太原重工、美国 P&H 公司和比塞洛斯三家。2005 年底，太原重工 WK-20 型 $20m^3$ 电铲成功问世。2008 年，WK-55 型矿用电铲用于山西平朔露天煤矿表层剥离作业。图 1-8 所示为 WK-55 型矿用电铲的作业场景。2012 年，首台 WK-75 型矿用电铲在山西太重集团公司正式下线。

图 1-8　WK-55 型矿用电铲的作业场景

轮斗式挖掘机主要用来挖掘松软物料或爆破效果良好的中硬物料。它利用安装在斗轮上的铲斗直接切割物料，并通过设备本身的带式输送机及卸载机构，将切割下来的物料转载到工作面运输设备，直接排入矿岩排卸场，是一种连续挖掘作业的挖掘设备，该设备体型巨大，多用于大型及特大型矿山。图 1-9 所示为八履带轮斗式挖掘机。

图 1-9　八履带轮斗式挖掘机

拉铲挖掘机挖掘物料时主要靠铲斗的自重下落力和牵引钢绳的拉力。因其挖掘力小，所以主要用来挖掘松散的或固结不致密的松软土岩、砂子及有用矿物，或是爆破质量较好、块度均匀的中硬矿岩。拉铲挖掘机尺寸较大，下挖深度较大，生产能力较强，因此，要求工作空间较大，有利于下挖作业。

前端式装载机简称为前装机，又称为铲车，是一种由柴油发动机或柴油发动机-电动机驱动，采用液压操作，具备采装、短距离运输、排弃和其他辅助作业能力的多功能装运设备。前装机采装物料后做短距离移运，可以向汽车装车、向铁路上的自翻车装车，以及配合溜井、转载平台和破碎机等装车，作业灵活方便。此外，前装机还可以进行自铲自运、牵引货载以及清理工作面等作业。前装机的行走部分有轮胎式和履带式两种，以前者使用为最多。斗容为 3.8~4.6m^3 的轮胎式前装机在一定的条件下可代替斗容为 1.9~4.2m^3 的单斗机械式挖掘机，成为露天矿主要采装设备之一。轮胎式前装机的机身结构有两种基本型式，即铰接式和整体式。前者装载机的前轮和工作机构能折转一定角度，转弯半径比整体式小，行驶较灵活。图 1-10 所示为轮式正铲正卸前装机外形图。

3. 露天运输机械

露天矿的运输任务是通过一定的运输方式和运输组织，把露天采矿场内的矿石和岩石分别运至受矿地点和排土场、把炸药和有关设备材料运至工作场地、运送人员等。我国露天矿常用的运输方式有铁路运输、公路运输、斜坡卷扬和平硐溜井运输。运输方式的选择是否合理、运输组织工作的好坏，直接影响着矿山建设期限、投资额、矿山生产能力、装运设备效率以及运输成本等。目前露天矿的公路运输广泛采用的是汽车运输，尤其是电动轮自卸车运输已经成为主要方式。图 1-11 所示为小松公司生产的 930E 型矿用自卸货车。

图 1-10　轮式正铲正卸前装机外形图

图 1-11　小松公司生产的 930E 型矿用自卸货车

带式输送机运输是一种连续运输方式，多与轮斗式挖掘机组成连续开采工艺，或通过与排岩机转载站配合运送物料，如图 1-12 所示。该种运输方式主要适用于松软物料或者经过破碎机破碎后块度小且均匀的物料输送，具有运输作业连续、运输能力强、爬坡能力强、生产率高以及运输成本低于汽车运输等优点，但存在设备投资高、对运送物料要求严、适应性差、受气候影响大以及胶带易损坏等缺点。

4. 排土机械

露天开采必须剥离大量的围岩和表土，要及时地将其运至堆置废石和表土的排土场。根据排土工作使用的设备不同，有排土机排土法、排土犁排土法、挖掘机排土法、推土机排土

图 1-12 带式输送机与排岩机转载站配合运送物料工作场景

法等。在排土量不大的小型露天矿中可用小型机械排土。排土量大的大型露天矿多用排土机排土，排土机的工作场景如图 1-13 所示。

图 1-13 排土机的工作场景

1.2.2 地下采矿机械

地下开采目前常采用钻爆开采方法，主要利用如凿岩、提升运输、井下装载等机械设备进行矿石开采，适用于除煤矿开采外的金属矿床和其他硬度较大原料的矿床。

1. 凿岩机械

凿岩机械是用于钻凿矿物和岩石的一种工程机械，利用钻孔爆破法将岩石从岩体上崩落。地下凿岩机械主要有凿岩机、凿岩钻车（台车）、潜孔钻车等，其中，凿岩机根据动力源不同分为气动凿岩机、液压凿岩机、电动凿岩机、水压凿岩机等。凿岩钻车根据用途不同分为掘进钻车、采矿钻车、锚杆钻车等。掘进钻车在巷道中的作业场景如图 1-14 所示。

2. 提升运输机械

矿井提升运输机主要承担着沿矿井井筒提升煤炭、矿石、矸石，以及下放材料、升降人员和设备的任务，是联系矿井井下和地面的重要生产设备，根据其提升原理及结构的不同可分为单绳摩擦式提升机、多绳摩擦式矿井提升机、多绳缠绕式提升机（Blair 提升机）。单绳摩擦式提升机如图 1-15 所示。无论在国内还是国外，矿井提升机的发展都朝着大型化、高效率、体积小、重量轻、能力强、安全可靠、运行准确和高度集中化、自动化的方向发展。

图 1-14 掘进钻车在巷道中的作业场景

图 1-15 单绳摩擦式提升机

3. 井下装载机械

井下装载机的种类和型式较多，如铲斗式装载机、蟹爪式装载机、立爪式装载机、顶耙式装载机和耙斗式装载机等。目前金属矿山使用最多的是铲斗式装载机，胶轮式地下铲斗式装载机如图 1-16 所示。

图 1-16 胶轮式地下铲斗式装载机

1.2.3 选矿机械

在选矿生产过程中的主要作业，都是借助于选矿机械（破碎机、筛分机、磨矿机、分级机、选别机械和脱水机械）来完成的。这类机械设备依靠皮带运输机、给料机、砂泵以及其他辅助设备联系起来，使选矿的生产过程实现综合机械化。在选矿过程中，任一台选矿设备停止运转，都将引起选矿生产的停顿。因此，正确地设计和选择选矿机械、加强机械设备的保养和维修工作、保证每台设备正常运转，对提高选矿过程的技术经济指标有着重要的意义。由主要设备和辅助设备表示的流程图，称为选矿过程机械流程图，如图 1-17 所示。

1. 选前作业机械

选前准备工作通常分为破碎筛分作业和磨矿分级作业两个阶段进行。破碎机和筛分机多为联合作业，磨矿机与分级机常组成闭路循环。它们分别是组成破碎车间和磨矿车间的主要机械设备。

(1) 破碎筛分机械　选矿厂所使用的破碎机按给矿和产品的粒度大小分为粗碎破碎机（由 500～1500mm 破碎到 100～350mm）；中碎破碎机（由 100～350mm 破碎到 40～100mm）；细碎破碎机（由 40～100mm 破碎到 10～30mm）。常用的破碎机械有颚式破碎机、旋回破碎机、圆锥破碎机等。

常用的筛分机械根据结构和运动特点，可以分为固定筛、筒形筛、振动筛、弧形筛和细筛等几种类型。

(2) 磨矿分级机械　常用的磨矿机有棒磨机、球磨机、自磨机和砾磨机等。破碎和磨矿阶段的划分是相对的，与选矿厂的规模及其他条件有关。随着破碎和磨矿新设备、新工艺的出现，国内外大型自磨机、半自磨机得到了广泛的推广应用，粉碎流程得到简化，效率逐渐提高。例如，采用自磨机后，粗碎产品（粒度为 200mm 左右的矿石）直接输送给直径 9.6m 的大型自磨机加工，使传统的三段破碎和两段磨矿流程大幅简化。磨矿设备的合理选择及使用好坏，直接影响着选矿厂的技术经济指标。因此，磨矿机的选择要兼顾前后，并按需要加工的矿石量、矿石性质、磨矿产品的质量要求及各种磨矿机的技术性能，经过多方案技术经济比较，择优选用。

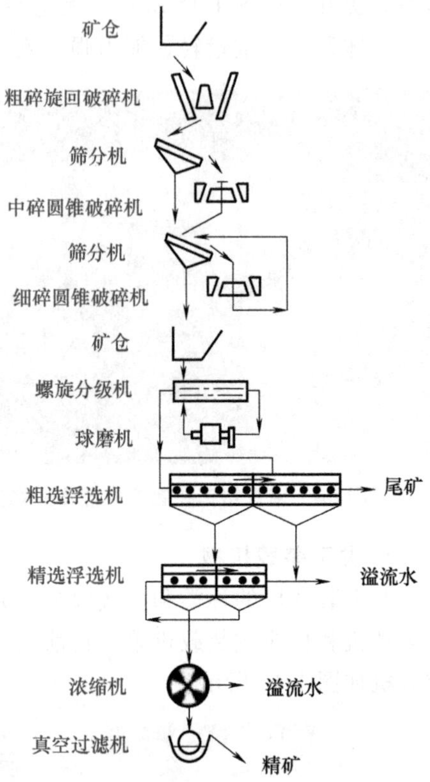

图 1-17　选矿过程机械流程图

分级机械和筛分机械虽然都是把混合物料分成不同粒度级别，但它们的工作原理和产物粒度特性是不一样的。常用的分级机械有螺旋分级机、水力旋流器及细筛等。

2. 选别作业机械

选别作业机械根据选矿原理和方法的不同，主要分为重力选矿机械、浮选机、磁选机、电选机等。重力选矿机械主要包括跳汰机、摇床、重介质选矿机、螺旋选矿机和离心选矿机等。浮选机按充气和搅拌矿浆的方式可以分为机械搅拌式浮选机、压气式浮选机、混合式浮选机三类，其中，机械搅拌式浮选机又可分为叶轮式机械搅拌式浮选机、棒形机械搅拌式浮选机、伞形机械搅拌式浮选机等。磁选机根据产生磁场的方法不同可分为电磁磁选机和永磁磁选机，根据磁场强度的强弱不同又可分为弱磁场磁选机和强磁场磁选机，根据结构的不同又可分为筒式磁选机、盘式磁选机、辐式磁选机、环式磁选机和带式磁选机。电选机是实现不同电性矿物分离的设备，按电场的特性可分为静电场电选机、电晕电场电选机、复合电场（静电场和电晕电场组合）电选机，按结构特征又可分为筒式电选机、箱式电选机、板式电选机和带式电选机。

3. 选后的脱水作业机械

用于完成选后固液分离作业的生产机械统称为脱水机械。其主要功能是借助重力或离心惯性力把含水较少的固体产物从矿浆中沉淀出来，得到含水较少的固体产物和基本上不含固体的水。脱水机械根据流程主要包括浓缩机械、过滤机械、干燥机械三类。常用的浓缩机械有水力旋流器、倾斜浓密箱和浓密机等。目前，选矿厂中应用的过滤机械主要有陶瓷过滤机、圆筒真空过滤机、圆盘式（也称为叶片式）真空过滤机、折带式真空过滤机、永磁真空过滤机、带式压滤机等。工业生产中常用的干燥机械有转筒干燥机、振动式载体干燥机和旋转内蒸干燥机等。

虽然选矿机械是根据选矿工艺流程来选择的，但是选矿机械结构的改善或新型选矿机械的出现也会对选矿工艺流程产生影响，甚至会引起工艺流程的重大改变。

1.3 矿山机械智能化技术发展概况

随着我国矿山工业化与机械化进程的不断推进，矿山机械在智能化技术方面也取得了较大的发展，从机械化到自动化、从数字化到智能化实现了跨越式的转变。经过多年的探索性应用后，矿山装备领域已经形成基于矿山智能化建设的新发展模式，取得了一批具有实践应用价值的矿山机械智能化技术。

矿山生产过程智能化的目标是根据不同的开采工艺，采用智能化的生产装备和技术，实现关键生产工序少人、无人，并最终实现各作业的安全高效实施。由于与具体的生产工艺工序关联紧密，露天矿山和地下矿山及选矿系统分别具有各自的关键技术和应用场景。矿山生产智能化系统结构图如图 1-18 所示。

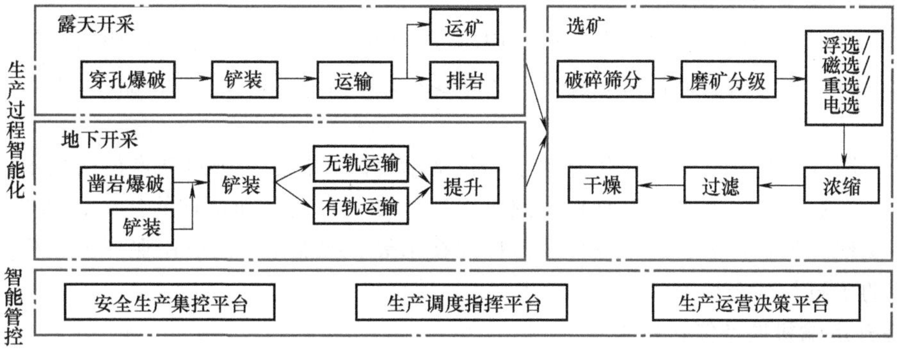

图 1-18　矿山生产智能化系统结构图

1.3.1　露天矿山机械智能化技术

露天矿山生产过程的智能化是围绕穿孔、铲装、运输和排岩等核心工艺及装备展开的，由于铲装和运输需要密切配合才能有效进行，因此露天矿山机械的智能化技术主要集中在钻孔机械智能化技术和铲装运输机械智能化技术。

1. 钻孔机械智能化技术

露天矿钻孔过程的智能化核心是对钻孔机械的智能引导、精确定位和钻具的智能钻进，以实现穿孔作业的无人和远程遥控操作。目前，基于卫星定位和 5G 技术的无人化钻孔设备的精准导航定位及智能钻孔技术被广泛应用。该技术是利用三维矿业软件自动形成钻孔坐标报告，再将穿孔设计数据发送至钻机自动布孔终端，利用高精度钻孔终端自动精确查找穿孔孔位。钻孔机械到达钻孔位置后，可通过钻机上的三维电子测定仪实时测量、记录并校验钻孔的位置和深度，钻机控制系统精确控制钻杆位置、调节钻进参数、实施自动钻孔过程。在此过程中，钻机可自动采集上传和分析钻孔信息，以确保钻孔的准确性和效率。目前，上述技术已在国内部分矿山得到应用。

2. 铲装运输机械智能化技术

露天矿铲装作业的智能化核心是电铲的精准控制、矿用货车的自动驾驶及智能调度和车铲协同等，以实现铲装和运输的无人化作业。在实现铲装设备远程操控的基础上，运用矿用传感器，实现电铲自动定位、铲斗挖掘方式优化，以及岩石块度在线识别等功能，为矿石配矿、生产作业优化提供数据基础。智能运输作业主要集中在矿用货车的自动驾驶与智能调度系统，利用货车安装的激光雷达、毫米波雷达和高清摄像头，可精确识别周边环境，并能进行自动避障、无人驾驶、作业位置分配、最优运输线路规划等。基于5G+边缘计算技术，实现车铲的高精定位，建立协同装载和卸载系统，可实现远程遥控铲装、货车自主装卸、自主寻迹驾驶、智能避障等，最终实现以铲为中心的车铲联动运行、矿用车辆的集群调度与协同作业。目前，上述技术已在国内部分矿山得到一定程度的应用。

1.3.2 地下矿山机械智能化技术

1. 凿岩机械智能化技术

国外已普遍采用智能凿岩钻车，而国内除隧道中有智能凿岩台车的应用案例外，仍普遍采用普通凿岩台车，凿岩机械自动化正处于起步状态，距离数字化、智能化、无人化的目标尚远。

目前，国外的凿岩钻车智能化技术主要包括结合激光扫描实现自动定位的技术，可实现自主行走、多钻臂孔序规划、自动钻进到所需的深度、自动装卸钻杆的技术，结合5G通信等技术，实现故障自诊断、远程操作及监控的技术等。智能钻车的应用保证了穿孔作业精度和爆破后的矿石粒度合格率。

2. 提升运输机械智能化技术

提升系统的自动化技术在地下矿山的场景中已发展成熟，且应用广泛。由于我国矿山大多由单一生产系统逐步扩产而来，而新建的大型矿山通常设计多个提升井，因此多提升系统的集约化控制是矿井提升机智能化建设的方向。通过提升机的远程集中控制系统，可以在地上集控室同时对多台提升机的性能参数、状态参数和运行状态进行实时监测和直接控制，方便了各层级管理和设备维护，提高了设备运转率，减少了生产成本，降低了工人劳动强度。未来可通过与矿山智能运输系统相融合，实现井下矿石运输的高效率、低成本和品位均衡。

地下有轨电动机车无人驾驶运输体系已实现常态化应用，由最初的人员远程控制，逐步发展成为集智能配矿、自动装放矿、溜井监测、电动机车制导与控制、装备自主运行于一体的有轨运输成套体系，实现了井下有轨运输的智能化、无人化。

地下金属矿山的铲装机械智能化技术主要是通过解决铲装设备的远程遥控或自主运行问题，来解决危险区域的安全出矿问题。目前，通过采用无线网络技术、车载控制程序和远程操控台程序等已经实现了井下铲运机远程遥控的场景应用测试，井下穿脉内铲矿、运矿、卸矿作业也实现了自动化和智能化，降低了安全风险，部分矿山的操作工人工作地点由井下移至地面。随着矿山开采逐渐迈向深部，规模化、集群化的无人化铲装作业将成为地下矿山智能开采的重要发展方向。

1.3.3 选矿机械自动化技术

选矿机械自动化技术主要在选矿过程自动化技术与智能装备的研发方面，得到了长足发展，特别是选矿过程在线分析检测技术、选矿过程控制技术，在国内的应用已经非常广泛。

1. 选矿过程在线分析检测技术

选矿过程关键工艺参数的在线分析检测技术是选矿过程优化控制技术的基础。选矿过程在线检测技术的内容有两种，一种是设备运行状况在线检测，另一种是过程工艺参数在线检测。

（1）设备运行状况在线检测技术　选矿设备运行状况在线检测的目的是及时掌握物料性质及操作条件变化所引起的设备负荷、工作能力和生产效果的变化，并将这些变化信息及时反馈，控制系统通过分析运算后调节设备参数，使选矿系统中的设备发挥最大能力。选矿设备运行状况在线检测的主要内容有磨机运行状态检测技术、浮选泡沫状态分析技术、浓密机负荷监测技术等。

1）磨机运行状态检测技术。磨机运行状态检测一直是国外矿业技术研究的焦点和热点。该技术是通过建立磨机装载量、物料分布的预测模型，开发加速度计传感器组和无线多通道信号采集计算机系统，将离散元素法的建模方法和振动信号分析技术相结合，在磨机负载、磨矿粒度、磨机衬板磨损状况、磨机物料分布范围等多项磨机运行状态参数检测方面开展技术探讨。

2）浮选泡沫状态分析技术。浮选泡沫状态分析仪已经在工业流程上被安装使用，可通过无线网络与控制系统实时地采集和分析浮选泡沫的图像信息，测量泡沫的移动速度、泡沫稳定性、泡沫大小分布和图像色彩输出。国外的浮选泡沫图像分析系统可以分析泡沫大小、泡沫颜色成分（红、绿、蓝及灰度）、泡沫纹理、泡沫稳定性、泡沫移动速度，完成对浮选设备、浮选作业、浮选系列乃至浮选流程的完整的泡沫图像的在线分析，完全替代靠人工徒步往返观察的模式。我国开发的浮选泡沫图像分析系统用图像分析的方法获得浮选泡沫状态，可以计算出浮选泡沫大小、个数、稳定性、速度、颜色、纹理等特征参数。

3）浓密机负荷监测技术。浓密机的负荷主要是通过测量耙架转矩、耙架电流、泥床压力、泥层厚度等间接反映存泥量。泥床压力检测通常需要通过预先安装在浓密机锥底的压力传感器来测量；泥层厚度可以通过超声波物位计或浸入式红外浊度仪来监测。上述两个参数可以直接反映存泥量，但是需要做大量的标定工作。利用耙架转矩、耙架电流分析浓缩机存泥量虽然简单实用，但是失真率较高。我国研究的浓密机负荷软测量技术可根据输入输出物料、浓密机电流、转矩等信号进行泥层厚度的预报，已通过相关工业试验证明其准确性。此外，利用超声波泥水界面测量方式和浓密机负荷软测量方式进行的在线检测技术也取得了一定进展。

（2）过程工艺参数在线检测技术

1）矿石粒度在线检测技术。矿石粒度在线检测技术是利用图像分割技术对输送带上的矿石粒度进行在线分析，包括对粗碎、细碎的给矿矿石和破碎后矿石，自磨/半自磨机给矿矿石，以及输送带上的钢球球磨机给矿等，从而对破碎和磨矿的工作参数进行控制，以提高碎矿和磨矿生产率和处理量。

2）矿浆粒度在线检测技术。目前，矿浆粒度在线检测已经形成了稳定的检测方案和产品，主要包括利用机械位移原理和激光原理的分析仪，多流道矿浆粒度仪和超声波在线粒度仪等已经获得了广泛应用。

3）矿浆品位在线检测技术。X射线荧光分析方法是测量矿浆品位的一种常用途径。我国在载流X荧光品位分析仪的研发上取得了突破性成果。采用了“波长色散+能量色散”的分析原理，并内置了多模型技术。在多金属硫化矿浮选流程上进行硫元素在线分析的探索，可以较准确地反应硫元素的变化趋势。矿浆品位分析仪的使用，可以最大化地提高矿石的使用率、节省矿产资源，有利于环境保护，减轻工人的劳动强度，提高劳动生产率。

4）矿浆酸碱度在线检测技术。我国在矿浆酸碱度在线分析方面进行了较多的实践探索，来克服选矿过程的结钙、结垢等易导致电极被污染、毒化的问题。北京矿冶研究总院开发的自清洗矿浆酸度计，通过定时控制电极脱离介质进行泡洗，来达到降低或者消除结钙可能性的目的，从而使得电极的维护量少、寿命长。

（3）选矿过程在线分析检测技术的发展趋势　未来的选矿过程在线分析检测将把直接物理测量与建模技术相结合，用软测量的方法可以获取更丰富的过程信息变量，因而也能更大限度地满足选矿工业控制需要。直接测量技术是保障软测量技术的关键，因而对已有的直接测量手段必须充分加以利用，以提高选矿过程分析效率。

2. 选矿过程控制技术

选矿过程控制可以分为工艺单回路控制、设备单元控制、工序优化控制三个层次。近年来，选矿工业在生产规模和设备大型化、自动化上发生了较大的变化，选矿过程控制技术和控制目标也随之发生了变化。具体选矿过程控制从以下四个方面展开：

（1）碎矿过程控制　破碎机作为碎矿工艺的主要设备，其主要控制目标是使破碎机发挥最大效能。在破碎机功率额定的情况下，保证给料斗料位恒定，从而达到挤满给料的目标。碎矿过程优化控制的重点：一是优化粗、中、细碎的负荷配置；二是优化碎矿与磨矿之间的负荷配置，即碎矿应尽可能提供最佳入磨粒度分布的矿石产品。

（2）磨矿过程控制　磨矿工艺过程的控制主要包括给矿量、给水量、泵池液位、旋流器压力等工艺参数的单回路稳定控制和节能优化控制。磨矿过程优化控制软件产品在国外已经实现了商业化，通过泵池液位、旋流器入口流量、浓度、压力以及出口浓度、粒度、磨机功耗等参数在线检测建立磨机装球量、磨机排矿浓度、旋流器溢流粒度的预估模型，以给矿、泵池液位、旋流器组开关、循环负荷、功率等参数为调节手段实现磨矿过程优化。虽然我国在磨矿过程控制方面上仍停留在恒定给矿、比例给水控制的阶段，但是对磨机负荷优化控制已有研究。一些新型磨矿工艺的普遍应用，让半自磨机成为控制核心，如基于给矿粒度变化的加球量控制、磨机充填率的优化控制等。

（3）浮选过程控制　浮选过程的液位、充气量、药剂添加、矿浆酸碱度等单回路工艺参数控制已趋于成熟。浮选过程控制需要重点解决的是浮选过程中不断变化的矿石性质和精矿质量要求、最佳回收率要求之间的矛盾，三个重要的控制参数为药剂添加量、泡沫层厚度和充气量。基于模型预估控制原理的专家优化系统，可在一定程度上稳定选矿流程、提高金属回收率，从而实现整个浮选回路的优化控制。建立回收率与浮选时间、液位、充气量、加药等操作的优化控制回路，快速液位控制和抗干扰能力使得流程稳定，从而使精矿品位稳定，回收率大幅提高。

浮选液位控制是浮选过程优化控制的核心。国外的浮选过程的控制通过优化各个控制回路的设定值，利用精确水平控制系统实现整个浮选流程液位对干扰的同步、超前补偿，从而使得整个流程的稳定性达到最佳，以达到最佳浮选生产指标。同时，浮选泡沫属性的检测，如泡沫的破裂情况、泡沫移动速度等，结合品位在线分析数据，按照一种全新的品位/回收率优化算法实现浮选的优化控制。我国开展浮选过程控制技术研究起步较早，但是发展缓慢，主要原因在于浮选过程在线分析检测技术落后。我国研究的基于前馈控制的串联浮洗槽液位 PID 参数整定方法，在一定程度上解决了浮选多个作业协调抑制干扰的问题。但在浮选液位与磨矿负荷、浮选中间循环负荷、充气量、加药量等参数的协同方面还有待提高。

（4）浓缩过程控制　国外的浓密机优化控制模块，通过减少泥床下滑或高转矩出现的概率来稳定浓密机生产，通过稳定底流流量和浓度来改善下游工序的表现等，以减小絮凝剂的消耗，改善浓密机溢流水的澄清情况。高效的浓密机控制技术主要有两个基本的控制回路：一是通过调节絮凝剂泵速来稳定絮凝剂用量（单位为 g/t）的絮凝控制；二是将泥层厚度作为反馈信号来设定絮凝剂用量，并通过调节底流泵速来获得稳定的泥层质量。

国内提出了浓密机生产过程综合自动化系统，是基于智能推理技术的浓度智能设定层和底流浓度控制层组成的浓密机生产过程底流矿浆浓度智能优化控制策略。此外，根据物料平衡和沉降试验数据，建立了浓密机负荷预测模型和优化控制模型，对絮凝剂添加量和底流排矿速度给出最优操作值，保证浓密机最佳存泥量和稳定生产状态。

选矿过程控制技术的发展趋势。选矿过程优化控制的执行机构是单元回路控制，是优化控制的基石和保障。选矿过程稳定控制系统是针对原料性质扰动的整体协调控制和随动控制，选矿流程控制不稳定，则无法实现优化控制。优化控制需要先获取足够丰富的生产过程信息，再通过建模、预测来实现在线的调整、优化，因此选矿生产过程数据的采集和处理具有重大意义。

思考题

1-1　简述矿产资源的重要性。

1-2　简述矿山生产过程的两个阶段。

1-3　简述矿山机械有哪几类，分别是什么？

1-4　阐述矿山机械智能化的核心技术有哪些？

1-5　根据自己的理解分析矿山机械智能化技术的发展趋势。

章节知识点
讲解视频

第 2 章　钻孔机械及其智能化技术

2.1　钻孔机械概述

钻孔机械是钻凿矿物和岩石的一种工程机械，广泛用于冶金、煤炭、化工等矿山生产中，采用钻孔爆破法将岩石从岩体上崩落。先进高效的钻机不仅能减轻工人的劳动强度，还能大幅提高劳动生产率，降低生产成本。因此，钻孔机械的装备水平是衡量矿山发展水平的重要标志之一。

根据场地不同，钻孔机械可分为露天钻孔机械、地下钻孔机械和水下钻孔机械等。根据使用动力不同可分为气动钻机、液动钻机、电动钻机、内燃钻机和水压钻机等。根据机械动作原理不同，有冲击旋转式钻机、旋转冲击式钻机和旋转式钻机。旋转式钻机有多刃切削钻头钻机、金刚石钻头钻机等，多用于中等硬度以下的岩石或煤岩钻孔；冲击旋转式钻机有各种类型的凿岩钻孔机械、潜孔钻机和钢绳冲击式钻机等，用于中硬度以上的岩石钻孔；旋转冲击式钻机主要为牙轮钻机，用于中硬度以上的岩石钻孔。

2.1.1　地下凿岩钻孔机械的发展

钻孔机械的发展是从地下凿岩钻孔机械开始的，在能量介质、支撑方式、凿岩钎具和自动控制几方面经历了交叉融合的发展历程。地下凿岩钻孔机械最初为蒸汽冲击凿岩机，19世纪中叶，法国人虽然第一个取得了气动冲击凿岩机的专利，但并未在实际中应用，后来由意大利工程师设计的压缩空气凿岩机，在阿尔卑斯山的隧道开凿中首次得到实际应用。气动凿岩机虽然具有结构简单、制造容易、价格低廉、维修方便等优点，并在矿业开发和石方工程中得到广泛应用，但它存在着两个根本性弱点，一是能耗大，二是作业环境恶劣、噪声大、油雾大。图 2-1 所示为新中国成立初期我国研制生产的 YT23（7655）型气动凿岩机，至今仍然广泛应用于矿山巷道掘进及各种凿岩作业中钻凿炮孔。

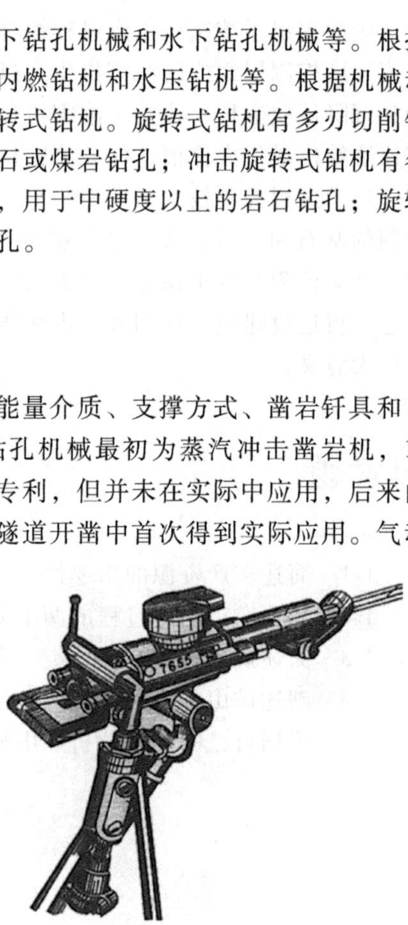

图 2-1　YT23（7655）型气动凿岩机

20 世纪初，英国人研制出一台液压凿岩机，但受到当时的技术水平限制未能用于生产。20 世纪 60 年代，可用于生产的液压凿岩机是由法国蒙塔贝特公司研制的，随后各国陆续效仿。20 世纪 80 年代，液压凿岩机迅速发展，发达国家的地下矿山已经广泛采用了液压凿岩设备。图 2-2 所示为阿特拉斯公司生产的 COP 4050CR 液压凿岩机。20 世纪后期，液压凿岩机开始朝着增大功率、提高钻孔速度、改进结构和钎具质量、提高钻孔经济性、增设反打装置、提高成孔率等方向发展。然而，液压凿岩设备的液压油泄漏不但污染环境，而且浪费宝贵的石油资源，因此，以纯水为介质的凿岩设备开始进入研究者的视线。但真正开始研发水压凿岩机始于 20 世纪 70 年代后期的南非超深矿井中，目的是为了合理利用冷却工作面的冷却水（静压力可达到 18MPa）来有效地驱动一些井下的采矿设备。我国在 1993 年研制出两台支腿式水压凿岩机，它是一种以纯水为能量传递介质的凿岩机，价格便宜、抗燃性和环保性好、压缩系数小，但存在着泄漏大、润滑性差、气蚀性强、有一定的腐蚀性、运行温度范围小等缺点。目前针对高水基介质和纯水介质的研究，将使水压凿岩机得到推广。

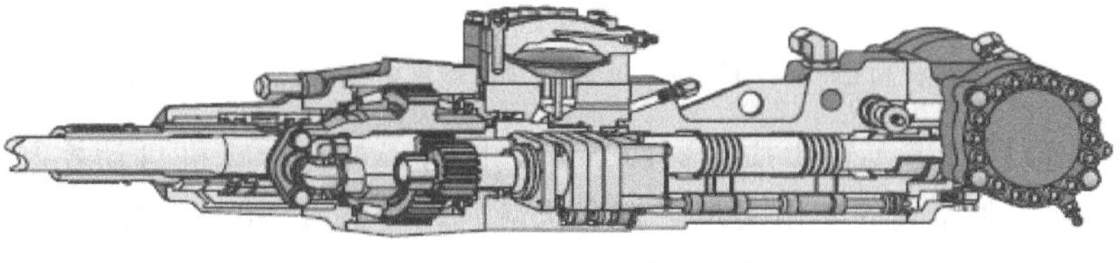

图 2-2　COP 4050CR 液压凿岩机

到 20 世纪 60 年代初，冲击与回转机构分开的独立回转凿岩机研发成功，使得凿岩机的冲击能量和转钎转矩可以分别调节，以适应不同性质岩石的要求，使凿岩机可以在最佳凿岩参数下工作。随着孔深的增加，深孔接杆凿岩的需求随之增大，而钎杆接头处的冲击能量散失也较大，因而将凿岩机送入孔底的设想被提出，英格索尔-兰特公司于 1932 年获得了这项专利权，但受当时各种条件限制，直到 20 世纪 40 年代末才开始在矿山使用。1951 年，比利时工程师设计制造的潜孔冲击器，才真正与现代潜孔冲击器结构相接近。图 2-3 所示为阿特拉斯公司生产的潜孔冲击器的结构示意图。潜孔冲击器不仅减少了能量传递损失，还大大降低了噪声。图 2-4 所示为凿岩机钻杆顶部冲击回转方式与潜孔冲击器顶部回转底部冲击方式的原理对比。

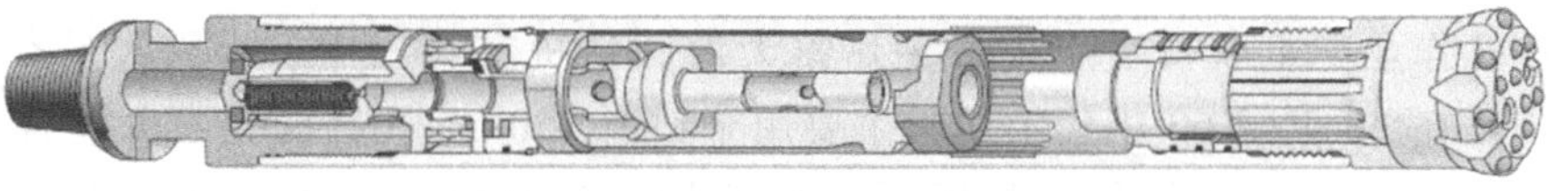

图 2-3　阿特拉斯公司生产的潜孔冲击器的结构示意图

随着凿岩机功率的增大，20 世纪 50 年代又出现了多种自行式气动钻车。后来，随着液压凿岩机的发展，全液压掘进与采矿钻车也得到了快速发展。

在地下凿岩钻孔机械的控制方面，早在 1972 年，挪威就开始研制钻车自动控制系统，在试验室实现了计算机控制的单臂钻车定位和钻孔试验，1978 年，第一台三臂微机控制样机研制成功；1973 年，日本开始研制微机控制的全自动凿岩钻车（即凿岩机器人），十年间就已生产数台并用于掘进作业；美国于 1978 年研制了一台用微机控制的液压锚杆钻车钻进速度自寻最优的试验装置；1982 年，瑞典申请了一项微型计算机控制凿岩机的专利；1983 年，法国在钻臂上装了一套微型计算机控制装置；1984 年，芬兰研制出微机控制的三臂掘

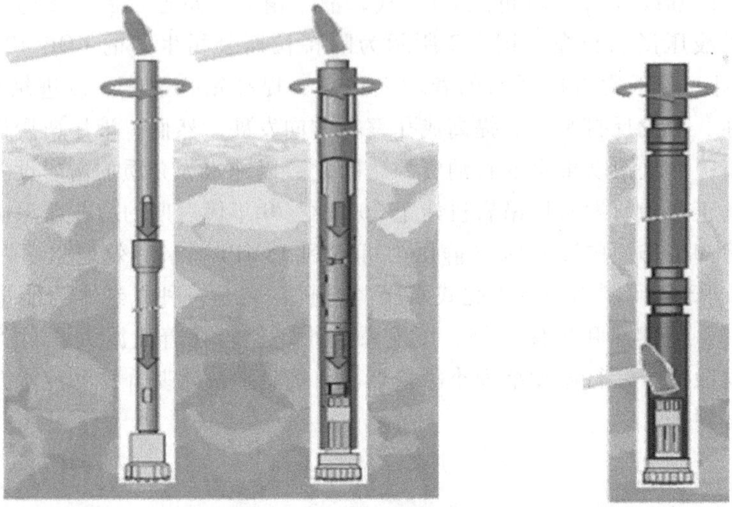

图 2-4　凿岩机钻杆顶部冲击回转方式与潜孔冲击器顶部回转底部冲击方式的原理对比

进钻车，并在挪威的隧道工程中应用；1985 年，推出了首台计算机自动控制的采矿钻车，该钻车于 1995 年在加拿大的矿山实现了自动化凿岩。20 世纪 90 年代中期以后，国外一些先进矿山都实现了掘进、采矿凿岩钻车的遥控和机器人化。近年来，全液压钻车不断向智能化的方向发展。

2.1.2　露天钻孔机械的发展

露天钻孔机械始于地下潜孔凿岩机械，后来用于露天作业。到 20 世纪 60 年代初期，国外露天矿已经普遍使用潜孔钻机，其中澳大利亚发展最快。苏联和瑞典也有很高的制造和使用水平。20 世纪 60 年代后期，牙轮钻机技术迅速发展。在国外大型露天矿山，潜孔钻机很快被牙轮钻机所取代，但在中、小型露天矿，潜孔钻机仍然是主要的钻孔设备，并且在结构和性能方面还在不断地完善和发展。20 世纪 70 年代中期，由于采用高风压潜孔冲击器及球齿钻头，解决了炮孔偏斜及钻头使用寿命过短这两项技术问题，所以潜孔钻机在井下大直径深孔作业中也获得了新的发展。露天潜孔钻机在我国中、小露天矿获得进一步应用和推广是在 20 世纪 60 年代中期，主要用于钻凿 150mm 孔径的孔，少数为 200mm 孔径的孔。到了 20 世纪 70 年代，我国露天矿使用的潜孔钻机占全部钻孔机械的 60%～70%。目前中、小型露天矿的穿孔仍然广泛地使用潜孔钻机，特别是在建筑、水电、道路及港湾等工程中，潜孔钻机是一种不可缺少的钻孔设备。潜孔钻机也可应用于井下钻凿管缆孔、通风孔、充填孔及钻凿天井等作业中。我国开始发展大直径深孔爆破技术，这种高强度、高效率的采矿方法要求有高风压、大直径的潜孔钻机与其配套，已成为露天潜孔钻机的发展方向。

20 世纪 60 年代后期至今，牙轮钻机取代潜孔钻机多用于大型矿山，其中美国、加拿大大型露天矿牙轮钻机所占比例达到 80%。1970 年，我国第一台牙轮钻机 HYZ-50 研制成功，1971 年，HYZ-250A 研制成功，随后引进了美国 B-E 公司的后改型提高为 KY-250A，1975 年，自主研制了 KY-310，1982 年通过鉴定，后将 KY 系列化；1984 年至 1992 年研发 YZ 系列；至 20 世纪末，以上两个系列研发完成，并出口国外。我国牙轮钻机的研制几乎与国外同步，但均未达到先进水平。国内外牙轮钻机的发展趋势：加大钻孔直径；加大轴压力、回转功率和钻机重量，实行强化钻进；采用高钻架长钻杆，减少钻机的辅助作业时间；使钻机一机多用，能钻倾斜炮孔，以满足采矿工艺方面的要求；采取措施，延长牙轮钻头的使用寿命；提高钻机的自动化水平，全面地提高钻机经济效益。

2.2 凿岩钻车

凿岩钻车是以机械代替人扶持凿岩机进行凿岩的机械化钻孔设备，凿岩时它能做到：

1）按炮孔布置图的要求，准确地找到工作面所要凿的炮孔位置和方向。

2）排除岩粉并保持炮孔深度一致。

3）将凿岩机顺利地推进或退出，改善工作人员劳动条件。

20 世纪后期，液压凿岩机和全液压钻车的使用，使凿岩技术的发展进入了一个新阶段。全液压凿岩技术已经推广应用于隧道开挖、矿山巷道掘进、采矿、锚杆和碎石等作业中。在中、小露天矿或采石场，凿岩钻车可作为主要的钻孔设备；在大型露天矿，它可以用于辅助作业，完成清理边坡、清底和二次破碎等工作。水电工程、铁路隧道、国防等地下工程，采用凿岩钻车钻孔，具有更大的优越性。

凿岩钻车类型很多，按其用途可分为露天钻车、掘进钻车、采矿钻车、锚杆钻车；按行走方式可分为轨轮式、轮胎式和履带式钻车；按驱动动力可分为电动、气动和内燃机驱动的钻车；按装备凿岩机的数量可分为单臂、双臂、三臂、多臂钻车等，如图 2-5 所示。这里主要介绍掘进钻车和采矿钻车。

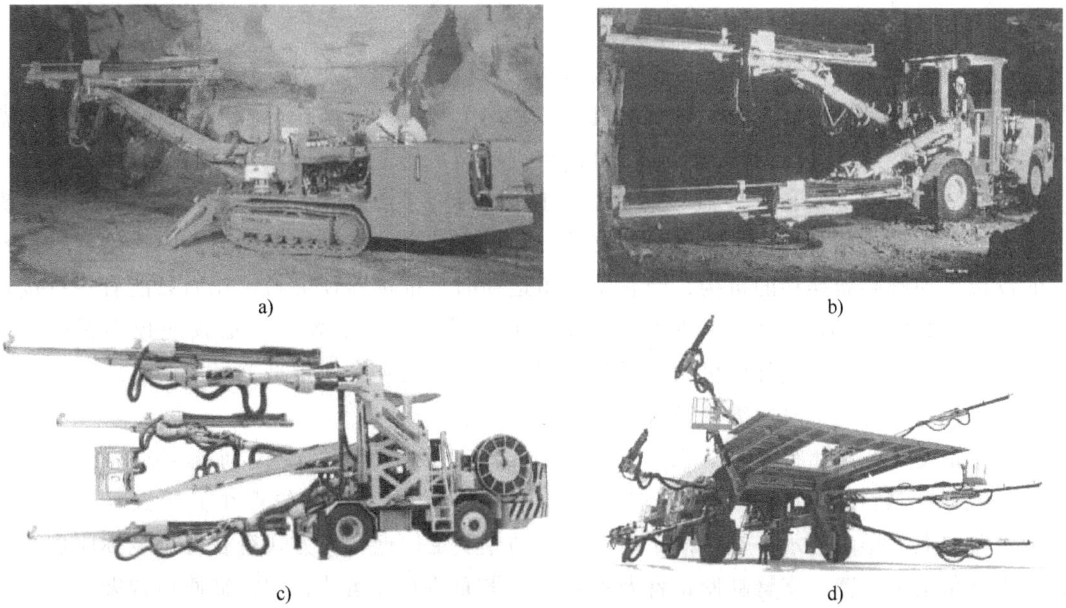

a)　b)　c)　d)

图 2-5　按装备凿岩机的数量划分凿岩钻车

a）单臂钻车　b）双臂钻车　c）三臂钻车　d）多臂钻车

2.2.1 掘进钻车

1. 总体结构与工作原理

图 2-6 所示为 CGJ-2Y 型全液压凿岩钻车，以它为例介绍掘进钻车的总体结构与工作原理。有的钻车还装有辅助钻臂（设有工作平台，可以站人及进行装药、处理顶板等）和电缆、水管的缠绕卷筒等，使钻车功能更加完善。

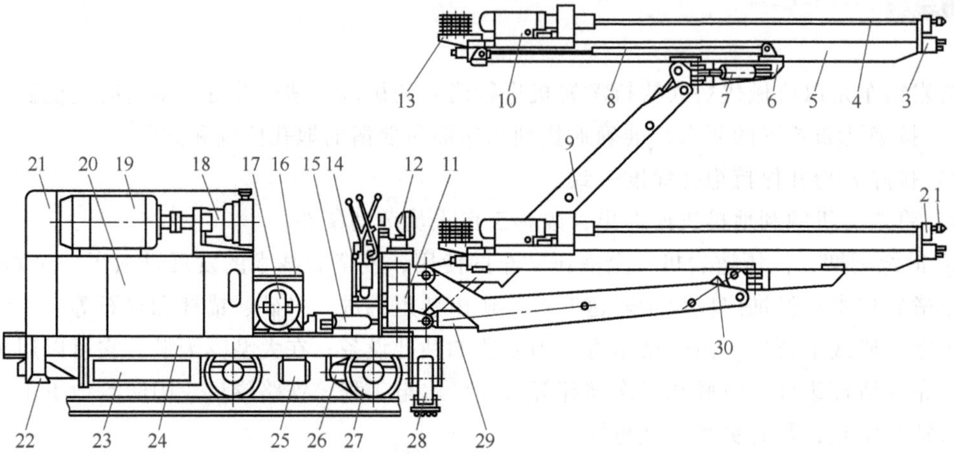

图 2-6 CGJ-2Y 型全液压凿岩钻车

1—钎头 2—托钎器 3—顶尖 4—钎具 5—推进器 6—托架 7—摆角缸 8—补偿缸 9—钻臂 10—凿岩机 11—转柱 12—照明灯 13—绕管器 14—操作台 15—摆臂缸 16—座椅 17—转钎液压泵 18—冲击液压泵 19—电动机 20—油箱 21—电器箱 22—后稳车支腿 23—冷却器 24—车体 25—滤油器 26—行走装置 27—车轮 28—前稳车支腿 29—支臂缸 30—仰俯角缸

推进器的作用是在凿岩时完成推进或退回凿岩机的动作，并对钎具施加足够的推力。

托架是钻臂与推进器之间相联系的机构，它的上部有燕尾槽托持着推进器，左端与钻臂相铰接，依靠摆角缸、仰俯角缸的作用可使推进器做水平摆角和仰俯角运动。

补偿缸联系着托架和推进器，其一端与托架铰接，另一端与推进器铰接，组成补偿机构。这一机构的作用是使推进器做前后移动，并保持推进器有足够的推力。因为钻臂是以转柱的铰接点为圆心做摆动的机构，当它做摆角运动时，推进器顶尖与工作面只能有一点接触（即切点），随着摆角的加大，顶尖离开接触点的距离也增大，凿岩时必须使顶尖保持与工作面接触，因此必须设置补偿机构。通常采用液压缸或气缸来使推进器做前后直线移动。补偿缸的行程由钻臂运动时所需的最大补偿距离而定。

钻臂是支撑托架、推进器、凿岩机进行凿岩作业的工作臂，它的前端与托架铰接（十字铰），后端与转柱相铰接。由支臂缸、摆臂缸、仰俯角缸及摆角缸四个液压缸来执行钻臂和推进器的上下摆角与水平左右摆角运动，其动作及定位炮孔的方式符合直角坐标原理，因此称为直角坐标钻臂。支臂缸使钻臂做垂直于水平面的升降运动，摆臂缸使钻臂做水平面的左右摆臂运动；仰俯角缸使推进器做垂直于水平面的仰俯角运动，摆角缸使推进器做水平摆角运动。

转柱安装在车体上，它与钻臂相铰接，是钻臂的回转机构，并且承受着钻臂和推进器的全部重量。

车体上布置着操作台、油箱、电器箱、液压泵、行走装置和稳车支腿等，还有液压、电气、供水等系统，还带有动力装置。车体对整台钻车起着平衡与稳定的作用。

2. 主要结构部分

（1）推进器　现有凿岩钻车所使用的推进器有许多不同的结构型式和工作原理，使用比较多的有液压（气）缸-钢丝绳式推进器、气马达-丝杠式推进器、马达-链条式推进器 3 种。BMHT2000 推进器模型如图 2-7 所示。

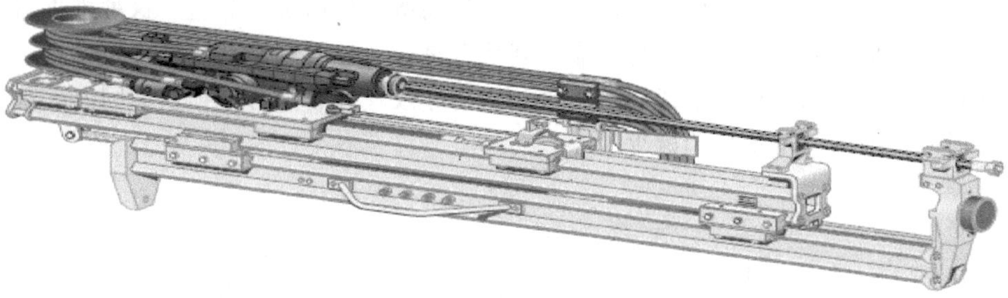

图 2-7　BMHT2000 推进器模型

1）液压（气）缸-钢丝绳式推进器的组成如图 2-8a 所示。其钢丝绳的缠绕方式如图 2-8b 所示，两根钢丝绳的端头分别固定在导轨的两侧，绕过滑轮牵引滑板，从而带动凿岩机运动。钢丝绳的松紧程度可用调节螺杆进行调节，以满足工作牵引要求。图 2-8c 所示为推进缸的结构。它主要由缸体、活塞、活塞杆、端盖、滑轮等组成。活塞杆为中空双层套管结构，它的左端固定在导轨上。缸体和左右两对滑轮可以运动。当液压油从 A 孔进入活塞的右腔 D 时，左腔 E 的液压油从 B 孔排出，缸体向右运动，实现推进动作；反之，当液压油从 B 孔进入活塞的左腔 E 时，右腔 D 的液压油从 A 孔排出，缸体向左运动，凿岩机退回。

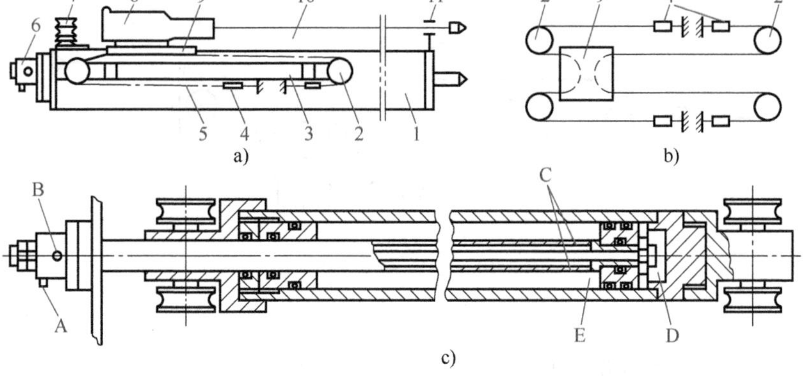

图 2-8　液压（气）缸-钢丝绳式推进器

a）推进器的组成　b）钢丝绳缠绕方式　c）推进缸的结构

1—导轨　2—滑轮　3—推进缸　4—调节螺杆　5—钢丝绳　6—油管接头

7—绕管器　8—凿岩机　9—滑板　10—钎杆　11—托钎器

液压（气）缸-钢丝绳式推进器的特点是推进缸的活塞杆固定而缸体运动。由推进缸产生的推力经钢丝绳滑轮组传给凿岩机。据传动原理可知：作用在凿岩机上的推力等于推进缸推力的二分之一，而凿岩机的推进速度和移动距离是推进缸推进速度和行程的两倍。

液压（气）缸-钢丝绳式推进器的优点是结构简单、工作平稳可靠、外形尺寸小、维修容易，因而获得广泛的应用。其缺点是推进缸的加工难度较大。

推进动力也可使用压缩空气（压气），但由于气体压力较低、推力较小，而气缸尺寸又不允许过大，因此气缸推进仅限使用在不需要很大推力的气动凿岩机上。

2）气马达-丝杠式推进器，如图 2-9 所示，是一种传统型结构的推进器。输入压缩空气，则气马达通过减速器、丝杠、螺母、滑板，带动凿岩机前进或后退。这种推进器的优点是结构紧凑、外形尺寸小、动作平稳可靠。其缺点是长丝杠的制造和热处理较困难、传动效率低，而且在井下的恶劣环境中凿岩时，水和岩粉导致丝杠、螺母磨损快，同时气马达的噪声也大，所以目前的使用量日趋减少。

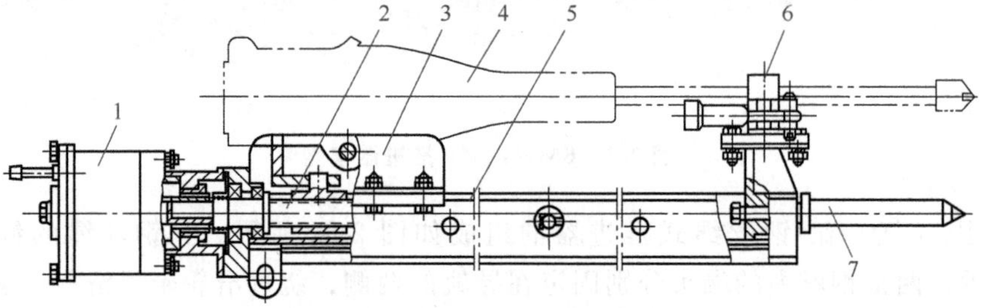

图 2-9　气马达-丝杠式推进器

1—气马达　2—丝杠　3—滑板　4—凿岩机　5—导轨　6—托钎器　7—顶尖

3）马达-链条式推进器，如图 2-10 所示，也是一种传统型推进器，在国外一些长行程推进器上应用较多。马达的正转、反转和调速，可由操纵阀进行控制。其优点是工作可靠、调速方便、行程不受限制。但一般马达和减速器都设在前方，且尺寸较大，工作不太方便。另外，链条传动是刚性的，在振动和泥沙等恶劣环境中工作时，容易损坏。

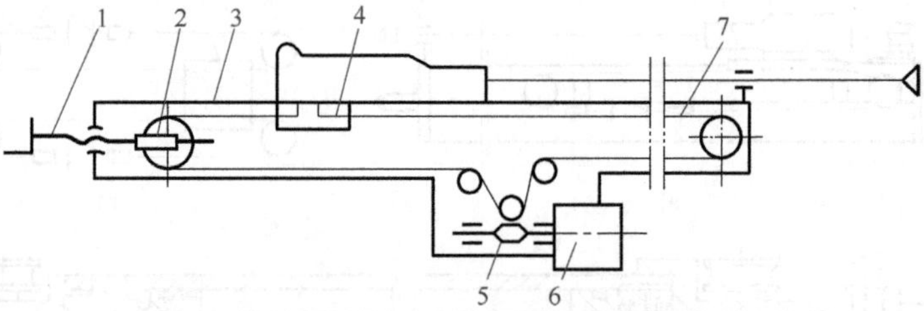

图 2-10　马达-链条式推进器

1—链条张紧装置　2—导向链轮　3—导轨　4—滑板　5—减速器　6—马达　7—链条

（2）钻臂　钻臂是支承凿岩机进行凿岩作业的工作臂。钻臂的长短决定了凿岩作业的范围，其托架摆动的角度，决定了所钻炮孔的角度。因此，钻臂的结构尺寸、动作的灵活性和可靠性对钻车的生产率和使用性能影响都很大。

钻臂通常按其动作原理分为直角坐标钻臂、极坐标钻臂、复合坐标钻臂和直接定位钻臂；按凿岩作业范围分为轻型、中型、重型钻臂；按钻臂结构分为定长式、折叠式、伸缩式钻臂；按钻臂系列标准分为基本型、变型钻臂等。

1）直角坐标钻臂，如图 2-11 所示。这种钻臂在凿岩作业中具有 5 种基本运动动作：A 为钻臂升降，B 为钻臂水平摆动，C 为托架仰俯角，D 为托架水平摆角，E 为推进器补偿运动。

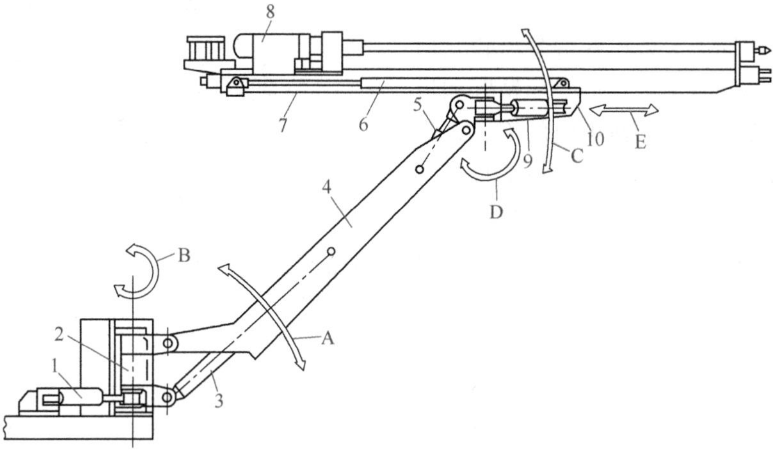

图 2-11　直角坐标钻臂

1—摆臂缸　2—转柱　3—支臂缸　4—钻臂　5—仰俯角缸　6—补偿缸
7—推进器　8—凿岩机　9—摆角缸　10—托架

这种型式的钻臂是传统型钻臂，其优点是结构简单、定位直观、操作容易，适合钻凿直线和各种型式的倾斜掏槽孔以及排列方式不同并带有各种角度的炮孔，能满足凿岩爆破的工艺要求，因此应用很广，国内外许多钻车都采用这种型式的钻臂。其缺点是使用的液压缸较多，操作程序比较复杂，对一个钻臂而言，存在着较大的凿岩盲区。

2）极坐标钻臂，如图 2-12 所示。若不用转柱，而以齿条齿轮式回转机构代替，则钻臂运动的功能具有极坐标性质，组成极坐标形式的钻车。在结构上，这种钻臂比直角坐标钻臂减少了液压缸数量，简化了操作程序。因此，国内外有不少钻车采用极坐标钻臂。

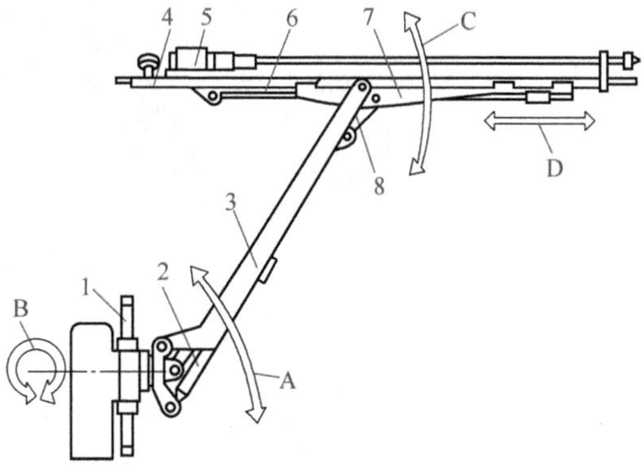

图 2-12　极坐标钻臂

1—齿条齿轮式回转机构　2—支臂缸　3—钻臂　4—推进器
5—凿岩机　6—补偿缸　7—托架　8—仰俯角缸

极坐标钻臂在调定炮孔位置时，只需做 4 种动作：A 钻臂升降，B 钻臂回转，C 托架仰俯角，D 推进器补偿运动。钻臂可升降并可回转 360°，构成了极坐标运动的工作原理。这种钻臂对顶板、侧壁和底板的炮孔，都可以贴近岩壁钻进、减少超挖量。钻臂的弯曲形状有利于减小凿岩盲区。

极坐标钻臂也存在一些问题，如不能适应打楔形、锥形等倾斜形式的掏槽炮孔，操作调位直观性差，对于布置在回转中心线以下的炮孔，司机需要将推进器翻转，使钎杆在下面凿岩，这样对卡钎故障不能及时发现与处理，另外，也存在一定的凿岩盲区等。

3）复合坐标钻臂。掘进凿岩，除钻凿正面的爆破孔外，还需要钻凿一些其他用途的孔，如照明灯悬挂孔，电动机车架线孔、风水管固定孔等。在地质条件不稳固的地方，还需要钻些锚杆孔。有些矿山要求使用掘进和采矿通用的凿岩钻车，因而设计了复合坐标钻臂。复合坐标钻臂也有许多种结构型式。

图 2-13 所示为一种复合坐标钻臂，它有一个主臂和一个副臂，主副臂的液压缸布置与直角坐标钻臂相同，另外还有齿条齿轮式回转机构，所以它同时具有直角坐标钻臂和极坐标钻臂的特点，不但能钻正面的炮孔，还能钻两侧任意方向的炮孔，也能钻垂直于水平方向向上的采矿炮孔或锚杆孔，性能更加完善，并且克服了凿岩盲区。但它结构复杂、笨重。这种钻臂和伸缩式钻臂均适用于大型钻车。

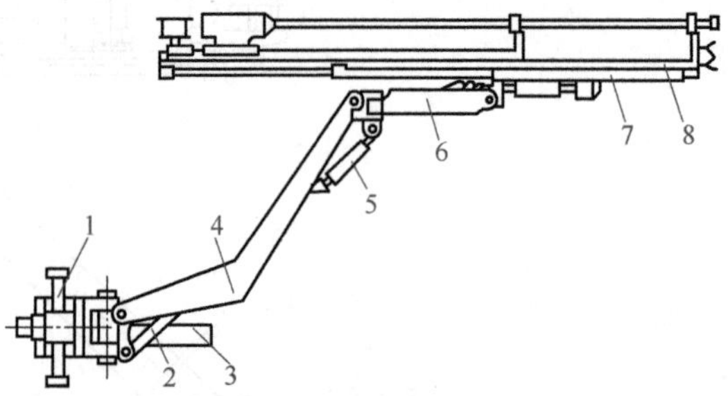

图 2-13 复合坐标钻臂

1—齿条齿轮式回转机构 2—支臂缸 3—摆臂缸 4—主臂 5—仰俯角缸 6—副臂 7—托架 8—伸缩式推进器

4）直接定位钻臂，如图 2-14 所示，是一种新型的、具有复合坐标性质的钻臂，由一对支臂缸和一对仰俯角缸组成钻臂的变幅机构和平移机构。钻臂的前、后铰点都是十字铰接。支臂缸和仰俯角缸的协调工作，不但可使钻臂做垂直于水平面的升降运动和水平面的摆臂运动，而且可使钻臂做倾斜运动（如与水平面成 45°角），这时推进器可随之平移。推进器还可以单独做仰俯角和水平摆角运动。钻臂前方装有推进器翻转机构和托架回转机构。这样的钻臂具有万能性质，它不但可向正面钻平行孔和倾斜孔，也可以钻垂直于侧壁、垂直于水平方向以及带各种倾斜角度的炮孔。其优点是调位简单、动作迅速、具有空间平移性能、操作运转平稳、定位准确可靠、凿岩无盲区、性能十分完善；但它结构复杂、笨重，控制系统也复杂。

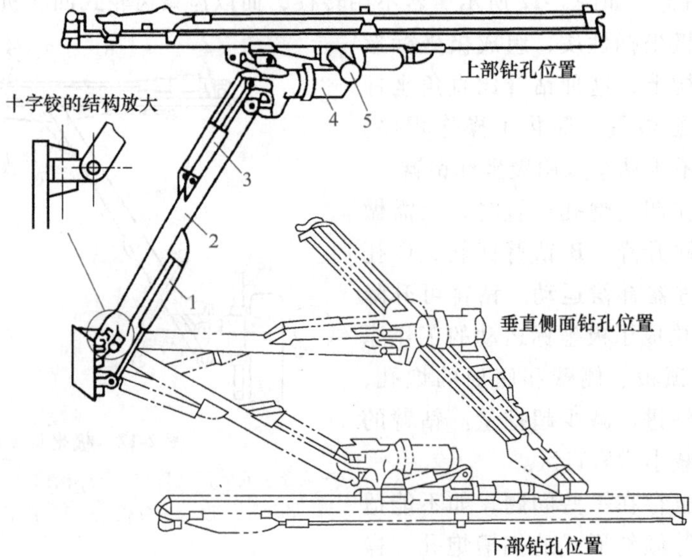

图 2-14 直接定位钻臂

1—支臂缸 2—钻臂 3—仰俯角缸 4—推进器翻转机构 5—托架回转机构

（3）回转机构　回转机构是安装和支持钻臂，使钻臂沿水平轴或垂直于水平轴方向旋转，使推进器翻转的机构。通过回转机构，使钻臂和推进器的动作范围达到巷道掘进所需要的钻孔工作区的要求。常见的回转机构有以下几种结构型式：

1）转柱，如图 2-15 所示，是一种常见的直角坐标钻臂的回转机构。转柱轴固定在底座上。转柱套可以转动。摆臂缸一端与转柱套的偏心耳环相铰接，另一端铰接在车体上。当摆臂缸伸缩时，由于偏心耳环的关系，便可带动转柱套及钻臂回转。其回转角度由摆臂缸行程确定。这种回转机构的优点是结构简单、工作可靠、维修方便，因而得到广泛应用。其缺点是转柱只有下端固定，上端为悬臂梁，承受弯矩较大。为改善受力状态，可在转柱的上端也设固定支承。

螺旋副式转柱是国产 CGJ-2 型凿岩钻车的回转机构，如图 2-16 所示。其特点是外表无外露液压缸，结构紧凑，但加工难度较大。螺旋棒用固定销与缸体固装成一体，轴头用螺栓固定在车架上。活塞上带有花键和螺旋母。当向 A 腔或 B 腔供油时，活塞做直线运动，于是螺旋母迫使与其相啮合的螺旋棒做回转运动，随之带动缸体和钻臂等也做回转运动。这种型式的回转机构，不但应用于钻臂的回转，更多的是应用于推进器的翻转运动。有许多掘进钻车推进器能翻转，就是安装了这种回转机构，并使凿岩机能够更贴近巷道岩壁和底板钻孔，减少超挖量。

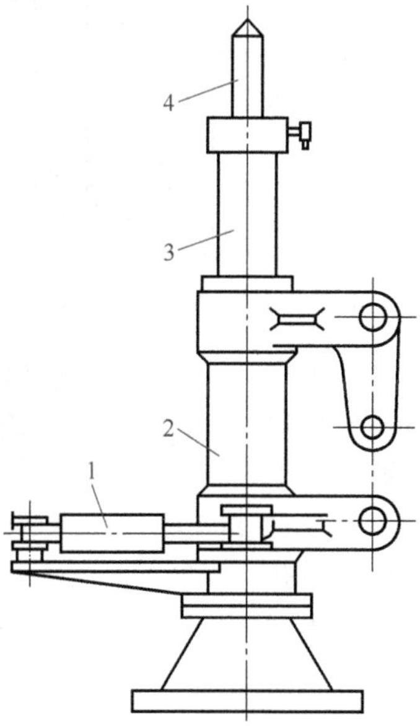

图 2-15　转柱

1—摆臂缸　2—转柱套
3—转柱轴　4—稳车顶杆

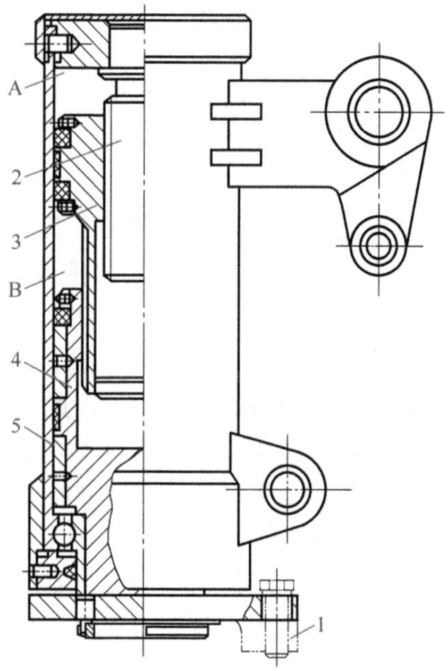

图 2-16　螺旋副式转柱

1—车架　2—螺旋棒　3—活塞（螺旋母）
4—轴头　5—缸体

2）螺旋副式翻转机构。图 2-17 所示为国产 CGJ-2 型凿岩钻车的推进器螺旋副式翻转机构，由螺旋棒、活塞、转动体等组成。其原理与螺旋副式转柱相似但动作相反，即液压缸外壳固定不动，活塞可转动，从而带动推进器做翻转运动。推进器的一端用花键与转动卡座相连接，另一端与支承座连接，液压缸外壳焊接在托架上，螺旋棒用固定销与液压缸外壳定

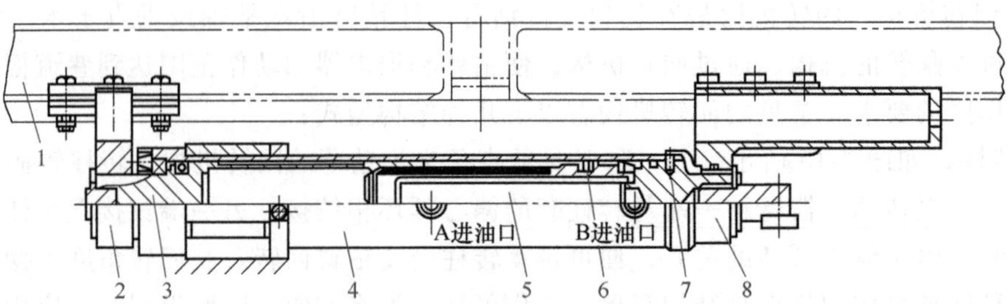

图 2-17 螺旋副式翻转机构

1—推进器 2—转动卡座 3—转动体 4—液压缸外壳 5—螺旋棒 6—活塞 7—固定销 8—支承座

位，活塞与转动体用花键连接。

当液压油从 B 口进入后，推动活塞沿着螺旋棒向左移动并做旋转运动，带动转动体旋转，转动卡座也随之旋转，于是推进器和凿岩机绕钻进方向做翻转 180°运动；当液压油从 A 口进入，则凿岩机反转到原来的位置。

这种机构的外形尺寸小、结构紧凑，适合做推进器的回转机构。

3）齿轮齿条回转机构，如图 2-18 所示，用于钻臂回转。齿轮套装在空心轴上，以键相连，钻臂及其支座安装在空心轴的一端。当液压缸工作时，两根齿条活塞杆做相反方向的直线运动，同时带动与其相啮合的齿轮和空心轴旋转。齿条的有效长度等于齿轮节圆的周长，因此可以驱动空心轴上的钻臂及其支座，沿顺时针及逆时针方向各转 180°。

这种回转机构安装在车体上，其尺寸和质量虽然较大，但都由车体承受。与装设在托架上的推进器螺旋副式翻转机构相比，减少了钻臂前方的质量，改善了钻车的总体平衡。由于钻臂能回转 360°，所以便于凿岩机贴近岩壁和底板钻孔、减少超挖、实现光面爆破，进而提高经济效益。因此，它成为极坐标钻臂和复合坐标钻臂实现回转 360°的一种典型的回转机构。其优点是动作平缓、容易操作、工作可靠，但质量较大，结构较复杂。

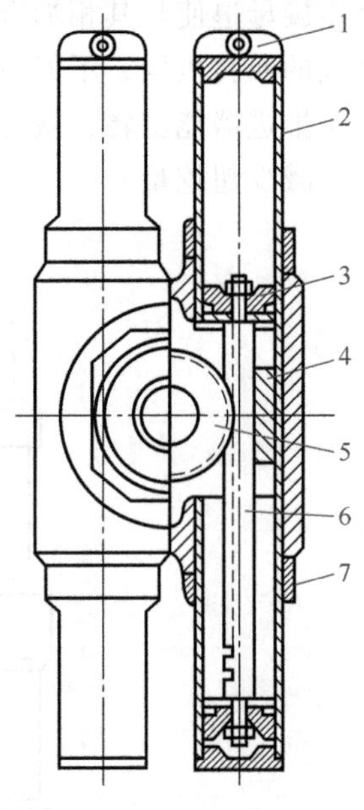

图 2-18 齿轮齿条回转机构

1—液压锁 2—液压缸 3—活塞 4—衬套 5—齿轮 6—齿条活塞杆 7—导套

（4）平移机构 为了满足爆破工艺的要求，提高钻平行炮孔的精度，几乎所有现代钻车的钻臂都装设了自动平移机构。凿岩钻车的自动平移机构（简称为平移机构）是指当钻臂移位时，托架和推进器随机保持平行移位的一种机构。

掘进钻车的平移机构有 3 种类型：机械平移机构、液压平移机构、电液平移机构。应用较多的是机械平移机构和液压平移机构，尤其是机械四连杆式平移机构和无平移引导缸的液压平移机构。

1）机械平移机构常用的有内四连杆式和外四连杆式两种。图 2-19 所示为机械内四连杆式平移机构。由于它的平行四连杆安装在钻臂的内部，故称为内四连杆式平移机构。有些钻车的连杆装在钻臂外部，则称为外四连杆平移机构。

钻臂在升降过程中，$ABCD$ 四边形的杆长不变，其中，$AB=CD$，$BC=AD$，AB 边固定而且垂直于推进器。根据平行四边形的性质，AB 与 CD 始终平行，即推进器始终做平行移动。

当推进器不需要平移而钻带倾角的炮孔时，只需向仰俯角缸一端输入液压油，使连杆伸长或缩短（即 $AD \neq BC$）即可得到所需要的工作倾角。

机械内四连杆式平移机构的优点是连杆安装在钻臂的内部，结构简单、工作可靠、平移精度高，因而在小型钻车上得到广泛应用。其缺点是不适用于中型或大型钻孔，因为它的连杆很长、细长比很大、刚性差、机构笨重。若连杆外装，则很容易碰弯，工作也不安全。对于伸缩钻臂，这种机构便无法应用。

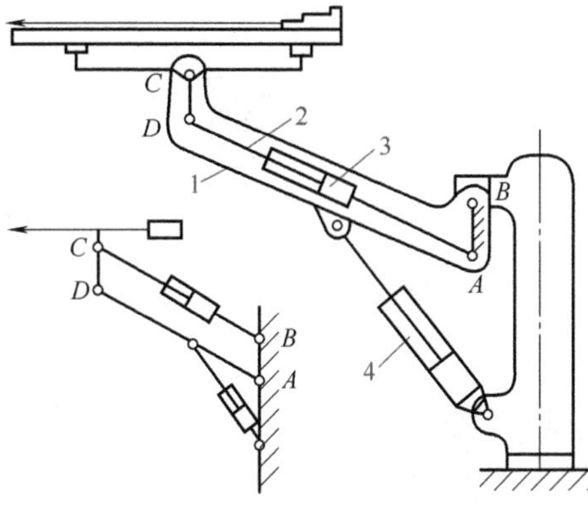

图 2-19　机械内四连杆式平移机构

1—钻臂　2—连杆　3—仰俯角缸　4—支臂缸

机械内四连杆式平移机构只能满足垂直于水平面方向的平移，若水平方向也需要平移，则需要再安装一套同样的机构，实现起来很困难。图 2-20 所示为一种机械式空间平移机构，它由 MP、NQ、OR 及三根互相平行且长度相等的连杆构成，三根连杆前后都用球形铰与两个三角形端面相连接，构成一个棱柱体形的平移机构，其实质是立体的四连杆平移机构，这个棱柱体就是钻臂。当钻臂升降时，利用棱柱体的两个三角形端面始终保持平行的原理，使推进器始终保持空间平移。

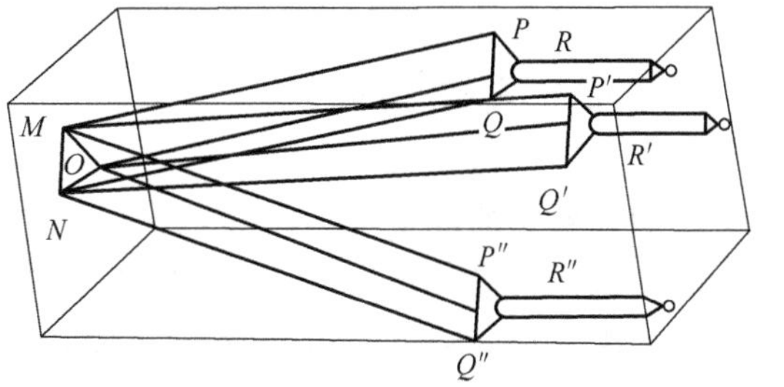

图 2-20　机械式空间平移机构

2）液压平移机构，如图 2-21 所示，其优点是结构简单、尺寸小、重量轻、工作可靠，不需要增设其他杆件结构，只利用液压缸和油管的特殊连接，便可达到平移的目的。这种机构适用于各种不同结构的大、中、小型钻臂和伸缩式钻臂，便于实现空间平移运动，且平移精度准确。

当钻臂升起（或落下）$\Delta\alpha$ 角时，平移引导缸的活塞被钻臂拉出（或缩回），这时平移引导缸的液压油排入仰俯角缸，使仰俯角缸的活塞杆缩回（或拉出），于是推进器、托架便下俯（或上仰）$\Delta\alpha'$角。在设计平移机构时，合理地确定两液压缸的安装位置和尺寸，便能得到 $\Delta\alpha \approx \Delta\alpha'$，在钻臂升起或落下的过程中，推进器托架始终保持平移运动，这就能满足凿岩爆破的工艺要求，而且操作简单。

液压平移机构的油路连接如图 2-22 所示。为防止因操作导致油管和元件的损坏，有些钻车在油路中还设有安全保护回路，以防止事故发生。

这种液压平移机构的缺点是需要平移引导缸并要相应地增加管路，也由于液压缸安装角度的特殊要求，使得空间结构不好布置。无平移引导缸的液压平移机构能克服以上缺点，只需利用支臂缸与仰俯角缸的适当比例关系，便可达到平移的目的，因而显示了它的优越性。

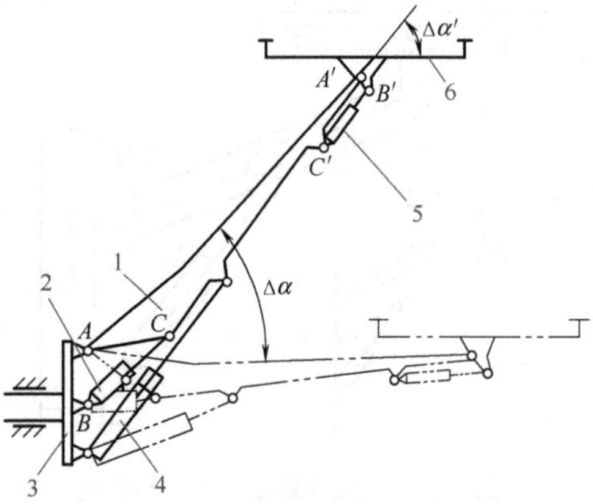

图 2-21 液压平移机构

1—钻臂 2—平移引导缸 3—回转支座 4—支臂缸 5—仰俯角缸 6—托架

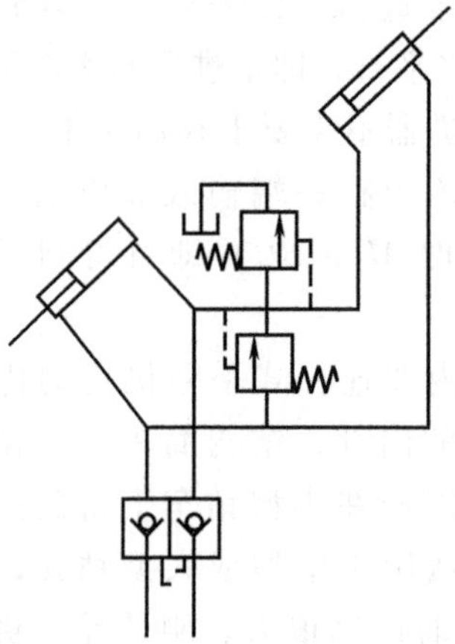

图 2-22 液压平移机构的油路连接

2.2.2 采矿钻车

1. 采矿钻车的概述

（1）采矿钻车的分类 采矿钻车是为回采落矿而进行钻凿炮孔的设备。不同的采矿方法，需要钻凿不同方向、不同孔径、不同孔深的炮孔。因此也就有了不同种类的采矿钻车。图 2-23 所示为阿特拉斯公司生产的两种采矿钻车。采矿钻车的分类方式如下：

1）按照凿岩方式，地下采矿钻车可分为顶锤式（Top Hammer）采矿钻车和潜孔式（Down the Hole）采矿钻车。

2）按照钻孔深度，可分为浅孔采矿钻车和中深孔采矿钻车。国外有的浅孔采矿凿岩钻车是与掘进凿岩钻车通用的。

3）按照配用凿岩机数量，可分为单臂采矿钻车、双臂采矿钻车。

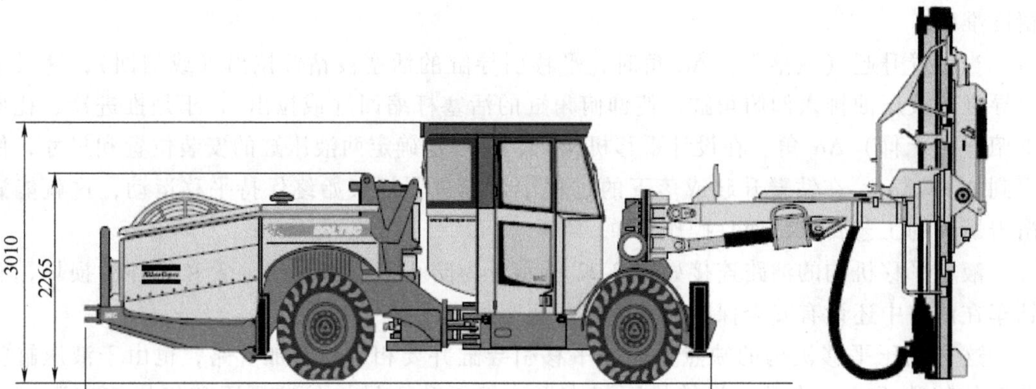

图 2-23 阿特拉斯公司生产的两种采矿钻车

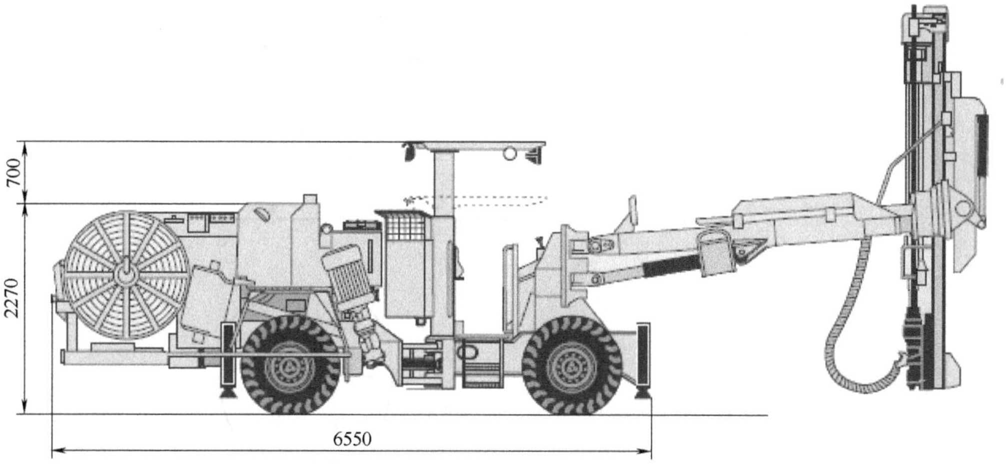

图 2-23　阿特拉斯公司生产的两种采矿钻车（续）

4）按照钻机的行走方式，可分为履带式采矿钻车、轮胎式采矿钻车。

5）按照动力源，可分为液压采矿钻车和气动采矿钻车。若采矿钻车的全部动作（行走及钻臂的变幅变位、推进、凿岩等）都是由液压传动来完成的，则称为液压采矿钻车。若采矿钻车的全部动作都是由气压传动来完成的，则称为气动采矿钻车。

6）按照炮孔排列形式，可分为环形孔采矿钻车和扇形孔采矿钻车。

环形孔采矿钻车可以钻凿放射状孔，如图 2-24 所示。环形孔又可分为垂直于水平面的环形孔、倾斜面环形孔和圆锥面环形孔。垂直于水平面的环形孔是在回转轴处于水平位置、推进器垂直于回转轴时形成的，如图 2-25 所示。倾斜面环形孔是在回转轴不处于水平位置、推进器垂直于回转轴时形成的，如图 2-26 所示。圆锥面环形孔是推进器不垂直于回转轴时形成的，如图 2-27 所示。

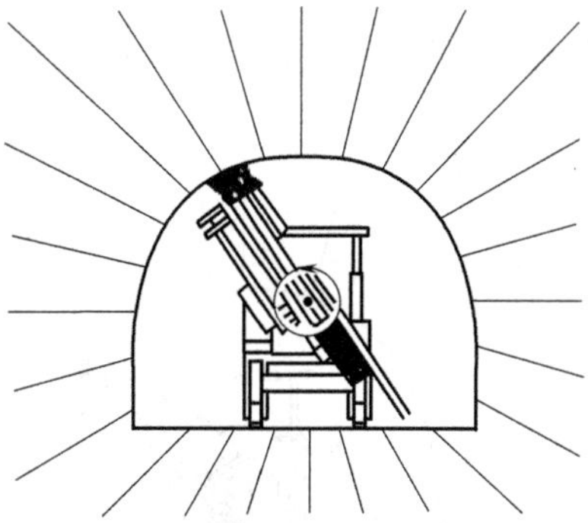

图 2-24　环形孔采矿钻车

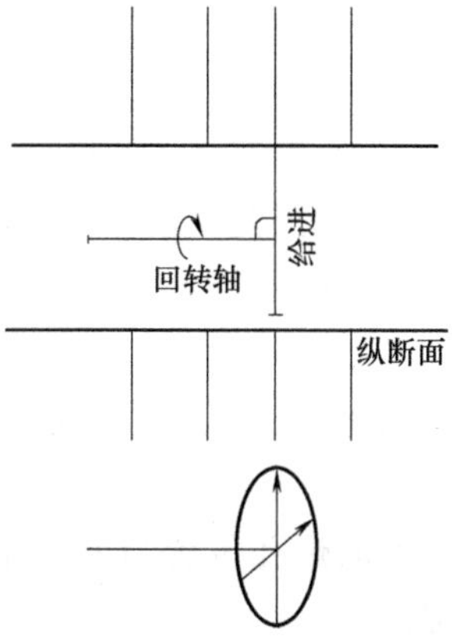

图 2-25　垂直于水平面的环形孔

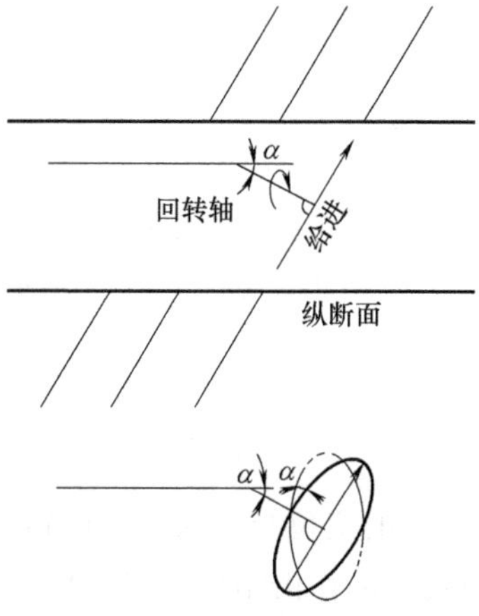

图 2-26　倾斜面环形孔

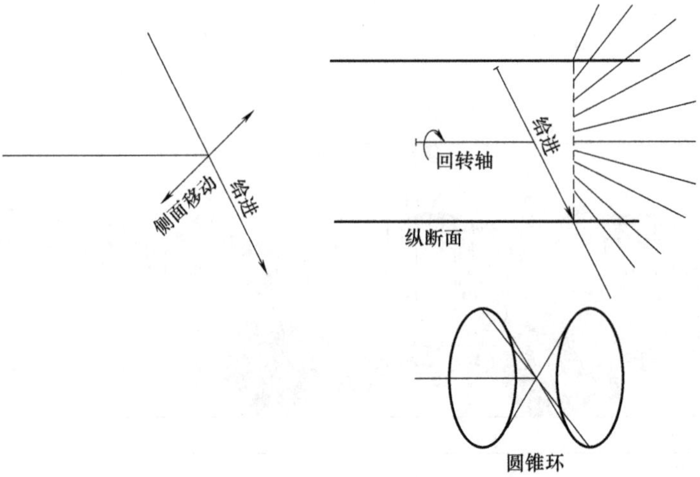

图 2-27 圆锥面环形孔

扇形孔采矿钻车如图 2-28 所示。扇形孔一般为向上的扇形孔，用于分段崩落法中的钻孔。扇形孔也分为垂直面的扇形孔与倾斜面的扇形孔。

7）按照炮孔是否平行，可分为有平移机构采矿钻车和无平移机构采矿钻车。

有平移机构采矿钻车可以在一定距离内钻平行孔，如图 2-29 所示，可用于平行掏槽、垂直于水平崩落法以及窄矿脉的分段崩落法。

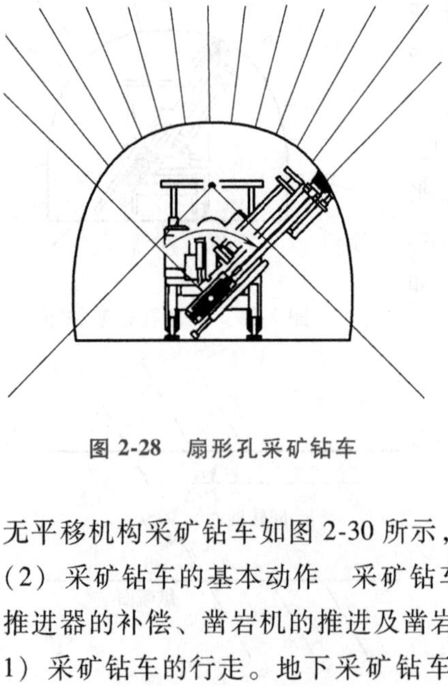

图 2-28 扇形孔采矿钻车

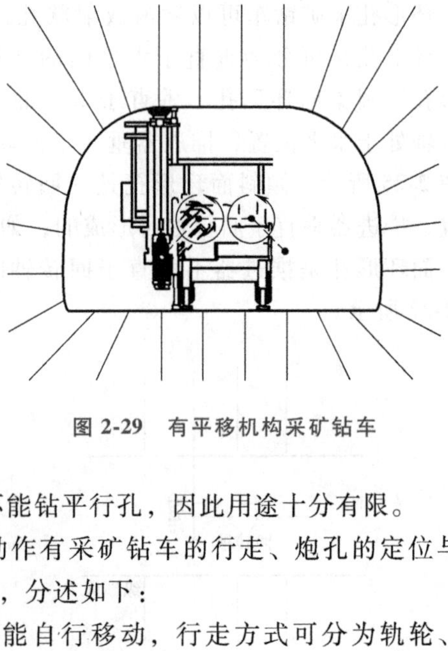

图 2-29 有平移机构采矿钻车

无平移机构采矿钻车如图 2-30 所示，由于它不能钻平行孔，因此用途十分有限。

（2）采矿钻车的基本动作　采矿钻车的基本动作有采矿钻车的行走、炮孔的定位与定向、推进器的补偿、凿岩机的推进及凿岩钻孔 5 种，分述如下：

1）采矿钻车的行走。地下采矿钻车一般都要能自行移动，行走方式可分为轨轮、履带、轮胎，行走驱动力可由液压马达或气马达提供。

2）炮孔的定位与定向。采矿钻车要能按采矿工艺所要求的炮孔位置与方向钻孔，炮孔的定位与定向动作由钻臂变幅机构和推进器的平移机构完成。

3）推进器的补偿。推进器的前后移动又称为推进器的补偿运动，一般都由推进器的补

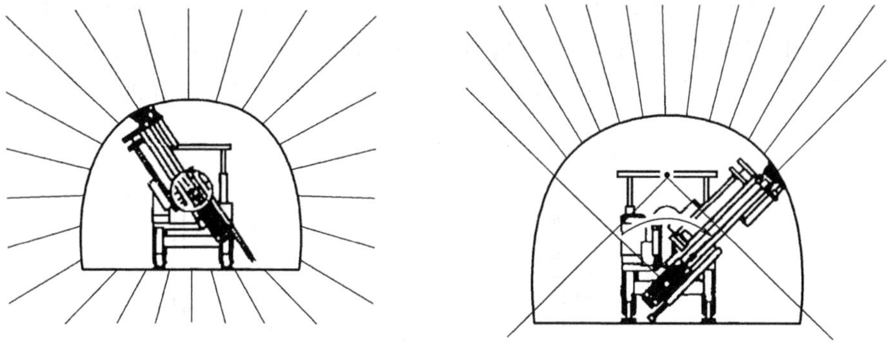

a)　　　　b)

图 2-30　无平移机构采矿钻车

偿液压缸完成。

4）凿岩机的推进。在采矿钻车凿岩作业时，必须对凿岩机施加一个轴向推进力（又称为轴压力），以克服凿岩机工作时的后坐力（又称为反弹力），使钻头能够贴紧炮孔底部的岩石，以提高凿岩钻孔的速度。凿岩机的推进动作是由推进器完成的。推进方法一般有液压缸推进、液压马达（气马达)-链条推进、液压马达（气马达）-螺旋（又称为丝杠）推进三种方法。

5）凿岩钻孔。这是钻车的基本动作，由凿岩系统完成。

除了以上 5 种基本动作外，还有调水平、稳车、接卸钻杆、夹持钻杆、集尘等辅助动作，分别由相应的机构完成。

（3）采矿钻车的基本结构组成　为完成各个动作，采矿钻车必须具备相应的机构，这些不同的机构又可划分为如下三大部分：

1）底盘。底盘可完成转向、制动、行走等动作。采矿钻车底盘的概念常把内燃机等原动机也包括在内，是工作机构的平台。国外采矿钻车底盘基本采用通用底盘。

2）工作机构。完成炮孔定位与定向、凿岩机推进、推进器补偿等动作，采矿钻车的工作机构由定位系统和推进系统组成。

3）凿岩机与钻具。凿岩机与钻具可完成破岩钻孔作业，凿岩机有冲击、回转、排渣等功能，可分为液压凿岩机与气动凿岩机两大类。钻具由钎尾、钻杆、连接套、钻头等组成。

（4）采矿钻车的动力、传动、操纵装置　采矿钻车除了三大基本结构组成外，还必须具有动力、传动、操纵装置。

1）动力装置。动力装置一般可分为柴油机、电动机、气动机三类。

2）传动装置。传动装置一般分为机械传动、液压传动和气压传动三类。有的采矿钻车同时具有液压传动和气压传动两套传动装置。

3）操纵装置。操纵装置可分为人工操纵和电脑程序操纵两类。人工操纵又可分为直接操纵和先导控制两类。一般大中型采矿钻车因所需操纵力过大，所以都采用先导控制。先导控制又可分为电控先导、液控先导和气控先导。电脑程序操纵的凿岩钻车又称为凿岩机器人。

2. 几种典型的采矿钻车

（1）CTC-214 型采矿钻车　CTC-214 型采矿钻车适用于无底柱分段崩落采矿法，有两个钻臂钻车，适用巷道断面为 3m×3m～4m×5.5m，能钻 3.5m 宽的上向平行孔和扇形孔。图 2-31 所示为 CTC-214 型采矿钻车的结构简图。钻车由底盘、工作机构、推进器和液压控制系统等构成。钻车的工作机构由钻臂、起落架、推进器、托架和凿岩机等构成。

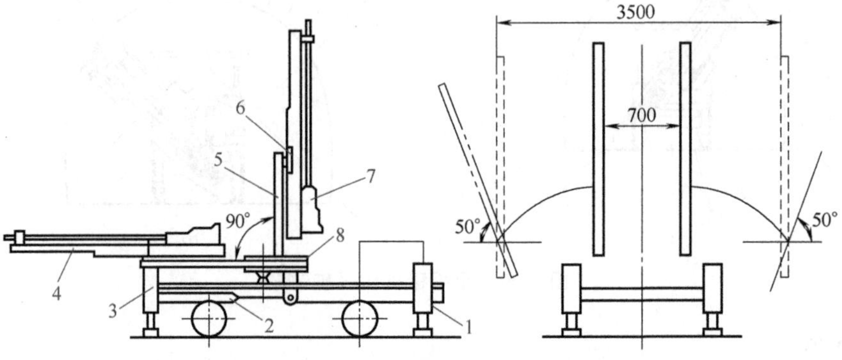

图 2-31　CTC-214 型采矿钻车的结构简图

1—后支腿　2—起落架液压缸　3—前支腿　4—推进器　5—钻臂　6—托架　7—凿岩机　8—起落架

钻臂下端铰接在箱形结构的起落架上。借助起落架液压缸可使钻臂在 0°～90°范围内起落，可钻前倾的炮孔。钻车在行走时，放平钻臂可降低行走高度。

钻臂的摆动和平移运动如图 2-32 所示。钻臂的两侧安装有摆角液压缸和摆臂液压缸。摆臂液压缸伸缩时，可使钻臂围绕铰接点 D 左右摆动，最大摆动范围是偏离钻车中心线 1.75m 处。摆角液压缸伸缩时，可改变推进器与钻臂间的角度。从而可以进行扇形钻孔。若将摆角液压缸调节成某一特定长度，即保持 $AC=BD$，又因在设计时已取 $AB=CD$，则 $ABCD$ 为一平行四边形，从而构成平行四连杆机构。伸缩摆臂液压缸即可获得向上的一组平行钻孔。

图 2-33 所示为钻车工作机构的平面作业范围。右侧为在“高 3m×宽 3m”的巷道断面时的钻车作业范围，边孔扇形角为 50°；左侧为在“高 3.5m×宽 5m”的巷道断面时的钻车作业范围，中间布置 4 个平行孔，孔距为 1.1～1.2m，边孔倾角为 70°。

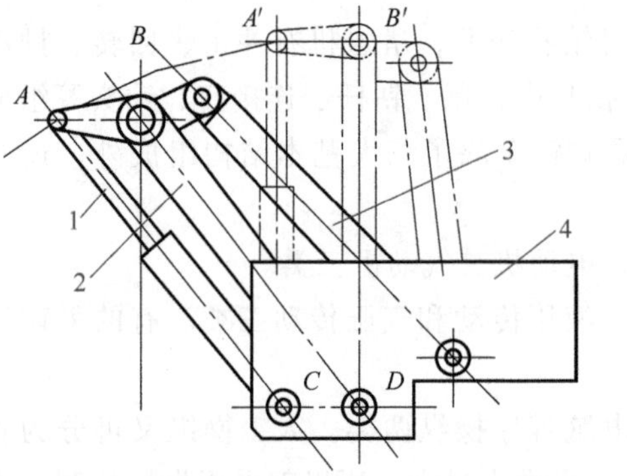

图 2-32　钻臂的摆动和平移运动

1—摆角液压缸　2—钻臂　3—摆臂液压缸　4—起落架

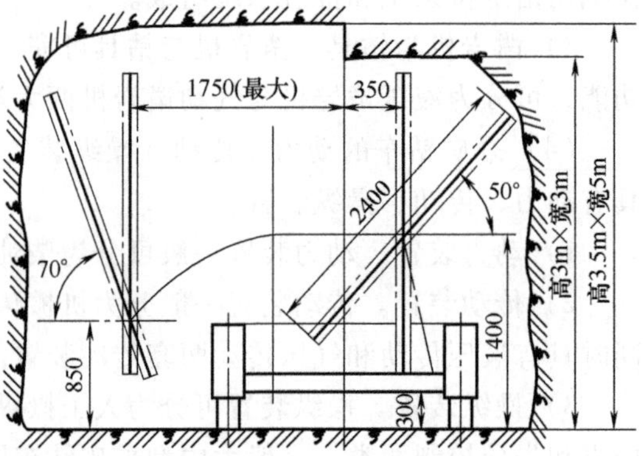

图 2-33　钻车工作机构的平面作业范围

钻臂上端通过托架与推进器相连。推进器采用气马达丝杠推进，配有液压楔式夹钎器和弹性顶尖。钻孔时，整台钻车支撑在四个液压千斤顶（前支腿和后支腿）之上。该钻车采用轮胎式行走、四轮驱动、移位灵活、对孔位方便、爬坡能力强。

（2）CYTC-12 型轮胎式全液压采矿钻车　CYTC-12 型轮胎式全液压采矿钻车如图 2-34 所示，在 PTJ11 型轮胎式底盘装上一套钻臂、推进器和 COP 1238 型液压凿岩机，配备了合理的自动化程度较高的电气系统、液压系统和气水系统。该钻车主要用于井下崩落采矿，钻凿垂直于水平面或倾斜面的扇形或环形炮孔，并可以在垂直于水平方向上钻凿 1.5m 深的平行炮孔，其定位系统属于旋臂单摆系统。该钻车适用的采准巷道最小断面面积为 3.5m×4m，适合于深孔接杆凿岩，孔深可达 30m。

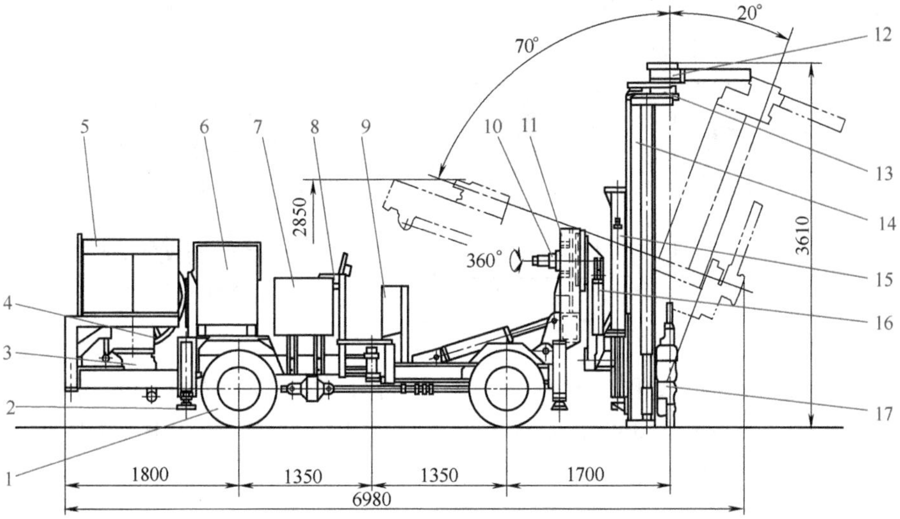

图 2-34　CYTC-12 型轮胎式全液压采矿钻车

1—PTJ11 型轮胎式底盘　2—千斤顶　3—液压泵　4—电缆卷筒　5—配电箱　6—低压控制箱　7—空压机支架　8—行走操纵盘　9—液压元件箱　10—CH30 型回转机构　11—俯仰臂　12—导流器　13—夹钎器　14—推进器导轨　15—CTC-12 型推进器托座　16—摆臂　17—COP1238 型液压凿岩机

（3）阿特拉斯公司的 Simba 系列采矿钻车　Simba 系列采矿钻车底盘分为轮胎式与履带式两种。图 2-35 所示为 Simba 系列采矿钻车，这个系列有 5 种型号钻车，除定位系统不同外，其他结构都相同。

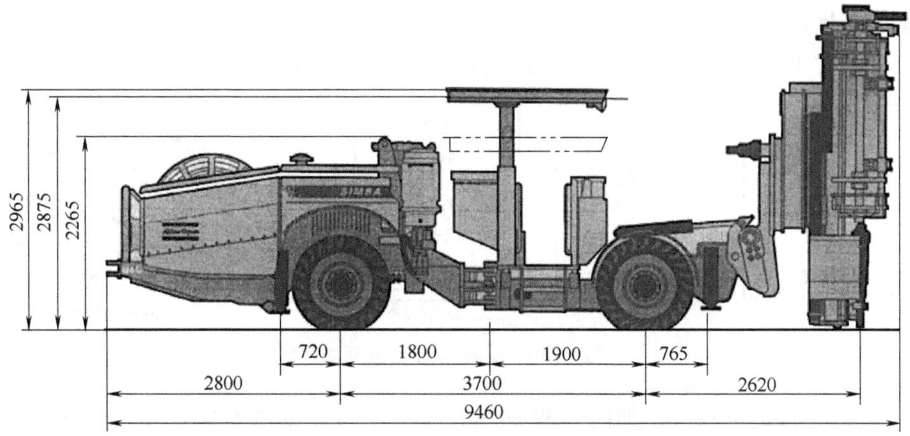

图 2-35　Simba 系列采矿钻车

1）Simba 系列采矿钻车的定位系统。采矿钻车的炮孔定位与定向功能简称为钻车的定位功能，完成定位功能的部件组成的系统称为定位系统。阿特拉斯公司的采矿钻车的各个部件都实现了模块化，该系列的钻车只是将各标准模块以不同的方式组合，能够产生多种定位功能，满足特定的采矿钻孔工艺需要。

按照钻臂和推进器的运动情况，将定位系统分为以下五种：

① 定臂单摆定位系统，如图 2-36 所示，是钻臂固定，推进器扇形摆动的系统。钻臂用螺栓连接在托架上，不能运动，推进器由液压缸伸缩能实现扇形摆动，摆动角度范围为 0°～90°。因此，该系统钻车能打 0°～90°范围内的扇形孔。钻臂与托架的相对位置可以重新装配而旋转 360°，这样就可以打 360°的环形孔。

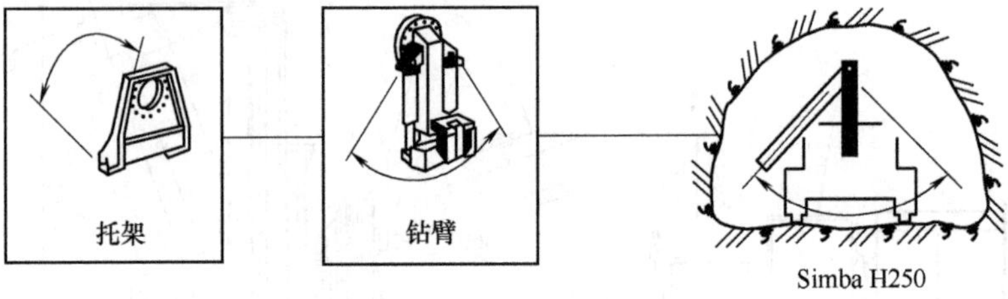

图 2-36　定臂单摆定位系统

② 无臂单旋定位系统，如图 2-37 所示，是无钻臂，推进器旋转的系统。没有钻臂，推进器由旋转器驱动，可以旋转 360°，能打 360°的环形孔。在实际作业中，为防止胶管过分缠绕，旋转器在±180°之内旋转为宜。

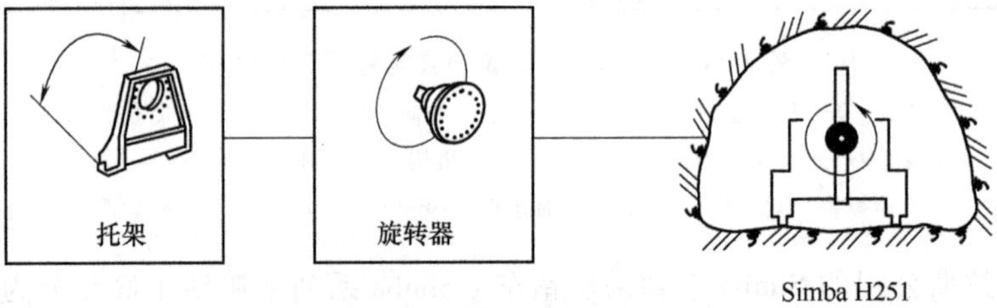

图 2-37　无臂单旋定位系统

③ 旋臂单摆定位系统，如图 2-38 所示，是钻臂旋转，推进器扇形摆动的系统。钻臂由旋转器驱动，推进器由液压缸驱动，做扇形摆动，摆动角度范围在±45°之间。可打 360°环形孔，也可钻凿 1.5m 孔距平行孔，不需要移动钻车，也可进行扇形钻进。

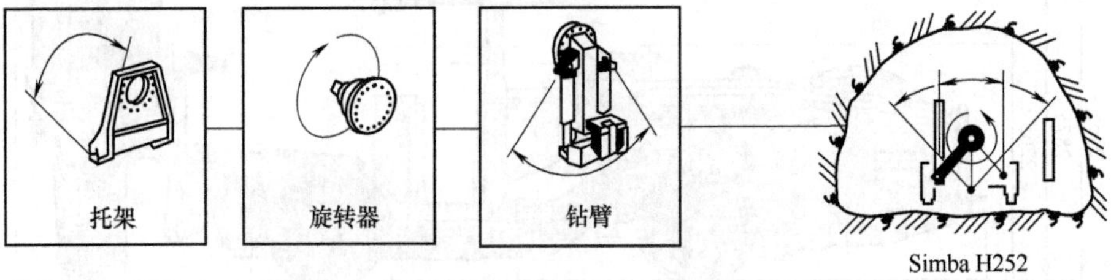

图 2-38　旋臂单摆定位系统

④ 无旋臂旋移定位系统，如图 2-39 所示，是无钻臂，推进器旋转和移动的系统。没有钻臂，推进器沿滑架移动，移动距离最大为 1.5m，推进器可以绕滑架上的托架中心旋转

360°。无臂旋移钻车可以方便地进行平行钻孔，最大孔距为 1.5m 时平行钻孔面不需移动钻车，也可进行 360°环形钻进和扇形钻进。

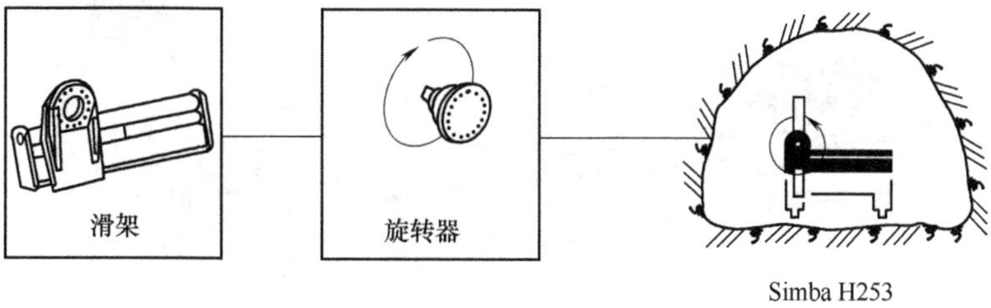

图 2-39　无旋臂旋移定位系统

⑤ 旋移臂单摆定位系统，如图 2-40 所示，是钻臂旋转和移动，推进器扇形摆动的系统。钻臂可以沿滑架移动。最大移动距离为 1.5m，钻臂也可以绕滑架上的托架中心旋转。旋转是由旋转器驱动的。推进器由液压缸驱动实现摆动，其摆动角度为 45°。它可以方便地进行平行孔钻进，在最大平行孔距为 3m 时不需移动钻车，它也可进行 360°环形钻进和扇形钻进。

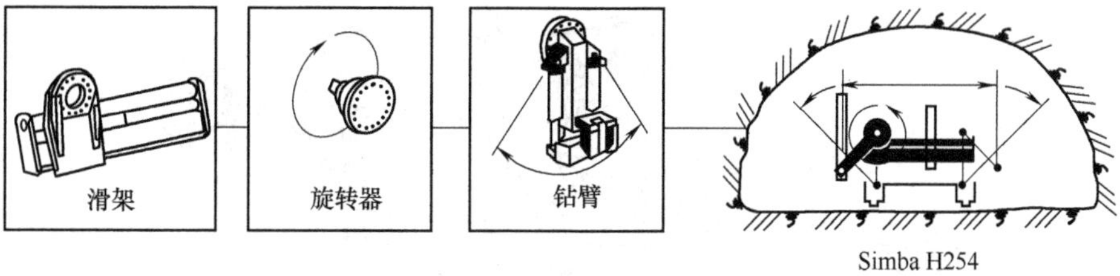

图 2-40　旋移臂单摆定位系统

2）Simba 系列采矿钻车的推进系统，其主要组成部分如下：

① 推进器，如图 2-41 所示，可以实现深孔凿岩。采用耐磨轻铝合金和可替换不锈钢导向套，可减少凿岩机托盘对滑轨的磨损，延长滑轨寿命。

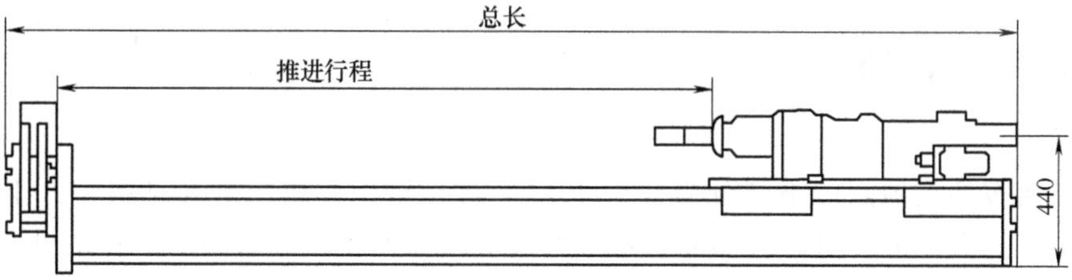

图 2-41　推进器

② 夹钎器，如图 2-42 所示。钻车在开孔时，夹钎器使钻杆保持在中心位置，为钻杆导向；在接、卸钻杆时，夹钎器使钻杆可靠地就位和固定。夹钎器夹头的夹紧动作是靠强力弹簧实现的，从而保证了钻杆被牢固安全的夹紧，松开卡头是靠液压作用力。

③ 集尘器，如图 2-43 所示。集尘器的作用是防止岩渣进入凿岩机和推进器，它安装了两层橡胶密封件，并将干净的水充满在双层橡胶件之间。

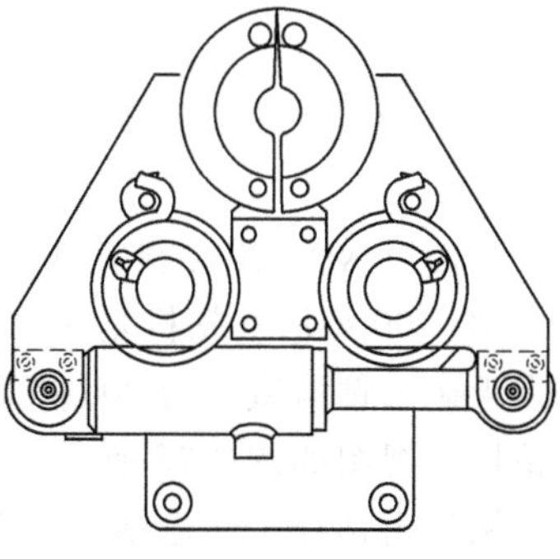

图 2-42　夹钎器

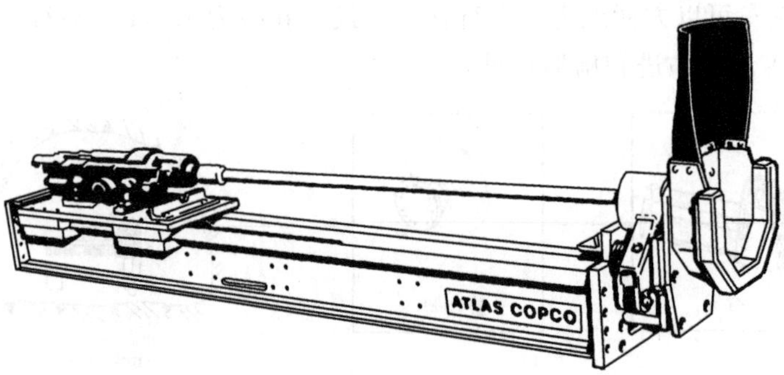

图 2-43　集尘器

④ 换杆器，如图 2-44 所示。换杆器可大大减轻工人接、卸钻杆的劳动强度，缩短非钻孔工作时间（辅助工作时间），大大提高了钻车的钻孔效率。换杆器不是采矿钻车的必备部件，而是可选部件。该换杆器的转盘可存放 17 根或 27 根钻杆。换杆器的夹持、接杆、卸杆动作都是由液压传动完成的。

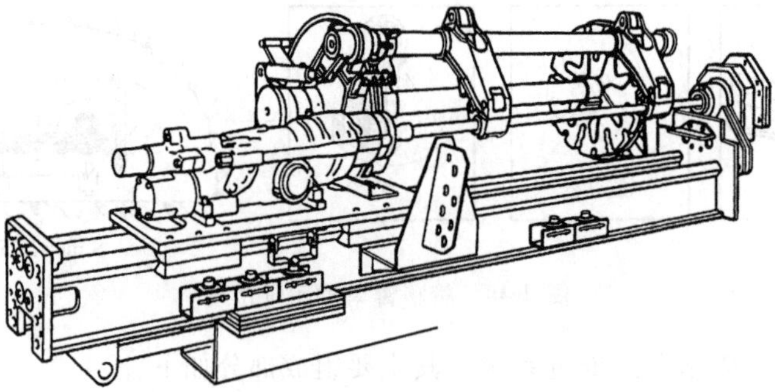

图 2-44　换杆器

2.3　潜孔钻机

潜孔钻机按使用地点的不同分为井（地）下潜孔钻机和露天潜孔钻机。井下潜孔钻机按有无行走机构又可分为自行式和非自行式两种。按照使用风压的不同潜孔钻机还可分为低风压潜孔钻机（0.5~0.7MPa）和高风压潜孔钻机（1.0~2.5MPa）。

2.3.1　潜孔钻机的结构组成

下面以 KQ-200 型潜孔钻机为例，简要介绍露天潜孔钻机的结构组成。

KQ-200 型潜孔钻机是一种自带螺杆空压机的自行式重型钻孔机械。它主要用于大、中型露天矿山钻凿直径为 200~220mm、孔深为 19m、下向 60°~90°的各种炮孔，KQ-200 型潜孔钻机主视图如图 2-45 所示。

钻具由钻杆、球齿钻头及 J-200 冲击器组成。钻孔时，用两根钻杆接杆钻进。回转供风机构由回转电动机、回转减速器及供风回转器组成。回转电动机为多速电动机。回转减速器

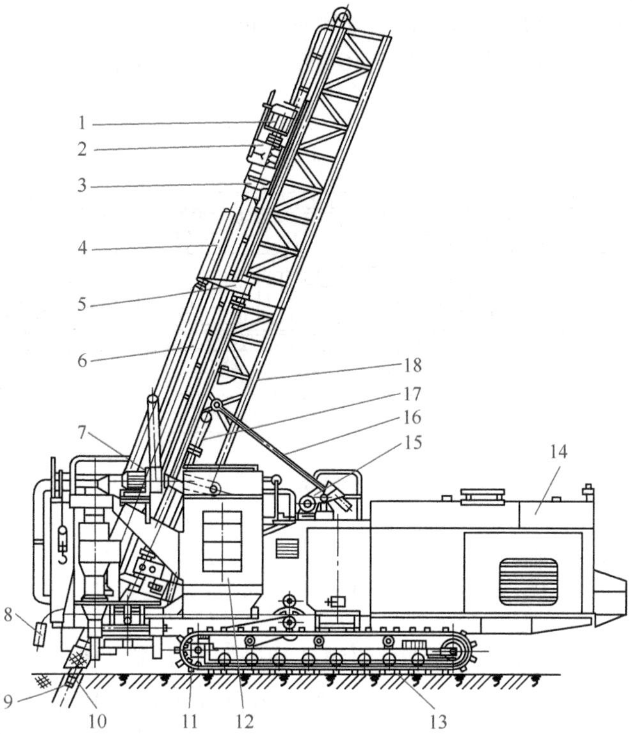

图 2-45　KQ-200 型潜孔钻机主视图

1—回转电动机　2—回转减速器　3—供风回转器　4—副钻杆　5—送杆器　6—主钻杆　7—离心通风机　8—手动按钮　9—钻头　10—冲击器　11—行走驱动轮　12—干式除尘器　13—履带　14—机械间　15—钻架起落机构　16—齿条　17—调压装置　18—钻架

为三级圆柱齿轮封闭式，采用螺旋注油器自动润滑。供风回转器由连接体、密封件、中空主轴及钻杆接头等部分组成，其上设有供接卸钻杆使用的风动卡爪。

提升调压机构是由提升电动机借助提升减速器、提升链条而使回转机构及钻具实现升降动作的机构。在封闭链条系统中，装有调压缸及动滑轮组。正常工作时，由调压缸的活塞杆推动动滑轮组使钻具实现减压钻进。

送杆机构由送杆器、托杆器、卡杆器及定心环等部分组成。送杆器通过送杆电动机、蜗杆减速器带动传动轴转动。固定在传动轴上的上下转臂拖动钻杆完成送入及摆出动作。托杆器是接卸钻杆时的支承装置，用它卡住钻杆并使其保证对中性。卡杆器是接卸钻杆时的卡紧装置，用它卡住一根钻杆而接卸另一根钻杆。定心环对钻杆起导向和扶持作用，以防止炮孔和钻杆歪斜。

钻架起落机构由起落电动机、减速装置及齿条等部件组成。在起落钻架时，起落电动机通过减速装置使齿条沿着鞍形轴承伸缩，从而使钻架抬起或落下。在钻架起落终了时，由于电磁制动及蜗杆副的自锁作用，使钻杆稳定地固定在任意位置上。

2.3.2　潜孔冲击器的工作原理

潜孔冲击器有中心排气与旁侧排气两种结构。中心排气是指冲击器的工作废气及一部分压气，从钻头的中空孔道直接进入孔底。旁侧排气的冲击器，其工作废气及一部分压气则由冲击器缸体排至孔壁，再进入孔底。图 2-46 所示为 J-200 型冲击器结构图，它是一种典型的中心排气式冲击器。

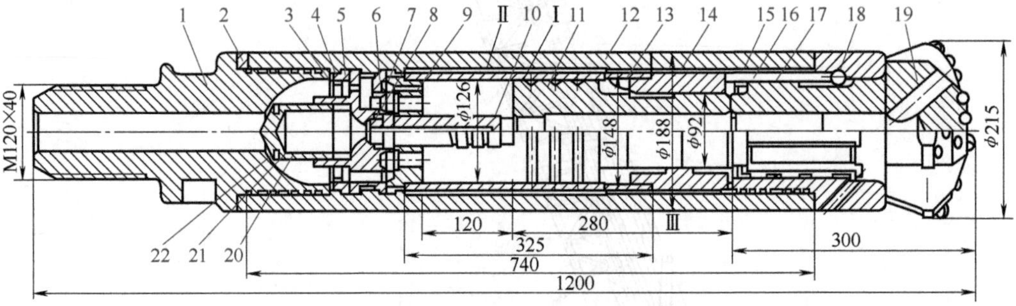

图 2-46　J-200 型冲击器结构图

1—接头　2—钢垫圈　3—调整圈　4—胶垫　5—胶垫座　6—阀盖　7—密封垫　8—阀片
9—阀座　10—配气杆　11—活塞　12—外缸　13—内缸　14—衬套　15—卡钎套
16—柱销　17、20—弹簧　18—阀键　19—钻头　21—逆止塞　22—密封圈

下面以 J-200 型冲击器为例，简要介绍潜孔冲击器的工作原理。

如图 2-46 所示，冲击器工作时，压气由接头及逆止塞进入缸体。进入缸体的压气分成两路：一路是直吹排粉气路，压气经配气杆、活塞的中空孔道以及钻头的中心孔进入孔底，直接用来吹扫孔底岩粉；另一路是气缸工作配气气路，压气进入具有板状阀片的配气机构，并借配气杆配气，实现活塞往复运动。

在冲击器进口处的逆止塞，在停风停机时，能防止岩孔中的含尘水流进入钻杆，因而不致影响开动冲击器及降低凿岩效率，甚至损坏机内零件。

冲击器正常工作时，钻头抵在孔底上，来自活塞的冲击能量，通过钻头直接传给孔底。其中缸体不承受冲击载荷。在提起钻具时，亦不允许缸体承受冲击负荷，这在结构上是用防空打孔Ⅰ来实现的。这时，钻头及活塞均借自重向下滑行一段距离，防空打孔Ⅰ露出，于是来自配气机构的压气被引入缸体，并经钻头和活塞的中心孔道逸至大气，使冲击器自行停止工作。

配气机构由阀盖、阀片、阀座以及配气杆组成。配气原理可分别从返回行程和冲击行程两个阶段说明。

返回行程工作原理：返回行程开始时，阀片及活塞均处于图 2-46 所示的位置。压气经阀片后端面、阀盖上的轴向与径向孔进入内外缸间的环形腔Ⅱ，并至气缸前腔，推动活塞向后运动。此时，气缸后腔经活塞和钻头的中心孔与孔底相通，活塞在压气作用下加速向后运动。当活塞端面与配气杆开始配合时，后腔排气孔道被关闭，并处于密闭压缩状态，于是活塞开始做减速运动。当活塞杆端面越过衬套上的沟槽Ⅲ时，进入前腔的压气便经钻头中心孔排至孔底。活塞失去了动力，且在后腔背压作用下停止运动。与此同时，阀片右侧压力逐渐升高，左侧经前腔进气孔道Ⅱ、钻头中心孔与大气相通，在压差作用下，阀片迅速移向左侧，关闭了前腔进气气路，开始了冲击行程的配气工作。

冲击行程工作原理：冲击行程开始时，活塞和阀片均处于极左位置，压气经阀盖和阀座的径向孔进入气缸后腔，推动活塞向前运动。首先，衬套的花键槽被关闭，前腔压力开始上升；然后，活塞后端中心孔离开配气杆，于是后腔通大气，压力降低；接着，活塞以很高的速度冲击钎尾，工作行程结束。在冲击钎尾之后，阀片由于其前后的压力差作用进行换向。最后，活塞重复返回行程的动作。

2.4　牙轮钻机

牙轮钻机的种类很多，按工作场地的不同，可分为露天矿用牙轮钻机和地下矿用牙轮钻机。按技术特征的不同，牙轮钻机的分类见表 2-1。按回转和加压方式的不同，牙轮钻机可分为底部回转间断加压式（也称为卡盘式）、底部回转连续加压式（也称为转盘式）和顶部回转连续加压式（也称为滑架式）。

表 2-1　牙轮钻机按技术特征分类

技术特征	分类			
	小型钻机	中型钻机	大型钻机	特大型钻机
钻孔直径/mm	≤150	≤280	≤380	>445
轴压力/kN	≤200	≤400	≤550	>650

2.4.1　牙轮钻机的工作原理及结构组成

牙轮钻机钻孔属于旋转冲击式破碎岩石，工作原理如图 2-47 所示，机体通过钻杆给钻头施加足够大的轴压力和回转转矩，牙轮钻头在岩石上边推进边回转，使牙轮在孔底滚动中连续地切削、冲击破碎岩石，被破碎的岩碴不断被压气从孔底吹至孔外，直至形成炮孔。

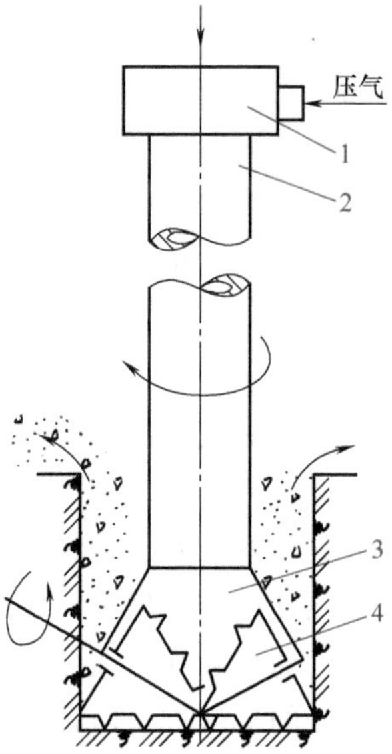

图 2-47　牙轮钻机钻孔工作原理

1—加压、回转机构　2—钻杆　3—钻头　4—牙轮

由此可见，牙轮钻机在钻孔过程中，施加在钻头上的轴压力、转速和排碴风量是保证有效钻孔的主要工作参数。合理地选配这三个参数的数值称为钻机的钻孔工作制度。实践证明，如能合理地确定钻机的钻孔工作制度，就能提高钻孔速度、延长钻头寿命和降低钻孔成本。

当前，虽然国内外的牙轮钻机的种类繁多，但是根据钻孔工作的需要，它们的总体构造基本上是相似的。现以滑架式 KY-310 型牙轮钻机为例（见图 2-48），说明牙轮钻机的组成。

1）工作装置。直接实现钻孔的装置，包括钻具、回转机构、加压提升系统、钻架装置及压气排碴系统等。

2）底盘。用于使钻机行走并支承钻机全部重量的装置，包括履带行走机构、前千斤顶、后千斤顶和平台等。

3）动力装置。给钻机各组成部件提供动力的装置，包

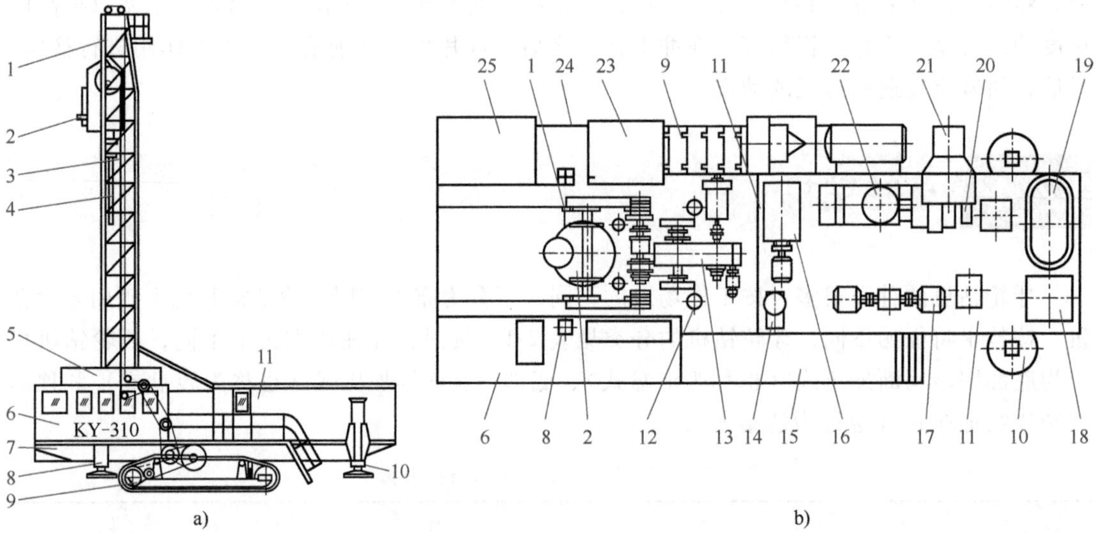

图 2-48 滑架式 KY-310 型牙轮钻机

a）钻机外形（主视） b）机械间平面布置（俯视）

1—钻架进置 2—回转机构 3—加压提升系统 4—钻具 5—空气增压净化调节装置 6—司机室 7—平台 8、10—后千斤顶、前千斤顶 9—履带行走机构 11—机械间 12—起落钻架液压缸 13—主传动机构 14—干油润滑系统 15、24—右走台、左走台 16—液压系统 17—直流发电机组 18—高压开关柜 19—变压器 20—压气控制系统 21—空气增压净化量 22—压气排碴系统 23—湿式除尘装置 25—干式除尘装置

括直流发电机组、变压器、高压开关柜等。

4）操纵装置。用于控制钻机的各部件，包括操纵台，以及各种控制按钮、手柄、指示仪表等。

5）辅助工作装置。用于保证钻机正常、安全地工作，包括司机室、机械间、空气增压净化调节装置、干式除尘装置、湿式除尘装置、液压系统、压气控制系统和干油润滑系统等。

根据牙轮钻机的规格和使用要求的不同，牙轮钻机的各组成部分的内容和结构型式也不尽相同。

2.4.2 牙轮钻具的特点

牙轮钻具主要包括钻杆、牙轮钻头两部分。它们是牙轮钻机实施钻孔的工具。

牙轮钻机在工作时，为了扩大其钻孔孔径，或者减少来自钻具的冲击振动负荷、钻凿出比较规整的爆破孔，在牙轮钻具上还常安装扩孔器、减振器、稳定器等辅助机构。

钻杆的上端拧在回转机构的钻杆连接器上，下端和牙轮钻头连接在一起。由减速器主轴来的压气，经空心钻杆从钻头喷出，吹洗孔底并排出岩渣。

钻孔时，牙轮钻机利用回转机构带动钻具旋转，并利用回转小车使其沿钻架上下运动。通过钻杆，将加压和回转机构的动力传给牙轮钻头。在钻孔过程中，随着炮孔的延伸，牙轮钻头在钻机加压机构带动下不断推进，在孔底实施破岩。

牙轮钻头的结构如图 2-49 所示。牙轮钻头有 3 个主要组成部分：牙轮、轴承和牙掌。牙轮安装在牙掌的轴颈上，其间还装有滚动轴承，牙轮受力后即可在钻头体的轴颈上自由转动。牙轮钻头的破岩刃具是一些凸出于圆锥体锥面，并成排排列的合金柱齿或铣齿。这些柱齿或铣齿与相邻钻头圆锥体上的成排柱齿或铣齿交错啮合。

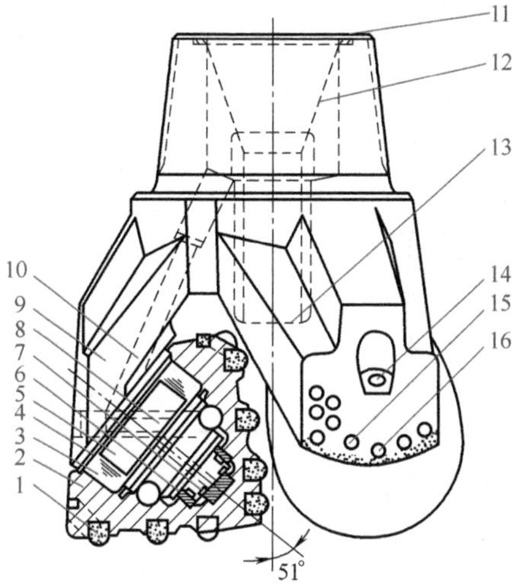

图 2-49　牙轮钻头的结构

1—硬质合金柱齿　2—牙轮　3—滚柱　4—滚珠　5—轴颈　6—轴套　7—止推块　8—塞销
9—牙掌　10—轴承冷却风道　11—压圈　12—挡碴网　13—喷管
14—加工定位孔　15—爪背合金柱　16—爪尖硬质合金堆焊层

牙轮钻机工作时，钻杆以较高的轴向压力将钻头压在岩石上，并带着钻头转动，由于牙轮自由地套装在钻头轴承的轴颈上，并且岩石对牙轮有很大的滚动阻力，所以牙轮便在钻头旋转的摩擦阻力作用下绕自身的轴线自转。牙轮的旋转是牙轮钻机钻进破岩的基础。

由于牙轮旋转，牙轮表面的铣齿或镶嵌其上的柱齿不断地冲击岩石，在这种冲击力作用下，岩石发生破碎；而对破碎软岩，剪切和刮削力是提高破岩效果的重要因素，它是通过牙轮的偏心安装，使其在岩石面上产生相对滑动而实现的。

2.5　钻孔机械智能化技术

2.5.1　钻孔机械的智能钻孔定位技术

钻孔机械的钻孔定位是指设备通过内部传感器测量自身位置的变化以及通过外部传感器进行环境感知以确定自身位置和方位角的过程，可实现在三维平面内的定位。

1. 凿岩钻车钻孔定位系统

凿岩钻车钻孔定位系统主要通过巷道断面轮廓以及炮孔位置规划、车体定位技术，得到钻臂与钻孔孔位之间的坐标变换矩阵，从而调整钻臂和推进器姿态，以保证钻孔位置的准确性。凿岩钻车本身的姿态和工作状态可通过传感器来进行监测；若发现凿岩钻车机械故障，也可采取紧急停止的措施。

凿岩钻车钻孔定位的主要目的是确保凿岩钻孔作业按照设计的位置和方向进行。其定位方式主要是通过钻车自身装配的角度和位移传感器测量，以确定其钻臂、推进器的位置坐标和方位角。再计算出钻臂和推进器的实时位置与目标位置在坐标系中的偏差，然后通过定位控制系统控制钻臂及推进器的位置，使钻具精确到达爆破设计的钻孔位置，从而完成钻孔定位。钻车在到达工作面并利用千斤顶支撑定位后，首先设置两个基准位置，一个基准位置为钻车推进器初始位置，另一个基准位置为所有炮孔的孔口基准面。孔口基准面能使所有炮孔凿岩完成时孔底位置在同一平面内，最大限度地保证爆破后的孔底面平整，最终使巷道成形良好。凿岩钻车定位示意图如图 2-50 所示，定位时需要激光指向仪的激光方向与巷道中线方向保持一致，确保钻车凿岩过程中位置保持不变，若位置发生变化则需要重新定位。

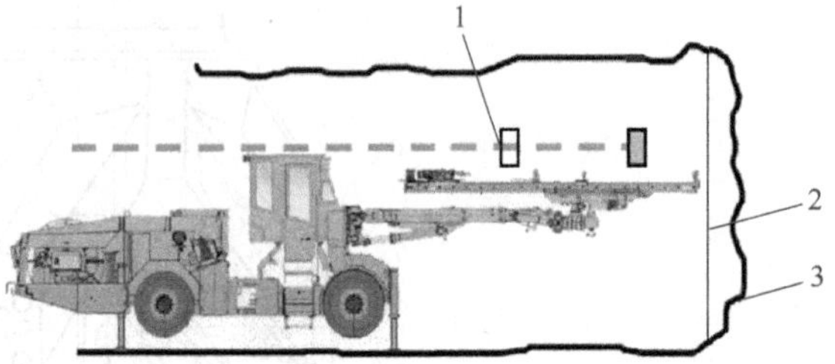

图 2-50 凿岩钻车定位示意图

1—激光 2—孔口基准面 3—工作面

2. 潜孔钻机定位系统

潜孔钻机常用的定位方法包括激光扫描定位、DR（Dead Reckoning，航位推算）定位以及多种传感器融合定位等。激光扫描定位是近几年广泛应用的基于人工路标的全局定位方法，具有无累计误差、抗干扰能力强、定位精度高等优点。其缺点是由于露天矿野外作业环境复杂，存在激光被遮挡的情况，可能会导致激光扫描定位系统无法正常工作。因此，结合激光扫描定位和 DR 定位的多传感器融合定位的方式可以使潜孔钻机的定位系统更加合理，其钻机定位方案总体框架如图 2-51 所示。

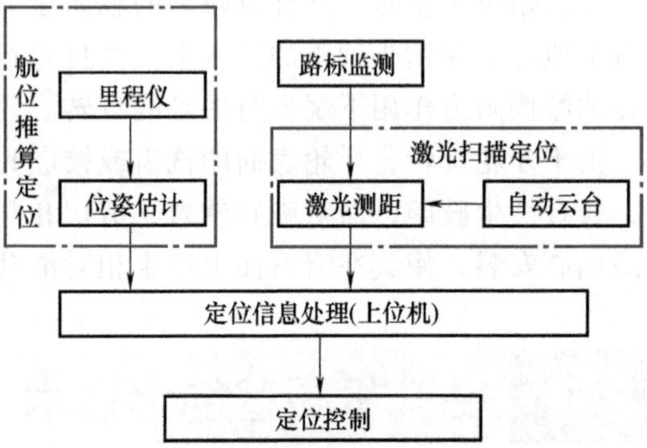

图 2-51 钻机定位方案总体框架

（1）激光扫描定位系统 激光扫描定位系统是整个钻机定位系统最主要的结构，主要由激光测距仪、自动云台、数据采集和传输模块以及定位计算模块等四大核心部件构成。激光扫描定位系统定位过程为：在钻孔区域内事先设置人工路标，使潜孔钻机沿工作区域边界行走一遍，通过激光扫描定位系统标定工作区域边界和人工路标的相对位置。当钻机需要钻孔定位时，只需要确定潜孔钻机与人工路标的相对位置即可得到钻孔的实际位置（坐标），从而驱动钻机行走机构到达目标坐标位置，实现精准定位钻孔。当自动云台带动激光测距仪扫描到人工路标后，会生成测距信息，这些测距信息由 PLC 模块读取后传递给上位机的定位计算模块，经上位机数据处理和定位计算，可得到潜孔钻机相对于人工路标坐标系的位置坐标和方位角，从而驱动潜孔钻机行走机构移动到指定的位置处进行钻孔作业。激光定位系统工作原理如图 2-52 所示。

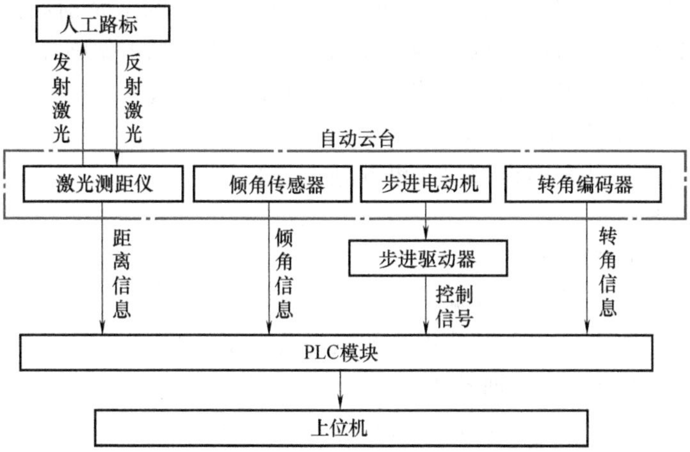

图 2-52　激光定位系统工作原理

(2) DR 定位系统　DR 定位是一种相对定位技术，系统的误差会随着路程和时间的增长而逐渐累积，因此，该方法不适用于长时间和长距离的定位，仅能作为绝对定位技术的辅助技术结合使用，从而获得更加精确的位姿估计。DR 定位系统中最重要的结构部件是里程仪，通常分为机械式、磁电式和光电式三种。由于光电式里程仪具有成本低、响应快、分辨力高、输出信号无滞后现象等优点，因此常作为 DR 定位系统的里程仪。

当激光测距仪无法工作时，DR 定位系统开始启动，里程仪记录了潜孔钻机的行驶距离，然后将其转换为脉冲次数，并通过 PLC 将数据传送至上位机，上位机通过脉冲次数与里程仪刻度系数相乘即可得到车辆走过的总路程，然后通过航位推算及激光扫描失效时潜孔钻机的位姿信息，计算得到当前潜孔钻机的位姿信息。

2.5.2　钻孔机械的自适应防卡钻技术

冲击回转式的钻孔机械，如凿岩钻车、潜孔钻机，能在节理、裂隙等复杂地质环境中满足钻进工作的要求。但是由于地质条件较为复杂，在钻孔过程中，不可避免地出现卡钻事故，导致钻孔机械钻孔速度降低以及钻进效果不佳，增加了钻机检修成本，缩短了钻机的使用寿命。因此在钻机上设置功能模块，可在一定程度上实现自动防卡控制功能，以避免卡钻情况的发生。

1. 钻孔机械凿岩卡钻的原因分析

钻机凿岩过程中，卡钻的原因主要有三类：一是钻头被岩孔内的碎石卡死，造成卡钻；二是由于排渣不流畅或者钻进区域岩石性质分布不均匀导致卡钻；三是钻孔机械突然进入到裂隙导致卡钻。及时发现卡钻事故是解决卡钻故障的基础，对于全液压钻机来说，钻具回转压力的变化是最直观的卡钻特征值。当回转压力到达临界点或超过临界点时，则卡钻现象发生。

2. 钻孔机械自动防卡钻控制原理

从钻机卡钻的发生机理来看，在自动防卡钻控制过程中，需要在前期通过试验的方法测试卡钻液压曲线，如图 2-53 所示。其中：p_Z 为回转压力，p_T 为推进压力，p_{Zm} 为正常回转压力最大值，p_{Z0} 为正常回转压力，p_{T0} 为正常推进压力，t_1 为卡钻前兆点，t_2 为卡钻出现点，t_3 为最大回转压力和推进压力点。当回转压力 p_Z 没有达到卡钻临界回转压力的情况下，钻机的推进压力 p_T 随着回转压力 p_Z 的升高而小幅升高。当钻机回转压力 p_Z 达到卡钻临界回转压力时，液压自动防卡钻控制系统向凿岩钻车的推进器或潜孔钻机的提升加压机构发出退回指令。

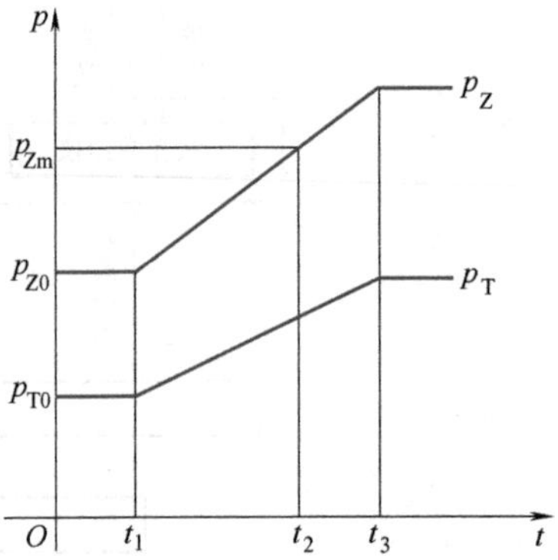

图 2-53 卡钻液压曲线

3. 液压自动防卡钻控制系统

液压自动防卡钻控制系统由数据采集系统、计算控制系统、液压控制系统组成。数据采集系统通过传感器对钻机的推进压力、推进速度、回转压力进行实时追踪，当信号出现大幅度波动时及时反馈，同时计算控制系统快速调节钻机的推进压力、推进速度、回转压力，使其与钻孔区域的地质情况相符。钻机在收到异常信号后，液压控制系统驱动钻具立即进入退回状态，在退回过程中，如果钻机钻头能够正常退回，说明卡钻现象不会发生，同时钻头的推进速度以及推进压力恢复到正常数值，继续进行钻孔作业。如果钻机回转压力超过了临界值，推进装置退回后应根据经验进行评估，在确保无误后，继续开展凿岩钻孔作业。图 2-54 所示为防卡钻液压系统。在钻机正常工作中，回转和推进电磁换向阀到推进位置，钻具回转马达及推进回转马达正常工作，钻机进行正常钻孔作业。同时，两个压力继电器对回转压力及推进压力进行实时数据采集，并反馈到控制系统。若回转压力及推进压力达到预防卡钻系统设定的阈值，则控制推进电磁阀换向，拉动钻杆后退，从而避免卡钻事故的发生。

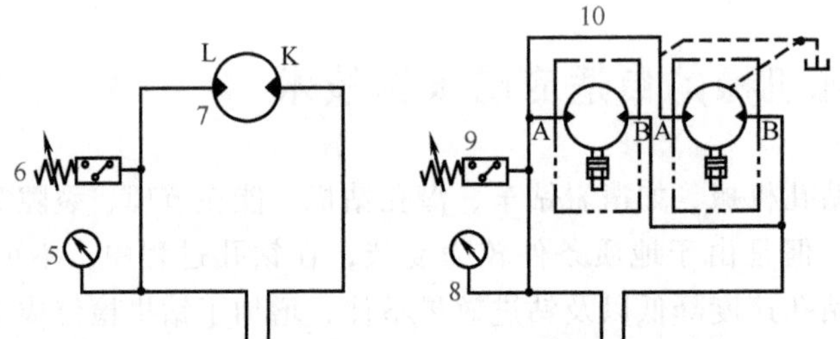

图 2-54 防卡钻液压系统

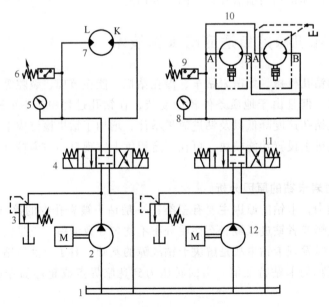

1—液压油箱 2—推进液压泵 3—溢流阀 4—推进电磁阀 5、8—压力表 6—推进压力继电器 7—推进马达 9—回转压力继电器 10—回转马达 11—回转电磁阀 12—回转液压泵

思考题

2-1　简述掘进钻车直角坐标钻臂、极坐标钻臂、复合坐标钻臂和直接定位钻臂的优缺点。

2-2　掘进钻车的平移机构有几种？简述其工作平移原理。

2-3　简述露天潜孔钻机提升调压系统的工作原理。

2-4　简述牙轮钻机的主要工作机构及其工作原理。

2-5　简述钻孔机械的几种钻孔定位技术。

2-6　简述钻孔机械自动防卡钻技术的控制方法。

章节知识点
讲解视频

第 3 章 装载与挖掘机械及其智能化技术

3.1 装载挖掘机械概述

装载挖掘机械就是用来将松散成堆物料装入运输设备所使用的一类机械。它是露天矿山剥离、开采和地下矿巷道掘进、回采工作中的关键设备，同时还广泛应用于水利、电力、建筑、交通、化工、港口和国防等建设事业的工程施工中，是这些工程土方作业的主要作业机械。

装载挖掘机械按照用途分类，主要有装载机械、挖掘机械两类。装载机械主要用于装载、运输土方、砂石、煤炭等松散物料，其主要优点是应用范围广、操作方便、效率高、作业稳定，适用于建筑施工、土方工程、采矿等领域松散物料的装卸。装载机械的种类主要有适合地上作业的前端式装载机、适合地下采矿的井下装载机等。挖掘机械主要用于矿山、水利水电、建材等工程，对松散爆破后的矿岩进行挖掘、装载作业，按照挖掘方式可以分为矿用机械挖掘机、液压挖掘机等，其主要优点是挖掘力大、生产率高、可适应寒冷、重载等各种恶劣工况，适用于矿山爆破后的硬岩开采、土方作业、基础施工等领域。

在矿山生产过程中，采掘作业循环包括钻孔、爆破、通风（露天开采除外）、装载和运输等工序。其中装载工序工作量最繁重、最费时，对采掘生产率的影响很大，是采掘作业循环中的一个重要工序。据统计，在采掘作业循环中，这一工序消耗的劳动量，占采掘作业循环总劳动量的 40%~70%，时间一般占总循环时间的 30%~40%。在井下回采出矿中，装载工序也同样占很大比重。对于露天矿山，剥离、开采的土石方和矿物的挖掘装运，占总开工作量的 85%~90%。因此，矿山生产水平在很大程度上取决于这一工序的机械化程度，显然装载作业的生产费用将极大地影响每吨矿石的直接开采成本。

装载挖掘机械的发展已有 100 多年的历史，到 20 世纪 90 年代中末期国外装载挖掘机械技术已达到相当高的水平。基于有限元计算优化技术、液压控制技术、微电子技术、信息技术已广泛应用于装载挖掘机械的设计、操作控制、检测监控、生产经营和维修服务等各个方面，从而进一步提高了装备的生产率，改善了司机的作业环境，提高了作业舒适性，降低了噪声、振动、排污量，保护了自然环境，最大限度地简化了维修作业、降低了作业成本，使其安全性、可靠性、使用寿命和操作性能都达到了较高水平。主要表现为：①产品形成系列化，更新换代速度加快并朝大型化和小型化两端发展；②采用新结构、新技术、新材料，促进产品向高效、绿色、节能方向发展，产品性能日趋完善；③广泛采用微电子技术与信息技术，完善计算机辅助驾驶系统、信息管理系统及故障诊断系统，产品智能化水平不断提高；

④采用单一吸声材料、噪声抑制的方法消除或降低机器噪声；⑤通过不断改进电喷装置，进一步降低发动机的尾气排放量；⑥研制应用无污染、经济型、环保型的新型动力装置；⑦提高液压元件、传感元件和控制元件的可靠性与灵敏性，提高整机的机-电-信一体化水平。

3.1.1　装载机械

装载机械广泛应用于矿山工程、建筑工程、市政工程、城乡园林、公路交通、车站码头、农田水利等，做装载和短距离运送泥沙、石灰、水泥、碎石、炉渣、矿渣、肥料、垃圾等工作。

1. 前端式装载机

前端式装载机又称为前装机或装载机，是一种循环作业式装载机械，主要用于地上露天及室内场地物料铲装和短距离装载、运输作业。前装机按照动力系统来源可分为内燃机驱动、电池驱动两类，铲装和卸载均采用液压控制，行走机构采用机械传动、马达+行星传动、电动机+行星传动等几种形式。按照行走机构结构前装机可分为履带式和轮胎式两种，如图 3-1 和图 3-2 所示。由于轮胎式移动灵活、速度快，所以适用范围广。按照前装机转向方式或车架型式，又可分为偏转车轮转向（即整体式车架）和铰接式转向（即铰接式车架）两类，只有小型装载机为整体式车架型式，目前大中型装载机均为铰接式转向的结构型式。前装机根据铲斗卸载方式的不同，又可分为正铲正卸和正铲侧卸两类。装载机铲斗容量范围在 0.5~40m^3 之间已形成系列化，适用于各行各业不同的工作场合。目前世界上最大斗容（铲斗堆装标准）前端式装载机已达到 40m^3 级别（自重约 270t 级）。世界上主要生产装载机的公司有美国的卡特彼勒（Caterpillar，CAT）、日本的小松（Komatsu），以及我国的徐工集团、柳工集团等。

图 3-1　履带式

图 3-2　轮胎式

2. 井下装载机

井下装载机的种类和型式较多，如铲斗式装载机、蟹爪式装载机、立爪式装载机、顶耙式装载机和耙斗式装载机等。井下装载机的显著特点就是外形尺寸低矮、低排放、转弯半径小，可适应井下作业空间狭小、密闭，通风成本大的要求。目前金属矿山使用最多的是铲斗式装载机，蟹爪式装载机等，其他井下装载机由于生产能力小，只适用于采矿量较小的井下有色金属矿山。这里主要介绍铲斗式装载机和蟹爪式装载机。

（1）铲斗式装载机　铲斗式装载机用于地下矿山巷道掘进和回采以及隧道工程，主要是把回采的矿石或岩石装入运输工具或卸入溜井，其装载作业场景如图 3-3 所示。它工作效率高、操作简便，特别是轮胎式内燃机驱动的铲斗式装载机，更具有机动灵活、适应性强、生产率高等优点。铲斗式装载机按照卸载方式不同，一般可分为直接卸载式装岩机、履带式巷道扒渣机、侧卸式装岩机和铲运机等（见图 3-4）。井下采矿常用的是直接装卸式的井下装载机，与井下自卸矿车配合作业，完成井下采矿作业，目前，井下铲斗式装载机的斗容（铲斗堆装标准）已达到 $10m^3$ 的级别（自重约为 80t 级）。

图 3-3　铲斗式装载机的装载作业场景

图 3-4　铲斗式装载机

a）直接卸载式装岩机　b）履带式巷道扒渣机　c）侧卸式装岩机　d）铲运机

1）直接卸载式装岩机。直接卸载式装岩机适用于有色金属矿、金矿，可用于采掘各类矿山或引水隧洞工程，该机为铲斗式，前装后卸，行走为轨轮式，轨距为 600mm、762mm、900mm 等，动力源电压为 380V，特别适用于掘进中的弯道使用，它结构紧凑、操作灵活，且铲斗底板为合金耐磨材料，耐用度高。直接卸载式装岩机由工作机构、提升机构、回中机构、行走机构和操纵机构等组成。装岩开始时，在距岩石堆 1～1.5m 处，放下铲斗，使其贴着地面，开动行走机构，借助惯性将铲斗插入岩石堆，同时开动提升机构，铲斗边插入边提升。铲斗装满后，行走机构后退，并继续提升铲斗，与铲斗焊在一起的斗臂沿回转台上的导轨滚动，直到铲斗向后翻转到末端位置，碰撞缓冲弹簧，此时，铲斗内的岩石借助惯性被抛出，卸入连接在机器后部的矿车内。卸载后，铲斗靠自重和缓冲弹簧的反作用力从卸载位置返回到铲装位置，此时使行走装置再换向，机器又向前冲向岩石堆，铲斗再次插入岩石堆，开始下一个铲装循环。

2）履带式巷道扒渣机。履带式巷道扒渣机为全液压履带结构，采用独特的反铲系统来扒取岩石（或矿石），将岩石（或矿石）扒入中央的刮板运输槽，并依靠刮板运输机构将岩石（或矿石）从前部输送至后部的接续矿车、皮带机、汽车等设备中。

履带式巷道扒渣机的铲斗也可以用来清理工作面。它是由底盘系统，挖掘装载系统，输送系统、液压系统及电气系统五大部分组成。该设备的底盘一般采用液压挖掘机底盘的结构型式，采用液压马达驱动履带行走机构，它性能强劲、爬坡力强、机动灵活，可在潮湿有积水的巷道里工作。扒渣机主要采用外接电源或自带柴油机驱动电动机，作为整机主要动力输出，由主电动机带动液压齿轮泵，齿轮泵再将液压油压送到多路阀，由多路阀控制挖掘系统的大小臂液压缸、行走系统的液压驱动马达。

3）侧卸式装岩机。侧卸式装岩机是以电动机为直接驱动、履带行走、液压缸操作铲斗的正装侧卸式装岩设备。侧卸式装岩机主要用于水平岩、半煤岩的巷道施工，也可用于煤及其他物料的装载。侧卸式装岩机的优势：①作业稳定，能代替人工装运，可显著减少在危险区内进行装载作业的人员数量，能显著降低危险系数、减轻工人的劳动强度。铲斗插入力大、装载能力强、可实现全断面装载，适用于各种断面的巷道施工。②综合配套性能好。机动灵活、适应性强。可以很方便地与巷道中的其他设备，如钻车、刮板输送机、带式输送机及矿车等配套。③ 可实现一机多用的功能，除完成装载作业外还可以为液压钻具提供动力，充当支护时的工作平台，完成工作面距离运输、卧底、清帮等工作，可以显著提高掘进速度，取得良好的综合经济效益。侧卸式装岩机铲斗容量为 $0.4 \sim 1.5m^3$，一般用于巷道断面小的地下矿山开采作业。

4）铲运机。铲运机是一款适合在井下巷道掘进、采矿等狭小空间工作的装载机，又名巷道铲车、井下小铲车、地下室铲车，主要用于地下矿山和隧道工程，把回采的矿石或岩石装入运输工具或卸入溜井。铲运机机身低矮、驾驶室横向布置、采用光面或半光面地下矿用耐切割工程轮胎且装有柴油机尾气净化装置。它采用全液压控制，整机性能稳定可靠、操作简单、机动灵活、维修方便、维护及维修费用低，能有效降低生产成本，提高生产率。

进入 20 世纪 70 年代，国外铲运机技术已渐趋成熟，形成了系列化产品。当时的铲运机几乎都是柴油机驱动的内燃铲运机，为此，需采用低污染柴油机并在机上设置柴油机尾气净化装置，采用贵金属催化净化器水洗涤箱，还需增设通风设施，加大地下通风量来稀释柴油机尾气，并将其排出坑外，以便为矿山提供合乎卫生标准的作业条件，但矿山通风费用几乎成倍增加。若用电动铲运机取代所用的全部内燃铲运机，则所需通风量可减少一半以上。

电动铲运机具有低污染、低热量（热量不到同级内燃铲运机的 30%）、低噪声、维修量很小、功率损失小等优点。其缺点是：拖曳电缆限制了机器的机动性能和活动范围，也限制了其运行速度，在运距较长、矿点分散，或者在各采场或各分层频繁，进行调动的地方使用时，其技术性能和经济效果还不如内燃铲运机。此外，电动铲运机还需要增加电缆、卷缆装置及供电设施的设备投资，且电缆容易磨损和损坏，需定期更换，并需加强检查和保护。

铲运机通过动力系统驱动车轮移动，借助液压系统实现铲斗的提升、倾斜和卸货等操作，由操纵系统控制铲运机的运动和工作。这些部件的协同作用使得铲运机能够高效、灵活地进行矿山开采作业。

电动铲运机和矿用电动轮自卸货车与机械式自卸货车相比，既不需要复杂的机械变速机构和传递转矩的传动轴，也不需要后轴锥齿轮、半轴和差速器的驱动桥总成，只要用电缆连接即可。矿用电动铲运机结构被大幅简化，电传动系统替代了机械传动系统，减少了许多零部件，电传动系统中间环节少了，动链短，机械磨损少，提高了传动效率和工作的可靠性。此外，电传动系统还可以改善柴油机的工作状况，使其功率与牵引电动机相匹配并得到充分地利用，从而提高车辆的牵引性能，并实现无级变速、无摩擦电制动和自动电动差油等。因此，电动轮驱动与机械式驱动相比有不少优势，应用越来越多。

工作装置是地下铲运机铲装物料的装置，它的结构和性能直接影响整机的工作尺寸和性能参数。因此，工作装置的合理性直接影响地下铲运机的生产率、工作负荷、动力与运动特性、不同工况下的挖掘效果、工作循环时间（包括铲取、举升、卸料和铲斗返回到原位的时间）、外形尺寸和发动机功率等，不同类型的工作装置的组成是不同的。

（2）蟹爪式装载机　蟹爪式装载机的工作机构呈一对蟹爪形，是模仿螃蟹用蟹爪耙取物料的动作而设计的一种装载机械，它的工作方式属于连续作业式，如图 3-5 所示。按转载运输机形式，蟹爪式装载机可分为整体式（多为刮板输送机）和分段式（前段多为刮板输送机，后段多为胶带输送机）两种。蟹爪式装载机主要用于巷道掘进中装载爆落的煤或岩石，能连续装载，其装载能力一般为 35~200m^3/h。

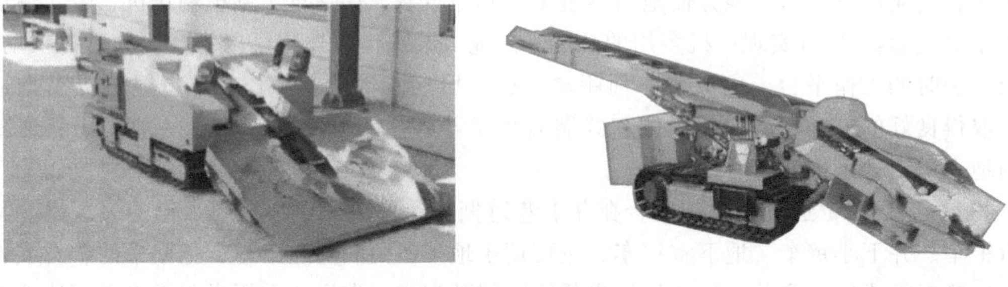

图 3-5　蟹爪式装载机

蟹爪式装载机依靠本身履带行走机构的推力，使工作机构的铲板插入料堆，装在铲板上的两个扒爪交替地从侧面把铲板上的物料耙入转载刮板机上，将物料装入矿车或其他输送设备。工作机构在前升降液压缸的作用下可上下摆动，以调节铲板高度或松动装载机前面的料堆。履带行走机构的转向移动可调节装载宽度。回转液压缸能使转载机构尾部做水平回转以调节卸载点位置。后升降液压缸能调节转载机构的卸载高度。

3.1.2　挖掘机械

露天矿用挖掘机械主要包括机械正铲式挖掘机和液压挖掘机，如图 3-6 和图 3-7 所示。大型金属露天矿山的岩石剥离和采矿作业主要由机械正铲式挖掘机完成，随着液压挖掘机技术的进步和大型化，液压挖掘机在有些地质条件相对松软的矿山剥离和采矿作业中也有应用，但由于机械正铲式挖掘机清根能力强，大型露天煤矿及非金属露天矿山主要还是由机械正铲式挖掘机来完成剥离岩石，采煤作业由于物料相对松软，大部分矿山采用大斗容量的液压挖掘机或前端式装载机完成装载工作。

图 3-6　机械正铲式挖掘机

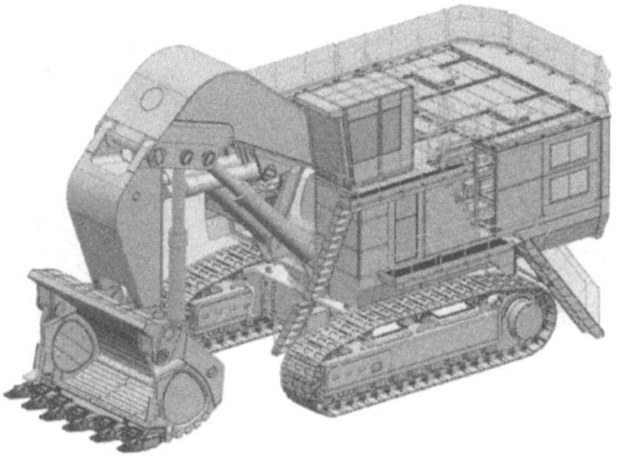

图 3-7　液压挖掘机

1. 机械正铲式挖掘机

机械正铲式挖掘机是一种循环作业式装载机械，如图 3-8 和图 3-9 所示，每一工作循环包括挖掘、回转、卸载及返回四个过程。其行走装置主要为履带式，驱动动力来源有电动机驱动和内燃机驱动两种，随着矿山开采规模的大型化发展，2012 年由中国太原重工股份有限公司生产的用于剥离和采矿作业的机械式单斗挖掘机的最大斗容量达到了 $75m^3$（铲斗平装标准、工作重量达 2000t）。而美国马里昂公司于 1965 年生产的斗容为 $138m^3$、自重达 13800t 的倒堆用单斗机械挖掘机，并非用于剥离和采矿，而只适用于特定矿山。从目前情况看，尽管前端式装载机和液压挖掘机有不少优点，但由于机械正铲式挖掘机具有挖掘力大、生产能力大、技术成熟、作业稳定可靠、能挖掘装载各种矿岩、维修方便、操作费用低等优点，因此在当今大型露天矿作业中，仍占重要地位。

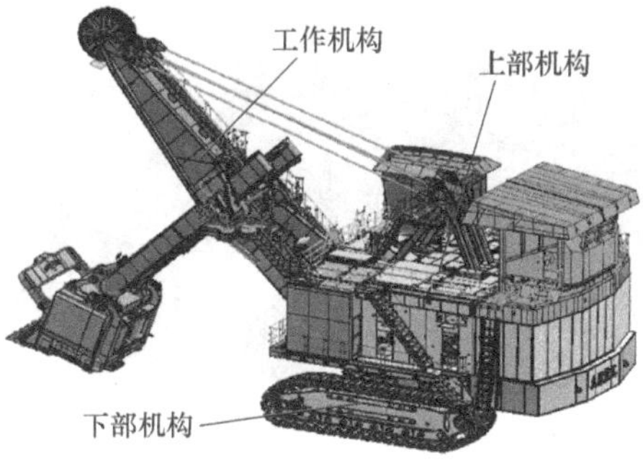

图 3-8　机械正铲式挖掘机（一）

图 3-9　机械正铲式挖掘机（二）

机械正铲式挖掘机产品符合《矿用机械正铲式挖掘机》（GB/T 10604—2017）要求。按挖掘机工作机构结构机械正铲式挖掘机可分为齿轮齿条推压（刚性推压）和钢丝绳推压（柔性推压）两种类型，如图 3-10 和图 3-11 所示。齿轮齿条推压结构的优点：机构刚性强、挖掘力大、铲斗装满系数高、清根能力强、掌子面平整、机器行走机构磨损相对小。缺点：机器承受的冲击载荷大、自身工作质量大、各运动部件磨损大。钢丝绳推压结构的优点：挖掘时可以有效缓解铲斗偏载对机器的冲击，挖掘时机器受到的冲击载荷小、机器自重较轻、能耗相对小。缺点：面对坚硬物料时铲斗装满系数小，清根能力差，以及掌子面不平整导致的行走机构磨损大。

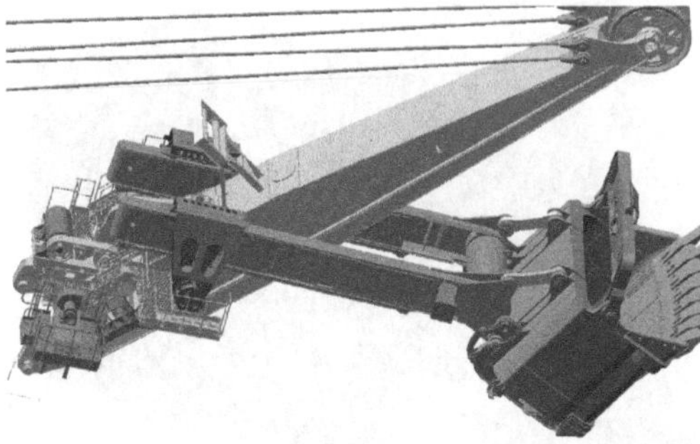

图 3-10　齿轮齿条推压（刚性推压）

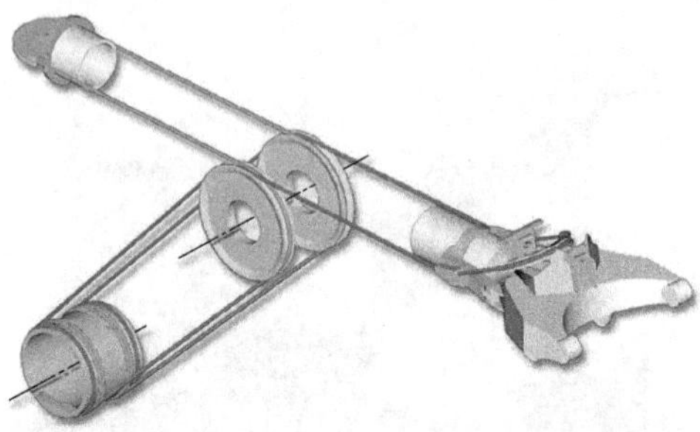

图 3-11　钢丝绳推压（柔性推压）

2. 液压挖掘机

液压挖掘机是一种用容积式液压静压传动系统，靠液体的压力能工作的挖掘机械，有反铲和正铲两种型式，如图 3-12 和图 3-13 所示，其驱动动力来源有外接电缆驱动和柴油发动机驱动两种。自 20 世纪 50 年代问世以来，因液压传动具有能无级调速，调速范围大；低速运动时稳定可靠，高速运动时运动惯性小，并可做高速反转；传动平稳，结构简单，可以吸收冲击和振动；操作省力，易实现自动控制，且易标准化、通用化和系列化等优点，所以发展迅速，已成功地应用于大型露天矿的剥离和采矿作业。对于中小型（一般指斗容小于 $5m^3$）液压挖掘机均采用反铲结构型式，以适应各种不同的工况条件。中小型液压挖掘机按照行走方式可分为轮胎式和履带式两种。大型液压挖掘机主要用于露天矿山或大型水电工程项目的规模化采矿和施工作业，工作场地相对固定，需按照一定的施工工艺完成作业，采用正铲液压挖掘机挖掘力大、作业效率高，优势突出。目前世界上最大正铲液压挖掘机的斗容（铲斗堆装标准）已达到 $50m^3$ 级别（自重 1000t 级）。

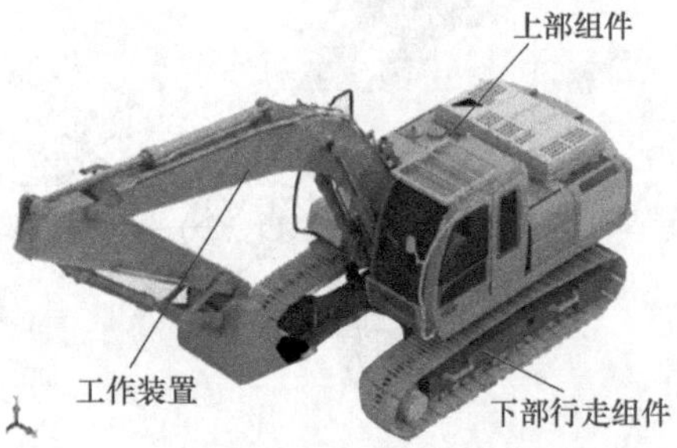

图 3-12　反铲液压挖掘机

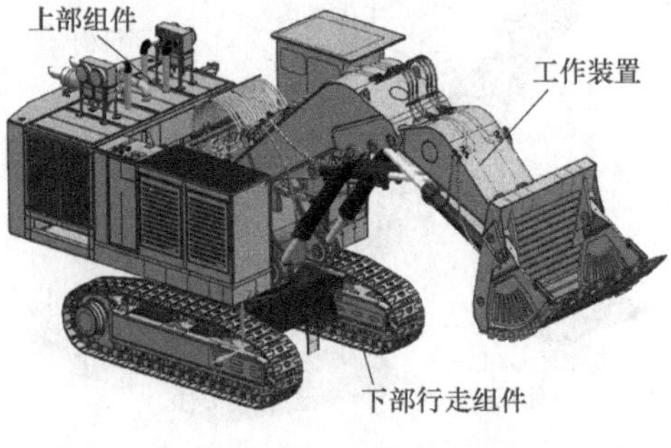

图 3-13　正铲液压挖掘机

3.2 装载机的工作原理及结构组成

这里主要介绍前端式装载机、井下装载机、蟹爪式装载机的主要工作原理及结构组成。

3.2.1　前端式装载机

前端式装载机（简称为装载机）广泛应用于各种矿山、建筑、水利水电、土方施工等工程项目中松散物料的装卸作业。按行走机构不同装载机可分为轮胎式和履带式，目前市场上以轮胎式装载机为主，履带式装载机主要应用于场地泥泞、松软易陷、易打滑等特种工况条件的场合。按动力系统不同装载机可分为发动机驱动和纯电动。

装载机主要是通过以下四个步骤实现物料的装卸工作。①铲装：装载机先要将铲斗插入到物料中，在铲斗插入后缓缓连续前移，快装满时控制铲斗向上旋转，直至装满铲斗。②举升：操纵举升液压缸将满斗物料举升至合适位置。③行走转弯：操纵行走系统后退，远离物料堆，行驶至运输车旁或卸载点。④卸载：卸载时，装载机将铲斗倒转，将物料倾倒至运输工具中或卸料点，完成卸载。如果需要将物料压实，装载机还会使用踏板或平板将物料压实。

装载机的大小主要根据其发动机功率或标准铲斗容量进行分类。

按照装载机发动机功率划分：小型装载机的发动机功率小于 100kW，通常适用于需要较小作业范围和较低负载能力的场合，如中小建筑施工、煤矿等；中型装载机的发动机功率范围在 100~200kW 之间，适用于中等负载和作业范围，能够满足更多工业和建筑项目的需求；大型装载机的发动机功率在 200~550kW 之间，具有更高的负载能力和更大的作业范围，适用于大型工程项目和露天矿场等需要高强度作业的场合；超大型装载机的发动机功率在 600kW 以上，适用于露天矿场等需要高强度、高效率装载作业的场合，如图 3-14 所示。

图 3-14　超大型装载机

装载机标准铲斗容量（标准铲斗容量计算按照物料松散容重 1.8t/m^3 计算）也是衡量装载机大小的指标之一。装载机的铲斗容量越大，表明其尺寸也越大。一般来说，小型装载机的铲斗容量在 1.8m^3 以下，中型装载机的铲斗容量在 1.8~4m^3 之间，大型装载机的铲斗容量在 4~10m^3 之间，超大型装载机的铲斗容量在 10m^3 以上。目前，世界上最大的装载机标准铲斗容量达 40.5m^3、发动机功率达 1715kW、工作重量达 267t。

装载机的结构组成主要包括工作装置、动力系统、传动系统、车架及辅助结构、行走装置、制动系统、转向机构、液压系统、电气系统和操纵系统等。传动系统是由变矩器、齿轮变速箱、万向节传动轴、驱动桥等组成的，它将动力传递给工作机，并驱动工作机完成其工作。在动力的传递过程中，发动机作为动力源带动传动系统及液压系统。液压系统通过控制马达、液压缸等执行元件作用在运动部件，实现装载机的物料装卸、整机移动、转向、制动等作业程序。各系统之间的通信靠交流总线完成。

1. 工作装置

工作装置是装载机铲装物料的装置，它的结构和性能直接影响整机的工作尺寸和性能参数。因此，工作装置的合理性直接影响装载机的生产率、工作负荷、动力与运动特性、不同工况下的挖掘效果、工作循环时间（包括铲取、举升、卸料和铲斗返回到原位的时间）、外形尺寸和发动机功率等，不同类型的工作装置的组成是不同的。整个工作装置是铰接在车架上的。铲斗通过连杆和摇臂与转斗液压缸铰接，用以装卸物料；动臂与车架及与动臂液压缸铰接，用以升降铲斗。铲斗的翻转和动臂的升降采用液压操纵。

装载机的工作装置由铲斗、动臂、摇臂、连杆（或托架）及转斗液压缸和举升液压缸等组成，如图 3-15 所示。

由铲斗、摇臂、连杆、转斗液压缸、动臂、举升液压缸组成的工作装置与车架互相铰接构成一个连杆机构。当转斗液压缸闭锁时，动臂在举升液压缸的作用下提升，该连杆机构应能使铲斗保持平移或使斗底平面与水平面夹角的变化控制在允许的范围内，以避免装满物料的铲斗由于倾斜而撒落物料；当动臂处于任意作业位置时，在转斗液压缸的作用下，通过连杆机构使铲斗绕其铰点转动，并且卸载角度不小于 45°；当动臂下降时，连杆机构又能使铲斗自动放平，以减轻驾驶员的劳动强度，提高生产率。

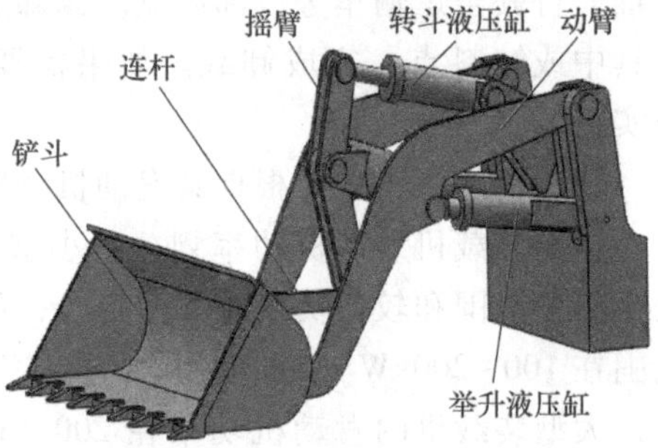

图 3-15 装载机的工作装置

2. 动力系统

装载机动力系统有发动机驱动、电池驱动等类型。发动机驱动方式为通过柴油发动机，驱动液压泵和机械传动系统工作。在发动机运转的过程中，需要通过进气管道将空气引入燃烧室内，再经过喷油嘴喷入燃油，经过点火后开始燃烧。发动机输出的能量通过曲轴转化为旋转力，在传递到液压泵之前需要通过离合器和变速箱进行调整。

1）中小型装载机主要是以传统的机械传动系统为主。发动机通过变矩器带动变速箱和液压泵输出动力，然后将动力传递到转斗液压缸、举升液压缸、转向液压缸、机械传动系统及前轮和后轮上，实现装载机的装卸、转向及行走功能。传统发动机动力系统示意图如图 3-16 所示。

2）对于大型装载机来说，由于机械传动结构无法满足机器行走的动力要求，行走装置主要采用电动轮传动方式，即发动机通过带动发电机发电，通过交流变频控制系统控制安装在四个行走轮胎上的电动机+轮边行星减速机驱动行走轮完成行走功能，具有传动方案简洁、传动功率大、动力传动效率高、适应性强的特点。采用电动机直接驱动轮边行星减速机传动方式，无变速箱、无减速器等齿轮传动结构，使得系统结构更简单、故障率更低，整体能量转换效率更高，降低整机的能耗，提高纯电动装载机的续航能力。电动装载机动力系统示意图如图 3-17 所示。

3）纯电动装载机动力系统。随着电池技术的发展，电池开始在装载机的动力系统中得到广泛应用，有替代发动机的趋势。纯电动装载机动力系统主要由动力电池和电动机组成，

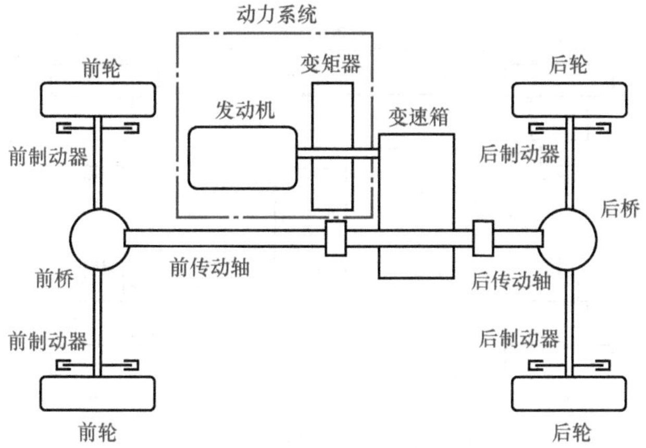

图 3-16　传统发动机动力系统示意图

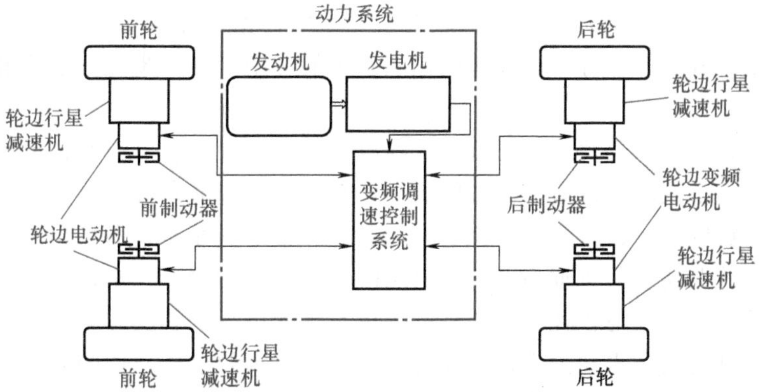

图 3-17　电动装载机动力系统示意图

其中动力电池负责储存电能，而电动机则负责将电能转化为机械能，进而驱动装载机进行作业。这种动力系统的优势在于其高效、节能的运行特性，以及较低的维护成本，如图 3-18 和图 3-19 所示。由于电动机的部件相对较少且维护简单，所以纯电动装载机在长期使用过

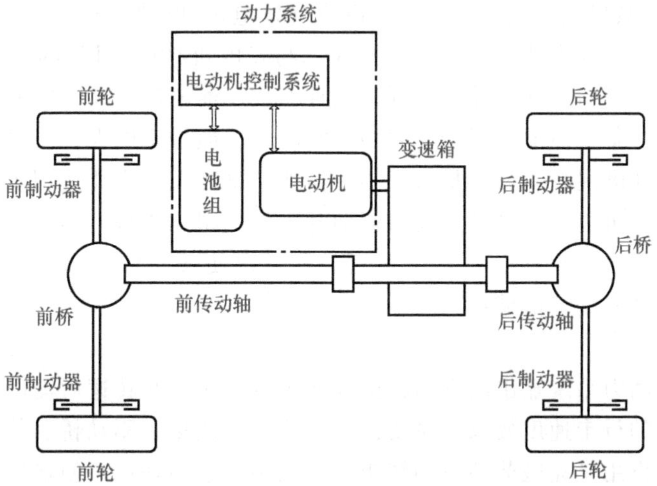

图 3-18　纯电动装载机动力系统（一）

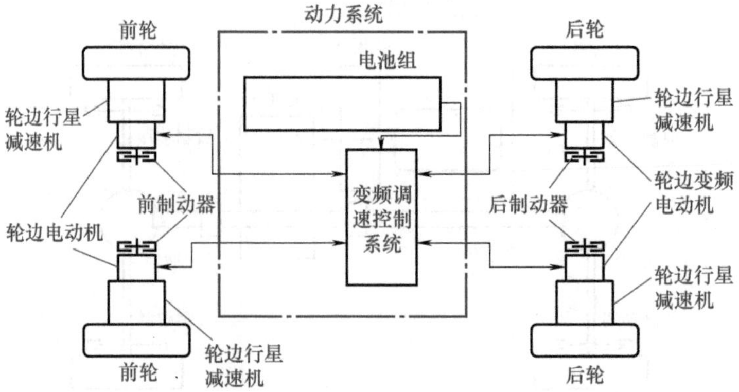

图 3-19　纯电动装载机动力系统（二）

程中能够保持较低的运行成本。

此外，纯电动装载机还配备了智能控制系统，可根据作业需求调整电动机的转速和转矩，以实现高效、节能的运行。这种智能控制系统的应用，进一步提升了纯电动装载机的性能和使用效率。

现阶段由于新能源产业发展的局限性，纯电动装载机仅在充电方便且单次持续运行时间短的工况或零排放示范区比较适用。其优点是没有排放、节能省钱，结构简单紧凑、使用成本低；缺点是采购成本高，需要经常充电（可持续工作时间根据配备的电池容量而定）。

总的来说，纯电动装载机通过先进的电动驱动技术和智能控制系统，实现了高效、环保、低维护成本的运行，为各种工况和环境提供了更加可靠的解决方案，是装载机动力系统的发展方向。纯电动装载机动力系统的优势有三点。①高效节能：传统装载机的发动机，整体工作效率不高，液力变矩器的平均效率不到 70%，整机制动能量无法回收，致使油耗高、排放差。而纯电动系统的电动机最高效率超过 95%，变速箱平均效率可达 97%，且增加了制动能量回收。②清洁环保：搭载纯电动动力系统的装载机，零尾气排放，噪音低至 70～80dB，比传统装载机低 20～30dB。③更高收益：相较传统装载机，其传动效率高、故障率低、日均使用时间长，大大节省了维护时间、材料和人工成本，运营收益高。

4）混合动力装载机是由柴油机与动力模块（发电机/电动机+动力电池+能量管理系统）组成混合动力源的混合动力装载机。根据柴油机与发电机/电动机间的连接方式不同，装载机的动力系统结构可分为串联、并联和混联三种型式。油电混合动力的能量存储单元有蓄电池和超级电容两种。蓄电池油电混合动力功率密度小、能量密度大，主要适用于小功率的工程机械；超级电容油电混合动力能量密度小，但功率密度大，主要适用于中、小功率的工程机械。混合动力装载机由于有电动机助力驱动并可回收制动能量，不但可使柴油机的装机功率级别比同能力的传统装载机小 1～2 级配备，还可以使柴油机在低油耗、低排放的高效区运行，从而实现装载机的节能减排。

3. 传动系统

传动系统是将动力系统输出的动力经由变速箱改变转矩和转速后输出到车轮上，以适应装载机各种工况下的行走速度要求，主要由变矩器、变速箱、驱动桥、传动轴等部分组成。

变矩器的主要作用是克服柴油机的转矩适应性系数小的缺点，使输出动力能满足装载机经常过载与载荷频繁变化的要求，其优点是使装载机具有自动适应性，还延长了装载机的使用寿命，提高了装载机的通过性能和舒适性，也简化了装载机的操作。其缺点是与一般机械传动相比，成本更高，且变矩器本身的效率低，维修制造成本高。变矩器采用多轴输出结构，分别驱动工作液压泵、转向液压泵、变速箱，可以根据需要改变车速和转矩大小，使得装载机在不同场地具有更好的行驶性能。

变速箱（见图 3-20）的主要作用是：① 根据作业工况及路面状况改变动力机与主驱动轮间传动比，从而改变装载机的牵引力和行驶速度，以适应装载机在作业与行驶中的需要；②使装载机倒退行驶；③当变速箱空档时，动力机传给驱动轮的动力被切断，以便动力机起动，或者在动力机运转的情况下，可以使车辆在较长的时间内停车；④起分动箱的作用，如车辆为全驱动时，动力机的动力经变速箱分别传给前桥和后桥。⑤变速变扭（严禁空档下坡）。

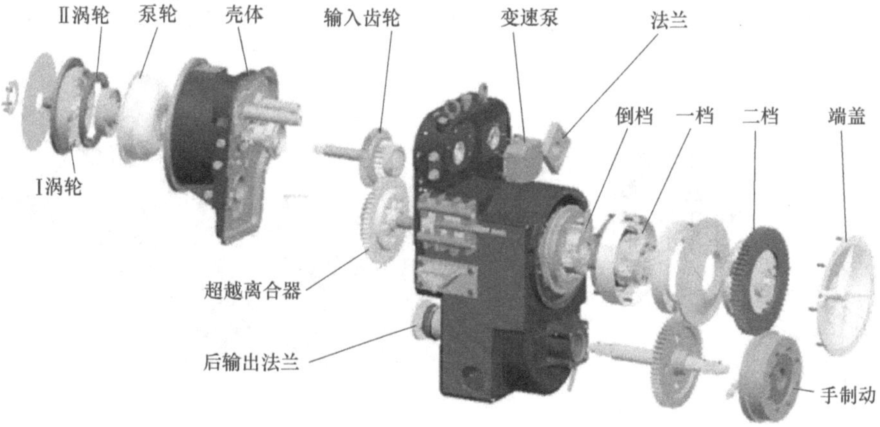

图 3-20　变速箱

驱动桥作为底盘传动系统的主要组成部分，其主要功用是：增大由发动机传来的转矩；将转矩分配给左、右驱动轮，并使两边车轮具有差速功能；承受路面和车架传来的各种作用力。驱动桥主要包括主传动、差速器、轮边减速机、制动器等部件。主传动为螺旋锥齿轮，承载能力大、效率高，其作用是增大转矩和改变转矩的传递方向。差速器是使驱动车轮在转向或不平路面上行驶时，左右驱动轮以不同的角速度旋转，分为普通差速器和防滑差速器。轮边行星减速机为行星减速结构，用于进一步增大输出转矩，如图 3-21 所示。制动器采用全封闭液压湿式多片制动，制动平稳、可靠，能适应恶劣工作环境。

图 3-21　轮边行星减速机

传动轴的作用：主要用于连接非同心轴线或在工作中有相对位置变化的两个部件之间的动力传递。传动轴又称万向传动装置，一般由万向节、传动轴、中间支承组成。

电驱动行走装置主要由变频调速电动机、轮边行星减速机（见图 3-21）、制动器组成。

4. 车架及辅助结构

装载机车架及辅助结构主要由前车架、后车架、司机室、动力系统外罩、梯子栏杆、配重等部件组成，如图 3-22 所示。装载机前车架与后车架铰接在一起，车架如图 3-23 所示，铰接点两侧安装有转向液压缸，如图 3-24 所示。前车架的前部连接工作装置，主要承受工作装置及铲装作业时产生的动载荷，前车架的后部通过上下两处铰销与后车架连接，铰销侧面安装有转向液压缸连接前、后车架，通过转向液压缸伸缩实现装载机的转弯功能，后车架上安装有司机室及操纵系统、动力系统、变矩器、变速箱、液压系统、电控系统等主要部件。司机室是装载机的操作中枢，它包括座椅、仪表板、操作杆等组成部分。司机室的设计通常需要考虑人体工程学、舒适性、安全性等方面的因素。

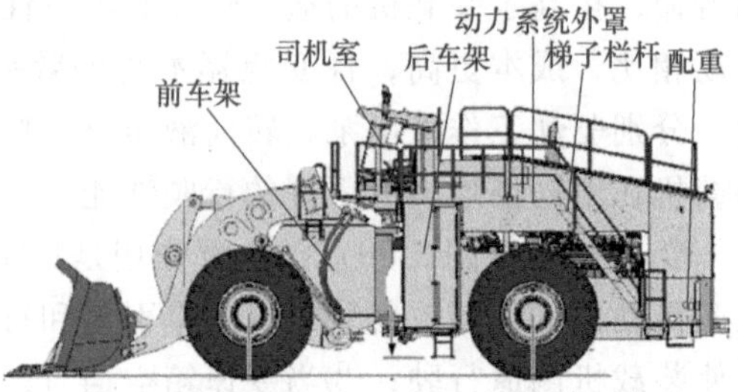

图 3-22　车架及辅助结构

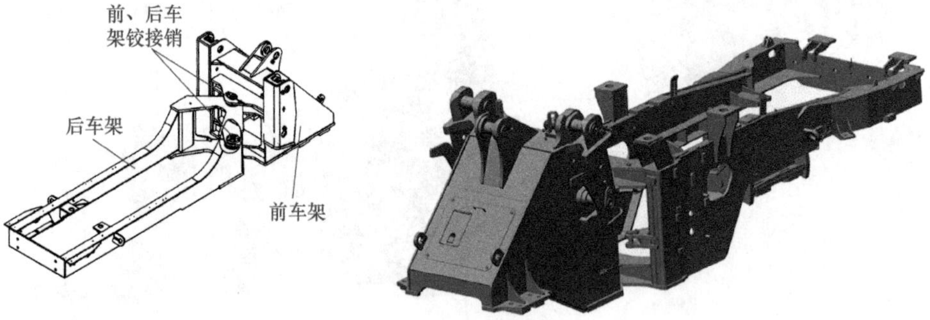

图 3-23　车架

5. 行走装置

装载机行走装置主要有轮胎式和履带式两种结构：①轮胎式应用广泛，具有重量轻、速度快、机动灵活、效率高、不易损坏路面等优点，缺点是接地比压大、通过性差；②履带式主要用于凸凹不平或泥泞沼泽等恶劣路况，以中小型机型为主。

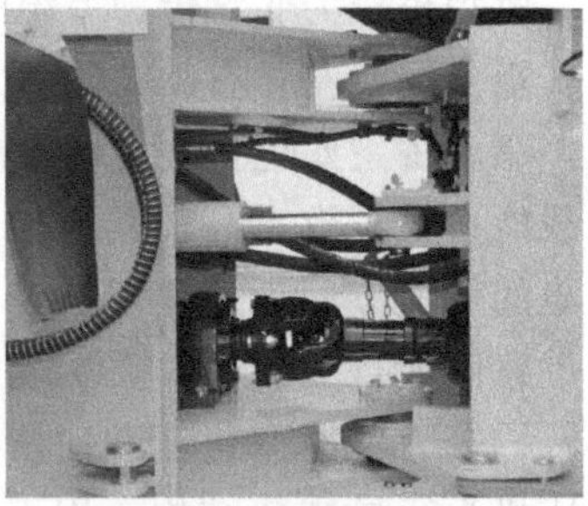

图 3-24　铰接点

(1) 轮胎式行走装置　轮胎式行走装置一般采用四轮驱动，有机械驱动和电驱动两种结构。机械驱动行走装置主要由轮胎、轮辋组成。

1) 轮胎。装载机用轮胎为工程机械专用轮胎，装载机轮胎包括斜交轮胎和子午线轮胎，如图 3-25 和图 3-26 所示。斜交轮胎具有承载能力强、耐磨性高、抗冲压能力好等优点，但地面摩擦阻力大、抗扎刺性能差、使用寿命短。子午线轮胎具有承载能力强、装载机在转向时的轮胎变形小、行驶阻力小、燃油性好、抗扎刺性能好等优点，但技术难度大、造价成本高。

斜交轮胎和子午线轮胎的区别：①材料不同，斜交轮胎是尼龙胎，而子午线轮胎是钢丝胎；②帘线不同，斜交轮胎的帘布层和缓冲层相邻层帘线交叉排列，且与胎面中心线呈小于 90°的角，而子午线轮胎的帘线排列方向与轮胎子午断面一致，其帘布层相当于轮胎的基本

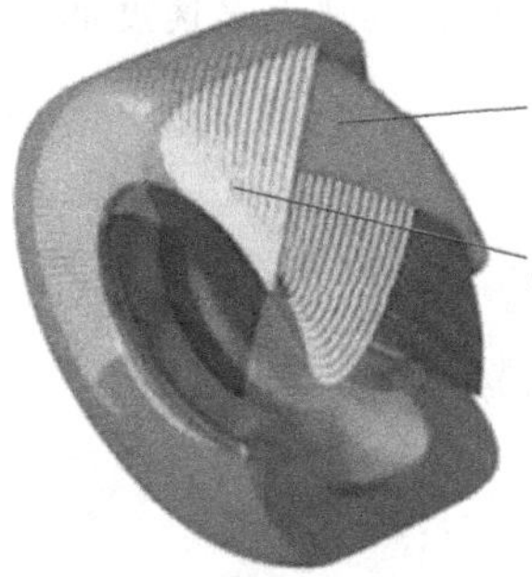

图 3-25　斜交轮胎

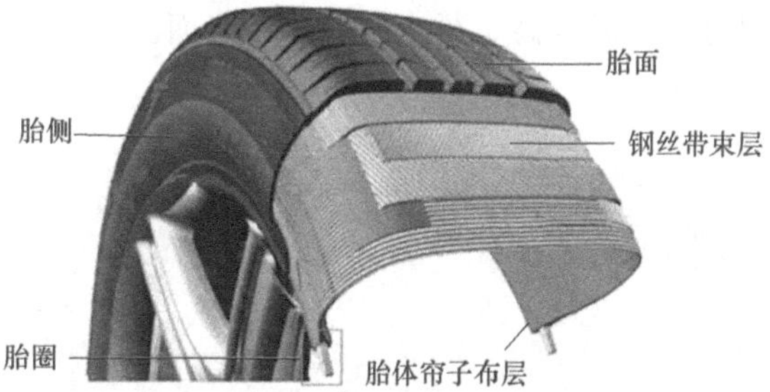

图 3-26　子午线轮胎

骨架，各层帘线彼此不交叉，且与胎面中心线呈 90°的角；③胎体不同，斜交轮胎的胎体是斜线交叉的帘布层，而子午线轮胎的胎体帘线是并排缠绕的，其胎体顶层常含有一层由钢丝编成的钢带；④性能不同，斜交轮胎的胎侧刚度较大，乘坐起来舒适性差，高速行驶时轮胎的温度比较高，散热困难，容易引发爆胎事故，而子午线轮胎侧面较薄，容易产生裂口，导致装载机的侧向稳定性差，同时制作成本也较高。

2）轮辋。轮辋由轮辋支架、轮辋侧挡圈、轮辋座圈、锁紧钢圈组成，主要用于安装轮胎和与行走驱动法兰连接，如图 3-27 所示。

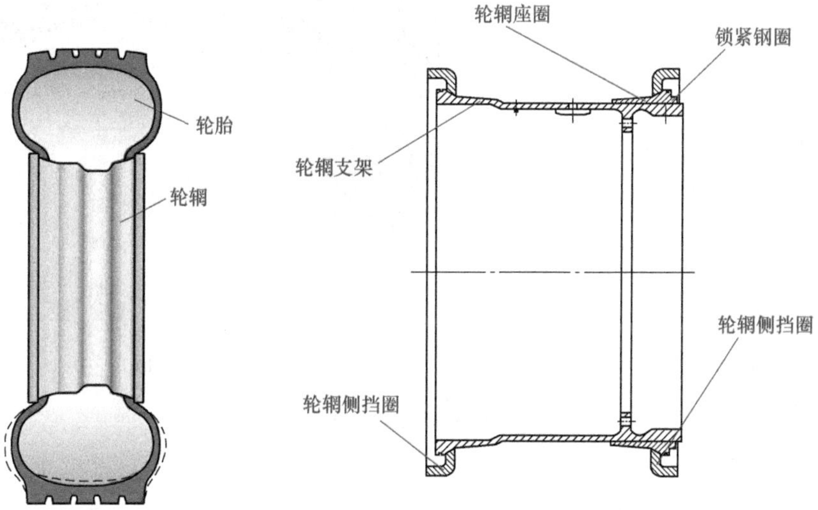

图 3-27　轮辋

（2）履带式行走装置　履带式行走装置主要用于驱动装载机的走行作业，广泛应用于矿山机械、工程机械、农业机械等野外作业机械，其结构如图 3-28 所示。该行走装置要具有足够的强度和刚度，并具有良好的行进和转向能力。履带与地面接触，驱动轮不与地面接触。当马达带动驱动轮转动时，驱动轮在减速器驱动转矩的作用下，通过驱动轮上的轮齿和履带链之间的啮合，连续不断地把履带从后方卷起。接地那部分履带给地面一个向后的作用力，而地面相应地给履带一个向前的反作用力，这个反作用力是推动机器向前行驶的驱动力。当驱动力足以克服行走阻力时，支重轮就在履带上表面向前滚动，从而使机器向前行驶。履带式行走装置可实现原地转向，从而使其转弯半径更小。履带式行走装置具有接地比压小、通过性好、重心低、稳定性好、附着力强、牵引力大等优点，其缺点是速度低、灵活性相对差、成本高、行走时易损坏路面。

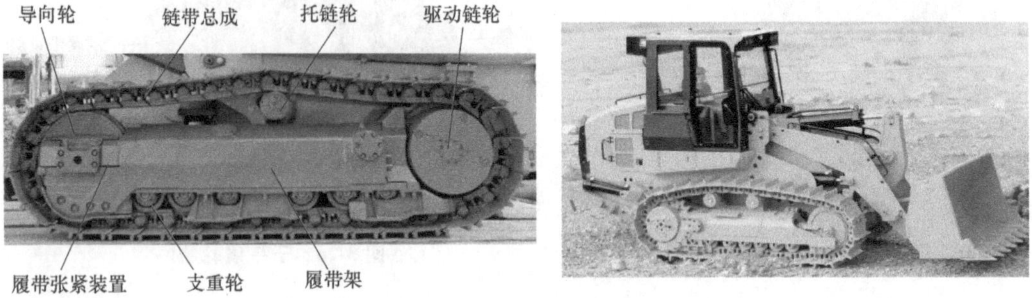

图 3-28　履带式行走装置的结构

6. 制动系统

装载机制动系统具有行车制动、停车制动、紧急制动三种功能。行车制动器安装在前后车轮侧，起到行走和铲装作业时的工作制动，是采用全封闭液压制动、弹簧释放的湿式多盘制动器。停车制动也称驻车制动，制动形式为弹簧制动、液压释放，行车制动器和驻车制动器，如图 3-29 所示。

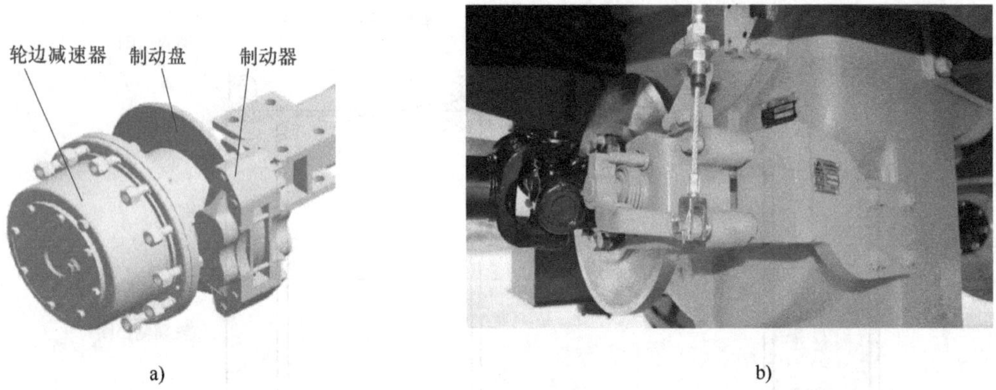

图 3-29　行车制动器和驻车制动器

a）行车制动器　b）驻车制动器

紧急制动与驻车制动共用，紧急制动具有四种功能：①停车制动；②起步时的保护制动作用。气压未达到允许起步气压时起作用；③行车时气路发生故障起安全保护制动作用。当制动系统气路出现故障，降到允许行车气压时，紧急制动会自动制动，同时变速器会自动挂空档；④紧急制动。当行车制动出了故障时可选用该系统实施紧急制动，代替行车制动起作用。

7. 转向机构

装载机转向机构的工作原理是通过铰接在前、后车架之间的转向液压缸的伸缩运动来实现转盘的旋转和推动。当驾驶员操纵方向盘时，转向液压缸的活塞杆会进行伸缩运动，从而带动前、后车架相对转动，实现装载机的转向。

装载机转向机构主要由方向盘、转向液压缸、传动机构等部分组成。方向盘与装载机的车轮相连，通过转向液压缸的伸缩运动，实现转盘的旋转和推动，从而调整装载机的行驶方向。

8. 液压系统

液压系统是连接发动机和工作装置的桥梁。来自发动机的动力通过齿轮分动箱带动工作液压泵（供应液压油至举升液压缸、翻斗液压缸）、转向液压泵（供应液压油至转向液压缸）、行走液压泵（为变矩器、变速箱供应液压油）、先导控制液压泵（供应操纵阀先导液压油）工作，通过液压油将能量传递到各个液压缸上，从而实现装载机铲装、转向、行走、制动等各种作业功能。液压系统主要包括油箱、液压泵、控制阀、多路阀、举升液压缸、翻斗液压缸、转向液压缸等部件。在操作时，操作手柄会控制控制阀开关，使得液压油能够流向液压缸内，从而实现铲斗的升降、旋转和倾斜等操作。

工作装置液压系统主要由举升液压缸、翻转液压缸、操作阀等组成。翻转液压缸主要控制轮式装载机铲斗的翻转过程。当通过操作手柄使操作阀接通时，液压系统进行工作。流量通过回路流经操作阀，到达翻转液压缸执行翻转操作，然后通过回油路返回液压缸。铲斗的翻转方向由操作阀控制。举升液压缸主要控制铲斗的升降过程。当通过操作手柄使操作阀接通时，液压系统进行工作。流量通过回路流经操作阀，到达举升液压缸执行举升操作，然后通过回油路返回液压缸。铲斗的举升方向由操作阀控制。

转向液压系统主要由优先阀、转向液压缸、转向器、液压缸组合阀组等组成。转向液压系统主要控制轮式装载机车轮的转向问题。当通过方向盘执行操作时，对转向器施加机械力，转向器接入，流量通过回路进入转向器，再进入液压马达。一方面，油路通过液压马达和回路到达转向液压缸，使装载机进行转向操作。另一方面，液体压力通过液压马达转换成旋转运动，推动转向器，达到与方向盘施加的作用力为平衡的状态，此时转向停止。转动方向和角度由方向盘控制。

9. 电气系统和操纵系统

装载机电气系统是将发动机的机械能转化为电能并对装载机机构进行监测和控制的系统。装载机采用双电源配置，自带的蓄电池为辅助电源，在发动机未运转时向有关设备供电；发电机是主电源，但发动机运转到一定转速后，发电机转速达到规定的发电转速，开始向有关供电设备供电，同时对蓄电池进行充电。车上用电设备采用并联方式与电源连接，通过专用开关控制，互不产生干扰。

装载机电气系统主要由电池组、起动机、发电机、点火装置、灯光系统、仪表系统、控制系统等组成。电池组用于存储电能，提供装载机起动和电气设备的电源。起动机主要由电枢、定子、电磁铁等部件构成，主要功能是将电池的电能转化为机械能，使发动机起动。发电机主要由励磁电路和发电机转子、定子等部件构成，主要功能是将发动机产生的机械能转化为电能对整机供电，同时给电池充电。点火装置主要由点火开关、点火线圈、火花塞等部件构成，主要功能是在发动机工作时，通过点火线圈将低电压的电流变成高电压的电流，最终点燃混合气体。灯光系统主要由前照灯、尾灯、示廓灯等部件组成，主要功能是为装载机在夜间行驶提供照明。仪表系统主要由仪表盘、传感器、控制器等部件组成，主要功能是对装载机各种运行参数进行检测和显示。控制系统是装载机电气系统的智能部分，它通过感应、接收装载机的运行及状态信号，控制电动机的起停和功率输出，自主控制其工作状态。电气系统具有反应快、控制精准、节能环保等优点，能够更好地调整装载机工作状态，提高生产率。

装载机的操纵系统主要包括操纵杆、传动杆、操作阀和液压控制器等。操纵杆通过传动杆连接操作阀，操纵员通过操作操纵杆，控制操作阀的开关状态，从而实现装载机的各项动作，如前进、倒退、提升、倾斜等。

3.2.2 井下装载机

井下装载机（见图 3-30）的显著优点是外形低矮、低排放、转弯半径小，可以适应狭小、密闭井下作业空间，可解决通风成本高的问题。

图 3-30 井下装载机

井下装载机的工作原理同前端式装载机。同时，井下装载机还有以下特点：①为适应井下巷道断面小、空间狭窄的环境，井下装载机要做到机身低矮、转弯半径小；②为应对巷道落石频发的状况，司机室顶棚通过加厚及增加矩形梁的方式，保证其具有良好的防落物性能；③由于井下作业，要求发动机满足高标准排放要求；④对于地下煤矿等一些有防爆要求的场合，还必须得满足矿山防爆安全标准要求。

井下装载机主要用于巷道内爆破后的块状矿石和岩石的铲挖作业，其工作过程如下。

1）插入工况：动臂下放，铲斗放置于地面，斗尖触地，开动井下装载机，铲斗借助机器的牵引力插入料堆。

2）铲装工况：铲斗插入料堆后，转动铲斗铲取物料，至铲斗口翻至近似水平为止。

3）举升工况：收斗后，利用举升液压缸使动臂转动到适当的卸载位置。

4）卸载工况：在卸载点，利用转斗液压缸使铲斗翻转，向溜井料仓或运输车辆卸载，铲斗物料卸净后下放动臂，使铲斗恢复至运输位置。

5）自动放平工况：铲斗在最高举升位置 45°卸载后，保持转斗液压缸长度不变，将动臂放至铲掘位置时，斗底与地平面的后角为 30°~50°。

井下装载机主要由工作装置、车架及辅助机构、动力系统、传动系统、行走机构、转向机构、制动系统、液压系统和操纵系统等组成。

井下装载机驱动桥广泛采用自锁式防滑差速器（NO-SPIN）。这种差速器能随路面条件的变化自动分配传动力矩，从而提高了机器的通过性，防止车轮打滑现象，减少轮胎磨损。

井下装载机是以柴油机或以拖曳电缆供电的电动机为原动机、液压或液力-机械传动、铰接式车架、轮胎行走、前端前卸式铲斗的装载、运输和卸载设备，主要用于地下矿山和隧道工程。井下装载机机身低矮、司机室横向布置、采用光面或半光面地下矿用耐切割工程轮胎且装有柴油机尾气净化装置。

井下装载机按动力源不同，可分为以柴油机为动力的内燃井下装载机和以电动机为动力的电动井下装载机。按斗容不同井下装载机大致可分为小型井下装载机（斗容在 $1.5m^3$ 及以下的井下装载机）；中型井下装载机（斗容在 $2\sim4m^3$ 的井下装载机）；大型井下装载机（斗容在 $4m^3$ 以上的井下装载机）。

井下装载机机构组成与前端式装载机基本一致，此处不再赘述。

3.2.3　蟹爪式装载机

蟹爪式装载机依靠自身履带行走机构的推力，使工作机构的铲板插入料堆，装在铲板上的两个扒爪交替地从侧面把铲板上的物料耙入转载刮板机上，将物料装入矿车或其他输送设备，后段采用搭接带式输送机，蟹爪式装载机工作示意图如图 3-31 所示。工作机构在前升降液压缸的作用下可上下摆动，以调节铲板高度或松动装载机前面的料堆。履带行走机构的转向移动可调节装载宽度。回转液压缸能使转载机构尾部做水平回转以调节卸载点位置。后升降液压缸能调节转载机构的卸载高度。

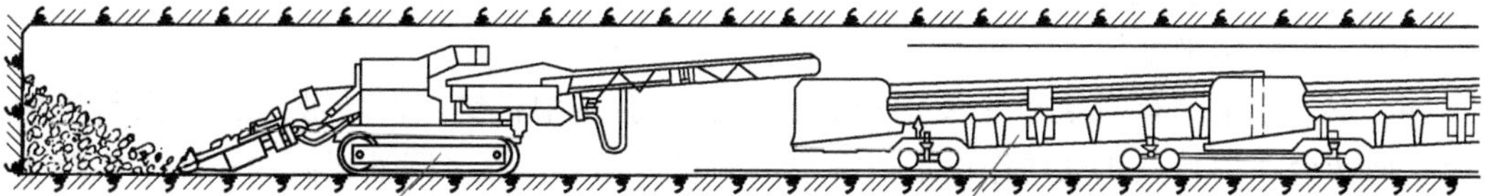

图 3-31　蟹爪式装载机工作示意图

蟹爪式装载机由蟹爪机构、驱动装置、铲板、转载装置、履带行走装置及操纵装置等组成，如图 3-32 所示。

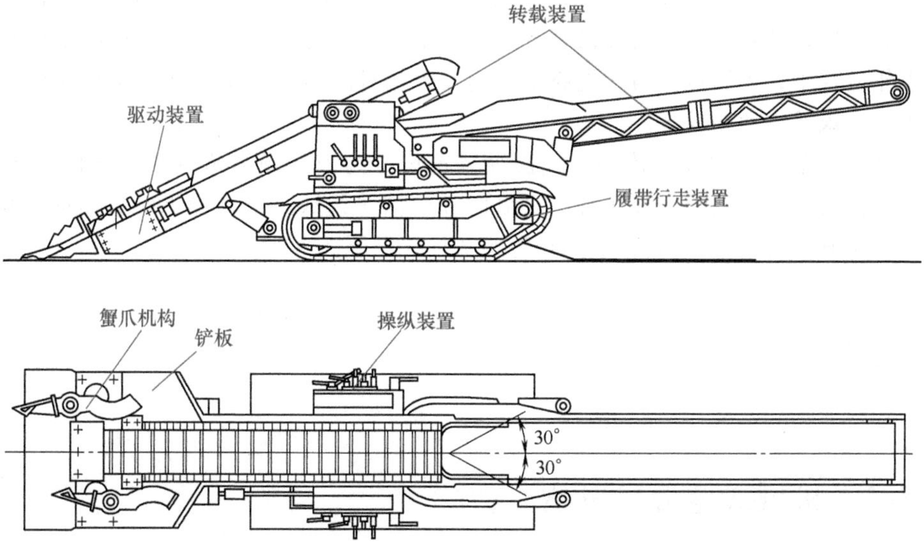

图 3-32　蟹爪式装载机的组成

蟹爪式装载机的工作机构主要由蟹爪机构、驱动装置和铲板等组成。分布于铲板两侧的蟹爪沿设定的封闭曲线轨迹运动，连续将松散煤或岩石扒装至刮板机头部的受料区，再由刮板机进行转载至后方带式输送机或矿车。按结构型式蟹爪式装载机分为曲柄直摇杆式、曲柄弧摇杆式、曲柄偏心盘式、曲柄弧槽导杆式、曲柄直槽导杆式和曲柄带壳装载耙杆式等六种类型。其工作原理均属于四连杆机构。

(1) 蟹爪机构　蟹爪机构由主动圆盘、装载耙杆、摇杆等组成。有些蟹爪式装载机在装载耙杆外侧装有副蟹爪，以扩大耙取宽度。对称布置的左、右装载耙杆与相应的主动圆盘和摇杆（或固定销、偏心盘）组成两套互相对称的曲柄摇杆机构。两个主动圆盘相向回转，驱动左右两个装载耙杆在铲板表面上做平面复合运动。两个装载耙杆的运动相位差为180°，当一个装载耙杆耙取铲板上的物料时，另一个装载耙杆处于返回行程，使装载工作连续进行。为了保证两装载耙杆的相位差，两个主动圆盘中间装有同步轴。

(2) 驱动装置　驱动装置一般由防爆电动机（或液压马达）、减速器和传动齿轮等组成，通常布置在铲板下面。大多数驱动装置采用单独的防爆电动机或液压马达经减速器驱动两个主动圆盘回转，这样可简化机器总体结构，使其便于拆装和维修。有些蟹爪式装载机的驱动装置采用行走机构的防爆电动机来驱动两个主动圆盘。

(3) 铲板　铲板是工作机构的基体，倾斜地安装在主机架前端，铲板在前升降液压缸的作用下，可绕水平轴做上下摆动。

(4) 转载装置　转载装置主要由回转座、回转台、刮板链、回转液压缸和张紧机构等组成。回转台在回转液压缸的作用下能做水平回转。回转座在升降液压缸的作用下能绕水平轴做垂直升降，带动回转台的尾端升降，调节卸载高度。转载机构的后半段可水平回转，前半段与铲板连在一起不能转动，因此中间段侧板采用弹簧钢板。刮板链采用圆环链。张紧机构布置在输送机的卸载端，有弹簧张紧和液压张紧两种形式。弹簧张紧机构的张紧力由调节弹簧的压缩量来控制。液压张紧机构是通过液压缸进行张紧，张紧力通过调节油压控制，张紧效果较好。

(5) 履带行走装置　履带行走装置由左右两个履带车架和主机架连接成整体。重量轻的蟹爪式装载机，其履带行走装置没有支重轮，整个机器的重量通过下履带架支承到接地履带上，工作过程中，下履带架与接地履带之间发生相对滑动，增加了履带行走阻力。但它结构较简单，在煤矿中使用较多。

(6) 操纵装置　按机器的传动方式操纵装置可分为液压操纵装置和电气操纵装置。液压操纵装置由液压泵、油箱、液压缸、操纵阀和管路等组成。电气操纵装置由防爆电动机、防爆电控箱（或防爆按钮）、防爆照明灯等组成。

3.3 机械式挖掘机

3.3.1 机械式挖掘机概述

机械式挖掘机（又称为电铲）是由电动机驱动，利用齿轮、齿条、钢丝绳及滑轮组等传动件传递动力，靠履带式行走机构实现移动的自行式单斗挖掘机，是露天矿采掘必不可少的关键设备。露天矿重要的经济技术指标之一就是电铲的生产能力，它是确定装运设备及其他设备的规格及数量的前提。矿用电铲是电力驱动的挖掘机械，按铲斗容量可分为 $5m^3$ 以下的小型电铲、$15m^3$ 以下的中型电铲、$20m^3$ 以上的大型电铲，其走行装置多为履带式。我国研究制造的电铲有 WK-4 挖掘机、WP-6 长臂挖掘机、WK-8 挖掘机、WK-10B 挖掘机、WK-12C 挖掘机、WK-20 挖掘机（可与 153～220t 矿用汽车配套使用）、WK-27 挖掘机、WK-35 挖掘机、WK-55 挖掘机（与 220～363t 矿用汽车配套使用）、WK-75 挖掘机（与 363t 以上矿用汽车以及 9000t/h 以上的自移式破碎站配套使用）。

根据前文，机械式挖掘机可分为齿轮齿条推压（刚性推压）和钢丝绳推压（柔性推压）两种类型，如图 3-33a、b 所示。美国 P&H 公司和我国 TZ 公司的机械式挖掘机属于刚性推压电铲范畴，如图 3-33c、d 所示，美国 BE 公司的电铲属于柔性推压机械式挖掘机范畴，俄罗斯 IZ-KARTEX 公司既有刚性推压机械式挖掘机，也有柔性推压产品。IZ-KARTEX 公司的柔性推压机械式挖掘机与 BE 公司的柔性推压机械式挖掘机，虽同为柔性推压但工作机构的结构设计有所不同，如图 3-33e、f 所示，IZ-KARTEX 公司采用两段式起重臂组合，BE 公司采用单段式门架型起重臂结构，由于结构不同导致两家电铲的设计理念和工作部件内部受力状况完全不同。

3.3.2　机械式挖掘机的工作原理及结构组成

1. 机械式挖掘机工作原理

齿轮齿条推压机械式挖掘机的工作装置主要由动臂、斗杆、铲斗、推压机构、开斗机构等组成，如图 3-34a 所示。动臂下端铰接于平台上，上端通过滑轮用变幅钢绳保持其固定位置，调节变幅钢绳长度可调整动臂倾角，标准动臂倾角一般为 45°，也可以根据采矿装车工艺适当调节倾角。铲斗靠提升钢绳提升、靠铲斗自重下降，为保证挖掘，推压轴要能够推出斗杆，斗杆也可绕推压轴转动。工作时提升钢绳以提升铲斗，同时推压轴把斗杆推向工作面。铲斗提升与推压轴同时动作，使铲斗斗齿尖在物料中沿着合理的运动轨迹装满矿石，然后离开工作面，回转到卸载处卸载，然后再回转到工作面，开始下一次的挖掘工作。经过若干次循环挖掘，在机器前面物料挖掘完成后，机器前移一定距离，开始下一次挖掘装载工作。在工作中可以调节斗杆的伸缩量，以调整铲斗位置，以便铲斗在物料中形成最优的挖掘轨迹，完成高效挖掘和卸载工作。卸载过程：由开斗机构拉动钢丝绳，铲斗底部斗栓打开斗底装置，矿石靠自重卸出。

钢丝绳推压机械式挖掘机的工作装置主要由动臂、铲斗、斗杆、鞍座、推压钢丝绳、推压机构等组成，如图 3-34b 所示。工作装置的动臂下端铰接在回转平台上，上端通过变幅钢丝绳铰接在回转平台的 A 型架上；推压机构由斗杆、鞍座和推压钢丝绳组成，斗杆、铲斗和连杆由铰销连接，斗杆装配在鞍座中，鞍座绕安装在动臂上的芯轴回转，推压钢丝绳绕过鞍座上的滑轮，分别与斗杆前后端的滑轮连接，另一端连接在卷扬机上，实现斗杆在鞍座套筒中的推压和回退；提升机构由天轮和提升钢丝绳组成，提升钢丝绳绕过天轮与铲斗铰接，另一端同样连接在卷扬机上，实现对斗杆的提升，在提升过程中提升钢丝绳保持与天轮相切。动臂和斗杆连接了推压机构和提升机构，共同组成了机械式挖掘机的工作装置。

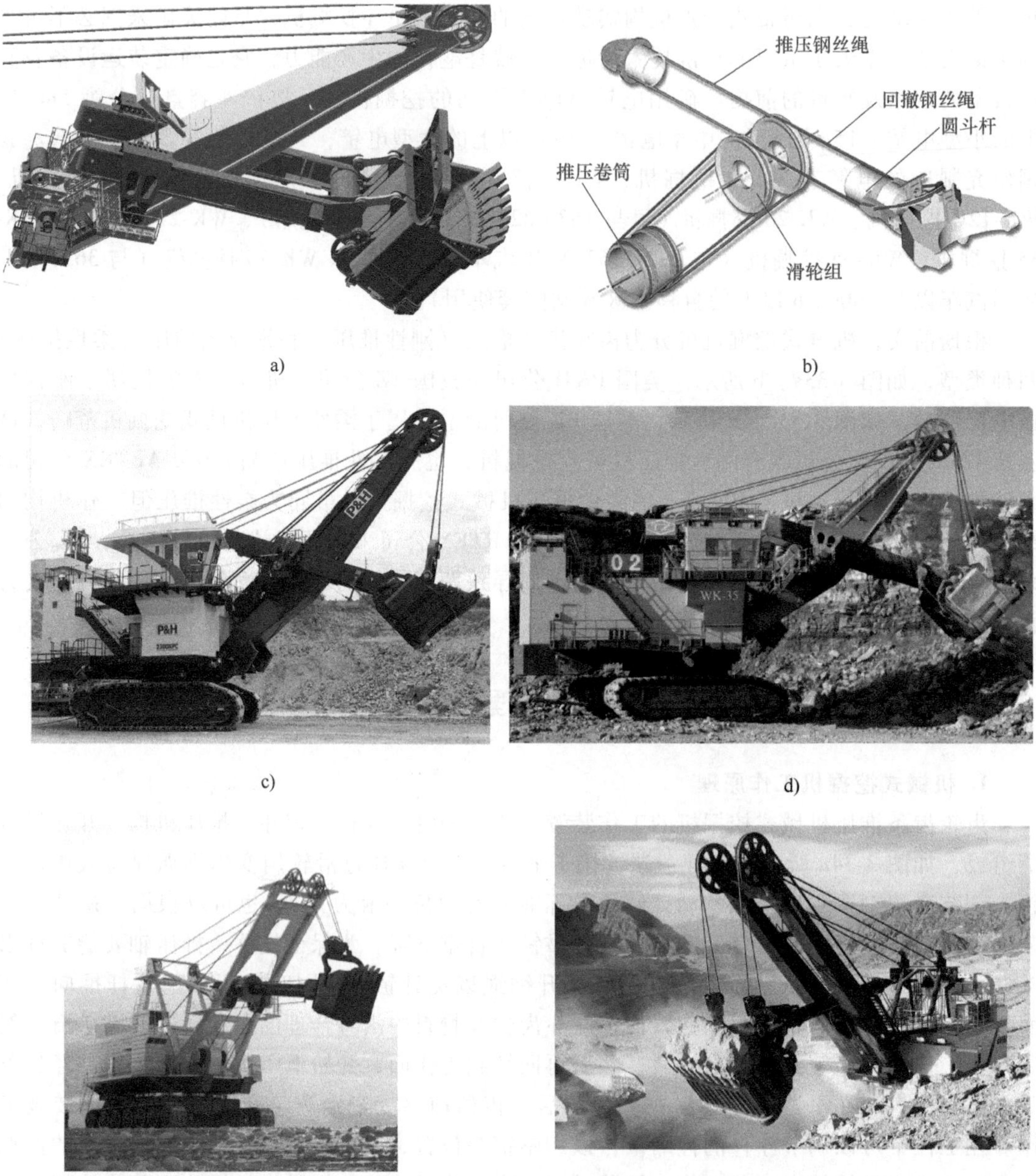

图 3-33 机械式挖掘机

a）齿轮齿条推压（刚性推压） b）钢丝绳推压（柔性推压） c）P&H 公司的刚性推压电铲 d）TZ 公司的刚性推压电铲 e）IZ-KARTEX 公司的柔性推压机械式挖掘机 f）BE 公司的柔性推压机械式挖掘机

当挖掘机开始挖掘时，挖掘机靠近工作面，开挖位置在推压轴水平之下贴近掌子面，铲斗前面与工作面交角最大（40°~45°），斗齿容易切入，此后斗齿的切入深度由推压轴调节。理想的情况下，斗齿运动轨迹开始的一段几乎呈水平，要求斗杆以较大速度运动、外机随着铲斗的升起、推压速度逐渐下降，待到斗齿达到推压轴高度时，推压速度为零，此时提升钢丝绳的拉力几乎保持定值。工作中的推压机构根据挖掘满斗情况随时调节速度，以保持挖掘

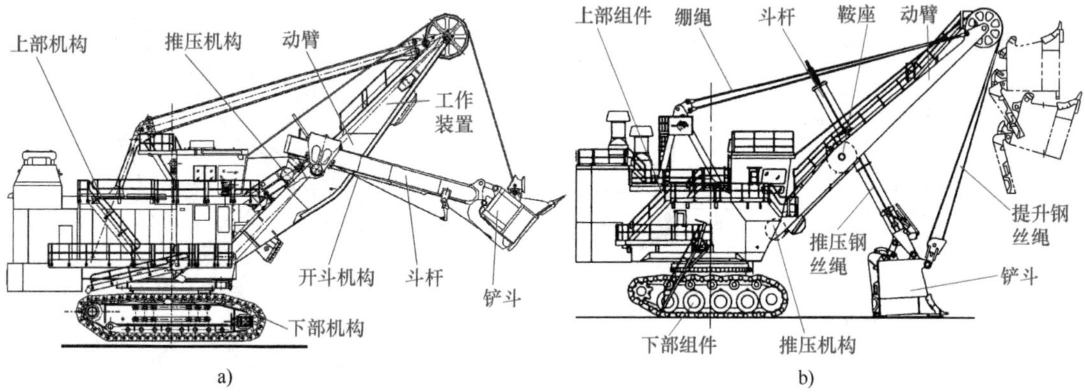

图 3-34　机械式挖掘机示意图

a）齿轮齿条推压机械式挖掘机　b）钢丝绳推压机械式挖掘机

机功率合理地使用。

挖掘机在一个停机点，可以通过斗杆伸出长短不同，挖取若干层弧形土体。若土质均匀，各层次之间挖掘曲线相似，每次挖掘物料厚度在 0.1～0.8m 之间。当斗杆不能再伸长时，才把机器向工作面移近一次。若斗杆全伸出工作，则斗杆提升力不足，铲斗装不满，故挖掘机向工作面移动一次等于斗杆伸出行程的 0.5～0.75 倍为宜。

挖掘机回转角度取决于工作面与卸载位置的关系，一般为 90°～180°。当回转角度大于 160°时，往往沿一个方向转 360°回到原来位置，这样可以减少回转加速的时间、降低能量的消耗。对于正铲工作装置，从挖掘结束位置到卸载位置，可以使铲斗提升运动与回转运动同时进行。因此提升速度、推压速度与回转速度之间必须保持一定的关系，通常是以平台回转 45°时，铲斗能从最低位置（工作面底部约为推压轴高的 1/5 处）提升到平均卸载高度和卸载半径为计算依据。

回转时间占挖掘工作时间的一半以上，对生产率影响很大。缩短回转时间，受角加速度及挖掘机对地面黏着力的限制，最大角加速度 $\varepsilon_{max}=0.06\sim0.7rad/s^2$，最大角速度 $\omega_{max}=0.15\sim0.75rad/s$。铲斗容量与矿用汽车斗容量之比在 3∶1～4∶1 之内为好。卸载完毕，铲斗离开汽车上部再开始下降，下降速度由工作面尺寸而定。

2. 机械式挖掘机的结构组成

机械式挖掘机由工作装置、上部机构、下部机构、压气操纵系统、集中润滑系统、电气控制系统等组成。

（1）工作装置　机械式挖掘机工作装置主要包括铲斗、斗杆、动臂与推压机构、开斗机构等，如图 3-35 所示。

工作装置采用单梁挺杆式动臂，在推压机构中配置了力矩限制器，以限制推压机构承受的最大动负荷。

1）铲斗，如图 3-36a 所示，采用铸-焊结构。铲斗由斗体、缓冲装置、斗底装置、提梁、斗齿、护套及连杆等零部件组成。在铲斗的各个主要连接销轴处都安装有注油嘴。这些注油嘴以注油的方式清除销轴上的粉尘等异物，同时对这些运动副进行润滑，以减少粉尘对零部件造成的磨损。斗体采用铸-焊结构。除斗唇部分和斗栓孔使用耐磨损的铸件外，其余

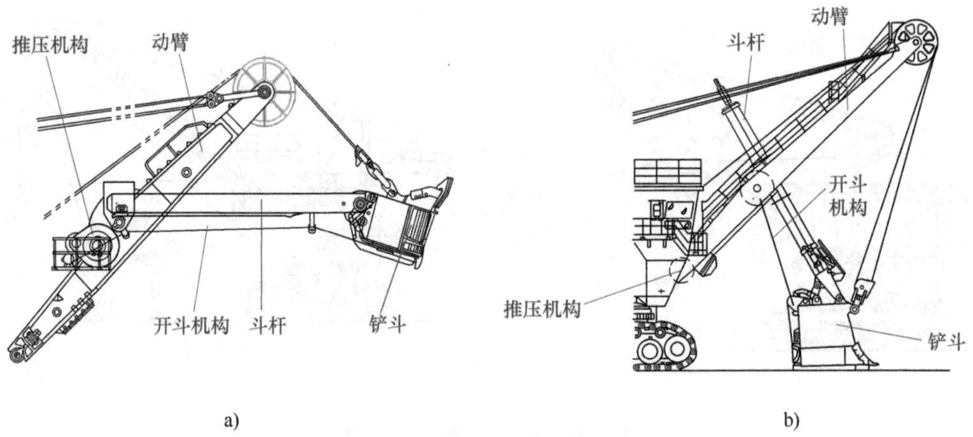

图 3-35　机械式挖掘机的工作装置

a）齿轮齿条推压机械式挖掘机　b）钢丝绳推压机械式挖掘机

部位均由高强度钢板焊接而成。斗底装置由斗底板、斗栓、斗栓杠杆、支座、垫片等组成。调整支座内垫片的厚度，可调整斗栓插入斗栓孔的深度。在斗底板的上面也配置有可更换的耐磨钢板。

2）斗杆。齿轮齿条推压挖掘机的斗杆由后挡板组件、焊接整体齿条、整体焊接变截面双斗杆、压杆等组成。通过更换不同长度的压杆，可以调整铲斗的安装角度。这种结构的双斗杆具有强度高、重量轻、维护量少的特点。整体焊接变截面双斗杆由低合金高强度钢板焊接而成。焊接整体齿条是将分段齿条预先对接成一根整体齿条后再焊到双斗杆上的。采用这种结构可有效消除斗杆上的应力集中，有助于延长斗杆的使用寿命。整体齿条的前部，配置了对斗杆回收行程进行机械限位的挡板。

钢丝绳推压挖掘机斗杆，如图 3-36b 所示，由斗杆梁、后半滑轮、前半滑轮、端部铸件、减振装置等组成。斗杆前部与铲斗连接，斗杆梁为耐低温的高强度低合金锻件，截面为圆筒形，可以将挖掘产生的偏载转矩卸除，在斗杆的前、后部分别安装有固定推压回撤钢丝绳的半滑轮，推压机构通过绕在后半滑轮和前半滑轮（固定在斗杆梁上）的推压和回撤钢丝绳，如图 3-36c 所示，让斗杆做往复运动。前半滑轮可拆卸，安装在端部铸件上。后半滑轮安装在斗杆梁的尾部，与减振装置一起用于斗杆行程的应急限位和减缓挖掘过程中产生的冲击力。

3）动臂与推压机构。动臂与推压机构由推压电动机、起重臂、中间轴、推压机构、推压制动器、头部滑轮、缓冲器、齿轮罩、销轴、球面鼓、拉杆、梯子、平台、栏杆等组成。

齿轮齿条推压挖掘机起重臂是采用低合金高强度钢板和低碳钢铸件制成的箱形焊接结构件。在其上中部设有推压机构的传动齿轮箱。顶部滑轮轴的安装孔采用压盖结构，便于安装和拆卸。改善了装配、维护的工艺性。由起重臂下盖板边缘延伸出的保护梁，既可以提高起重臂的强度和刚度，又可以限制斗杆在挖掘时的左右摆动。改善了推压小齿轮和齿条的啮合状态，有利于延长这些零部件的使用寿命。起重臂的根脚为大跨距球面连接的结构型式，通过短拉杆和一组弹性橡胶垫与回转平台连接。弹性橡胶垫的变形能够吸收起重臂在回转时对

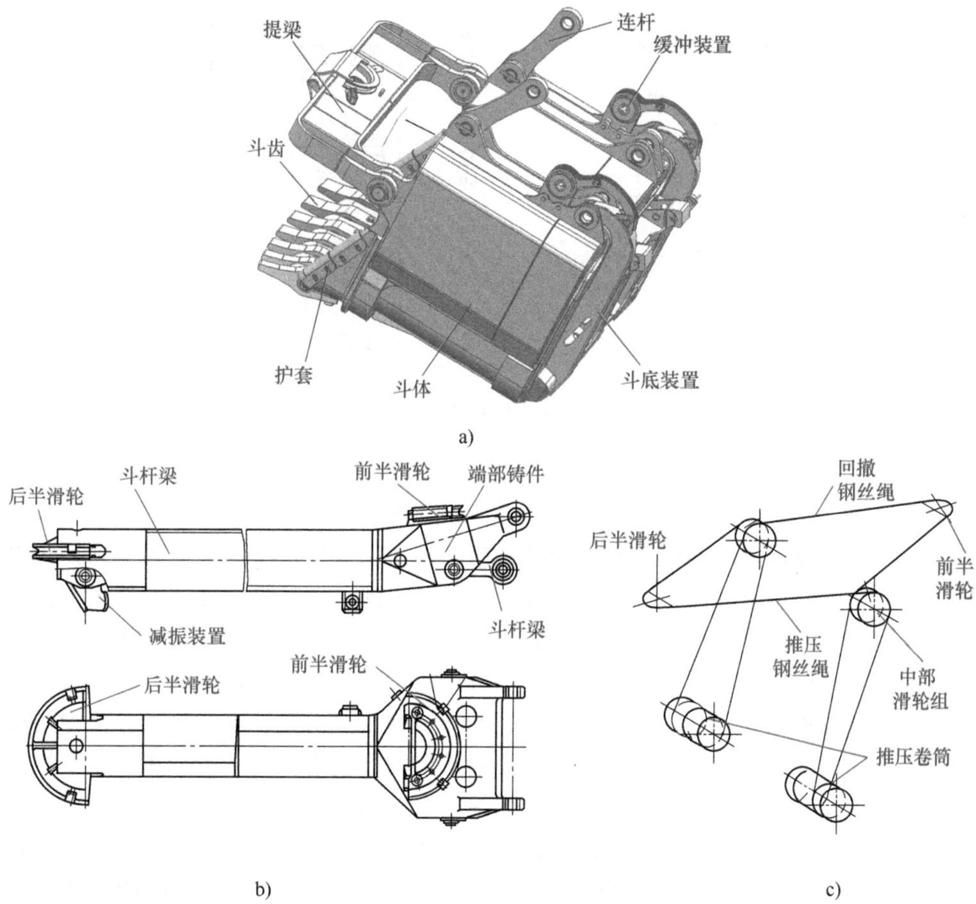

图 3-36　机械式挖掘机铲斗、斗杆示意图

a）铲斗　b）圆斗杆　c）推压绳缠绕方式示意图

平台的冲击力，有益于改善设备的受力状况和延长使用寿命。

推压机构由推压轴、推压大齿轮和两个推压小齿轮、轴套、垫圈、鞍座、调整垫板、卡子等组成。推压大齿轮和两个推压小齿轮均采用渐开线花键与推压轴连接。

推压小齿轮是由两段圆弧构成的直齿圆柱齿轮，采用合金钢锻件制成。推压大齿轮两侧安装的卡子是用来调整推压大齿轮和中间轴小齿轮的啮合位置的。

推压机构布置在起重臂的中下部，采用两级直齿齿轮传动。末级小齿轮与齿条啮合，构成齿轮-齿条推压方式。推压电动机通过带轮与推压输入轴连接，通过铰接在动臂上的电动机底座调节电动机位置来张紧皮带、限制推压机构传递的最大转矩，同时挖掘过载时皮带打滑来保护推压传动系统，实现力矩限制和保护设备的目的。

推压机构的中间轴和推压轴都安装在起重臂结构件中。中间轴主要由大齿轮、小齿轮、中间轴、支承轮、摩擦轮、滚动轴承、齿轮罩、密封圈、紧固件等零部件组成。中间轴与小齿轮、支承轮采用渐开线花键连接。

推压制动器组件采用常闭式气动盘式制动器，如图 3-37 所示，气动打开、泄压制动。气动盘式制动器具有体积小、制动力矩大、动作灵敏、维护更换简便等优点。

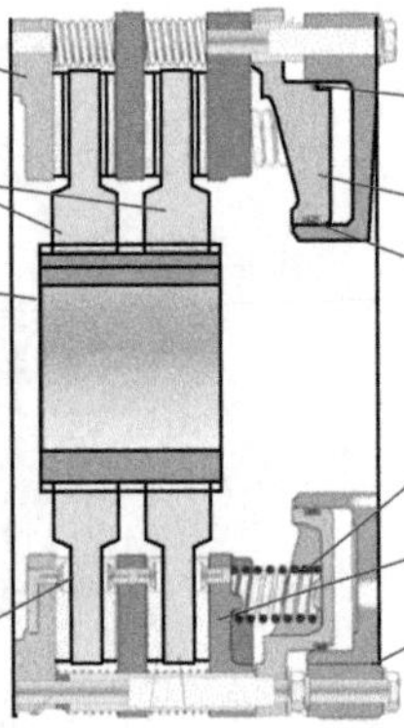

图 3-37　气动盘式制动器示意图

在动臂下方设有铲斗缓冲器是为减缓铲斗快速下放时可能对起重臂产生的碰撞损伤而设置的。当铲斗快速下放碰撞到铲斗缓冲器时，缓冲器的橡胶缓冲垫变形并吸收冲击能量，减小起重臂因铲斗碰撞而造成的损伤。在橡胶缓冲垫的外面设置保护架，铲斗碰撞到铲斗缓冲器时，橡胶缓冲垫受到框架的保护，不直接接触铲斗，因此可以延长缓冲垫的使用寿命。

4）开斗机构主要用来卸载时打开铲斗斗底装置，要求开斗钢丝绳工作时始终保持绷紧状态且拉力不能超过开斗力，在挖掘过程中随着铲斗运动随时收放钢丝绳，开斗机构的控制方式一般有直流力矩电动机和变频控制方式。开斗机构主要由开斗电动机、开斗卷扬机、滑轮组件、开斗钢丝绳等组成。开斗机构安装在起重臂的平台上。开斗电动机通过一级开式渐开线直齿圆柱齿轮带动卷筒转动牵引开斗钢丝绳。开斗钢丝绳一端由螺栓、压板固定在卷筒上，另一端穿过设置在鞍座及斗杆上两组定滑轮与铲斗上的链条组件连接，通过开斗杠杆牵引斗栓打开斗底板。鞍座和斗杆上设置两组定滑轮都是为开斗钢丝绳导向的，开斗机构如图 3-38 所示。

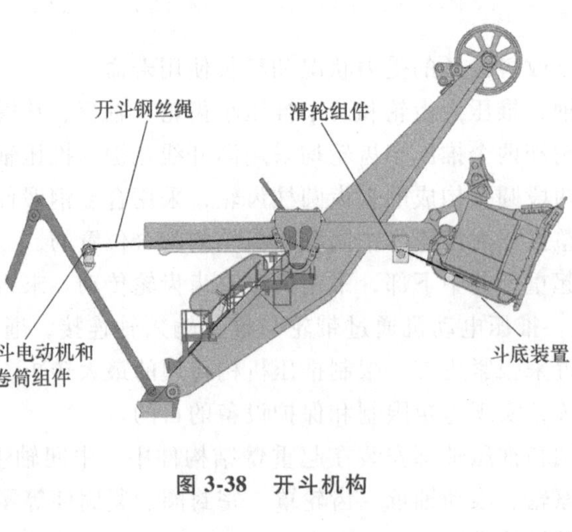

图 3-38　开斗机构

（2）上部机构　上部机构主要是挖掘机除工作装置之外的上部平台上的机构，主要包括提升机构、回转机构、回转平台、A 型支架、中央枢轴、机棚、通风除尘装置、司机室等。

1）提升机构的主要作用是为铲斗提供提升力，完成铲斗插入物料后向前上方的运动，直至物料装满铲斗，提升机构一般布置在回转平台中后部位置，缠绕在提升卷筒上的钢丝绳通过动臂顶部滑轮，与铲斗提梁连接，通过提升卷筒的正反转来完成铲斗的升降动作。

对于中小型挖掘机，提升机构采用单电动机驱动单卷筒的结构型式；对于大型机械式挖掘机，提升机构一般采用双电动机单卷筒的结构型式。

提升机构由提升电动机、提升Ⅰ轴、提升Ⅱ轴、提升卷筒轴、气动盘式制动器、联轴器等组成，如图 3-39 所示。

提升电动机通过带制动轮的弹性联轴器与提升减速机相连接。提升减速机采用二级闭式斜齿渐开线圆柱齿轮传动，在其末级大齿轮上安装着提升卷筒。通过收放钢丝绳来完成铲斗的升降运动。提升机构的第一级传动为合流型式，第二级传动为分流型式。卷筒密封采用两道粉末冶金制作的可浮动的新型结构，可以有效阻止齿轮箱内的稀油渗漏。

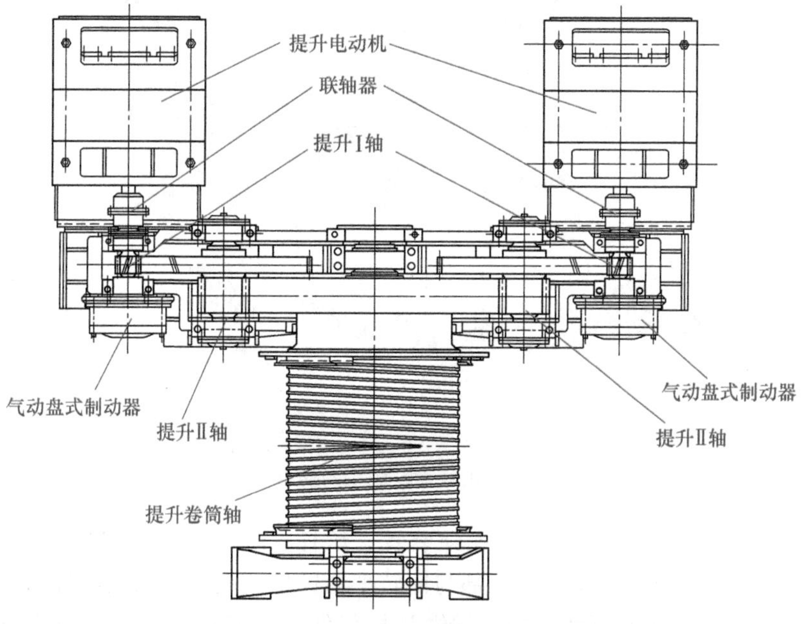

图 3-39　机械式挖掘机的提升机构

2）回转机构的主要功能是驱动上部机构和工作装置满斗回转，使满载铲斗从挖掘点回转至矿车车斗卸载位置，回转机构并排布置在回转中心前部，也有的布置在回转平台前后位置。安装在回转立轴下端的小齿轮与固定在底架梁上的齿圈啮合后，带动平台围绕回转中心转动。回转机构是由并联且各自独立的两套或多套机构组成的。

每套回转机构均由回转电动机、联轴器、行星减速机、回转气动盘式制动器、回转立轴、回转小齿轮等组成，如图 3-40 所示。回转电动机、行星减速机、回转气动盘式制动器组件都安装在

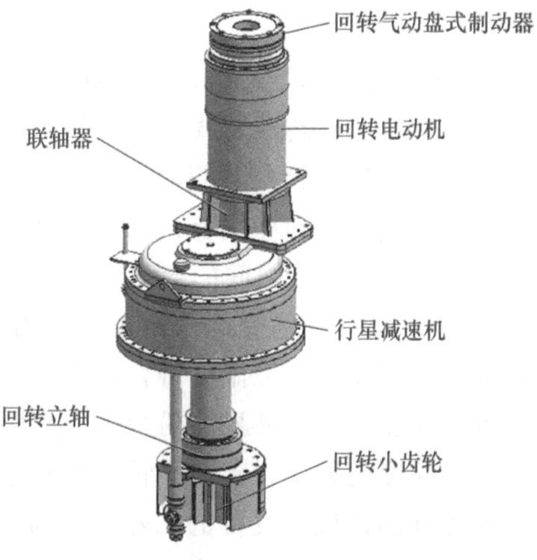

图 3-40　机械式挖掘机的回转机构

回转平台的上面，其余的零部件均安装在回转平台的下面。回转电动机为立式安装的双轴伸结构。一端连接回转电动机小齿轮，上面的轴伸上安装回转气动盘式制动器。

3）回转平台由中部平台、配重箱、司机室底座、左走台、右走台、左辅助走台、右辅助走台等组成。回转平台上面安装着提升机构、回转机构、三脚支架、中央枢轴、电气设备、稀油润滑系统、干油集中润滑系统、气路系统等。

中部平台是回转平台的核心构件，是由低合金高强度钢板焊接成的箱形结构件。中部平台下面的环形槽内安装着上环轨。中部平台和配重箱采用挂钩和止口定位、螺栓连接的方式。中部平台和司机室底座、左走台、右走台均采用挂钩结构，如图 3-41 所示。

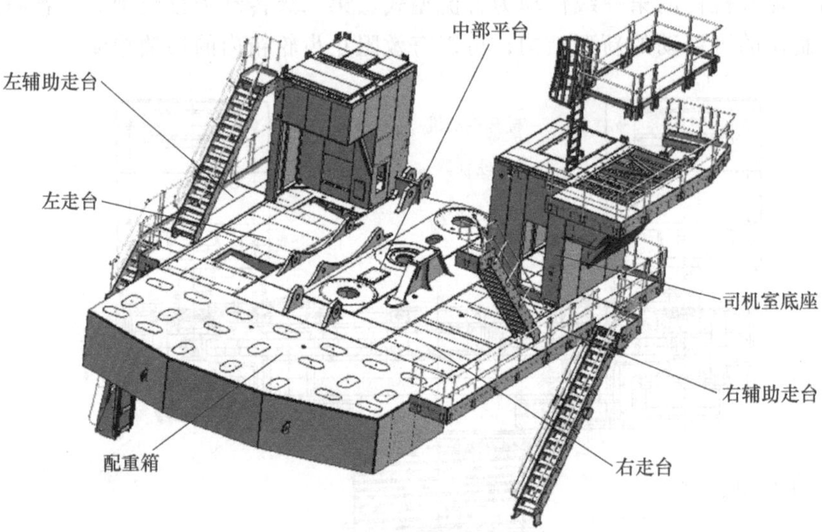

图 3-41 机械式挖掘机的回转平台

4）A 型支架由前支柱、后拉杆、绷绳装置、压杆、耳子、梯子与平台等零部件组成。前支柱为箱形焊接结构件，A 型支架下部与回转平台铰接，上部与悬挂动臂的绷绳连接，主要作用是使悬挂动臂成倾斜角度布置。绷绳悬挂部件一般采用四根长度相等的绷绳悬吊动臂。为了补偿因绷绳制作时的长度误差而造成的受力不均，在绷绳的两端都配置了平衡机构。

5）中央枢轴为空心轴结构，通往下部机构的压缩空气管路、润滑油管路、电缆均从其中心孔内通过。旋转油、气接头及高低压集电环都安装在中央枢轴的上部。

6）机棚采用密封型结构。机棚的壁板与壁板、壁板与顶盖之间都安装有橡胶密封条。为了便于运输、拆卸和安装，机棚的壁板和顶盖又分成若干小片，安装时可用螺栓连接成整体。A 型支架和顶盖之间的缝隙采用密封软罩连接。

7）通风除尘装置是为了改善机棚内机电设备的工作环境而设置的，主要作用是保证机棚内的粉尘浓度和环境温度符合要求。通风除尘装置是由通风机、滤清器、外壳等组成的。该装置不仅能够阻止外界的粉尘进入机棚，还可以通过滤清器降低进入机棚内粉尘的浓度和排出较大粒度的粉尘，减缓了粉尘对机电设备造成的损害。对降低机棚内机电设备的工作温度、改善并延长机电设备的工作寿命都有较好的作用。采用叶片式惰性除尘器作空气滤清器，当轴流风机向滤清器吹进含尘的空气时，空气中的粉尘在自重和惯性力的作用下进入滤清器的排尘管道而被吹出机棚外，比较洁净的空气则由滤清器的缝隙处溢出并进入机棚内。

8）司机室分为上层、下层、平台等部分。司机室上层是操作室，是司机操纵机器的主要场所。司机室采用了密封、隔热结构，并配有司机座椅、电风扇、操作控制台等。

（3）下部机构　挖掘机的下部机构采用履带式底盘结构，主要承受上部机构和工作装置自重以及铲斗挖掘时产生的巨大的动载荷，确保设备在凹凸不平的掌子面能稳定可靠地行走和工作，下部机构由辊盘、回转大齿圈、底架梁、行走机构、电动机及支架、履带装置组成，如图 3-42 所示。辊盘采用圆锥形辊子、分段式装配的圆锥形环轨，行走机构采用两套各自独立且集中在底架梁后面的行星齿轮传动减速机，分别控制左、右履带装置的行走方向。

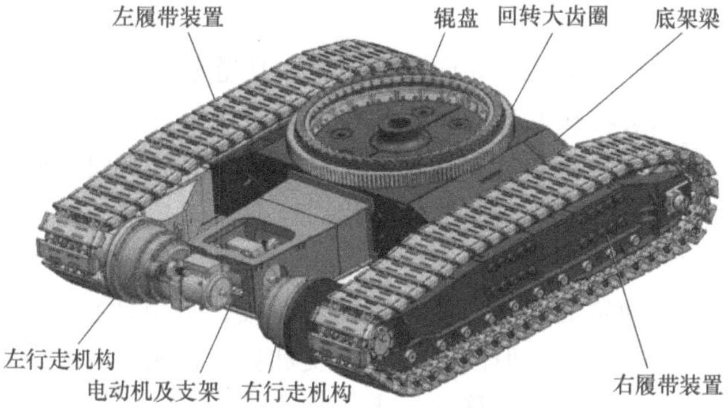

图 3-42　机械式挖掘机的下部机构

1）辊盘是连接挖掘机上、下机构的中枢部件，用于实现挖掘机上下盘之间的相对回转功能，主要由安装于回转平台下部的上环轨、锥形辊子、支承圈及安装于底架梁上部的下环轨组成。由于机械式挖掘机设备自重大、工作负荷巨大、工作条件恶劣，所以标准的回转支承无法满足要求，都是采用非标设计的支承结构，即圆锥形辊子的结构型式，如图 3-43 所示，辊子在滚动过程中相对于上、下环轨表面做纯滚动，从而避免了圆柱形辊子在滚动过程中伴随着滑动而造成的磨损。

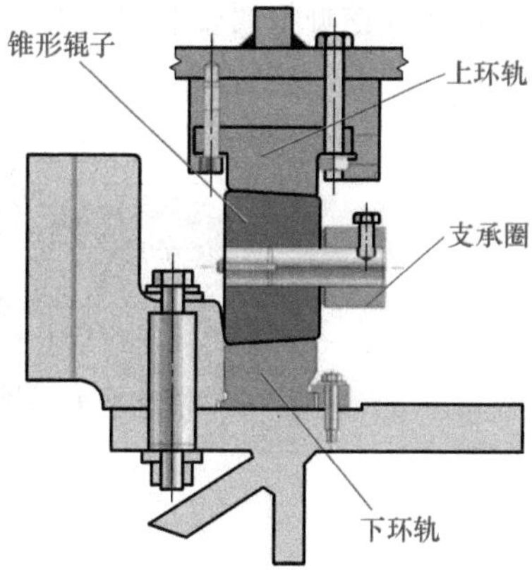

图 3-43　机械式挖掘机的辊盘

2）底架用于支承挖掘机上部重量，其上部安装有回转大齿圈和辊盘，中心部位安装有中央枢轴，与上部回转平台连接，承受挖掘时产生的动载荷。底架由底架梁、回转大齿圈、定位套、下环轨、楔子、压板等组成。底架梁和回转大齿圈采用抗剪切定位套、螺栓连接的结构型式，回转时产生的转矩由定位套承受，螺栓只承受拉应力，提高了连接的可靠性。

底架梁是采用低合金高强度钢板焊成的箱形结构件，采用焊后消除应力措施，确保其具有超强的抗疲劳能力。

3）行走机构安装在底架梁的后面，是两套独立的传动机构。这两套独立的传动机构可分别驱动左、右履带链的运动，完成挖掘机在掌子面的移动、转场、转弯、上下坡等行走要求。行走机构主要有平行轴传动和行星传动两种方式，由于平行轴传动有结构复杂、传动效率低、维修保养工作量大、故障率高等缺点，所以已逐步被行星传动所取代。

行走机构由行走电动机、电动机底座、齿形联轴器、行星减速器、气动盘式制动器等组成。行走电动机是卧式安装的双轴伸结构，其轴伸均为圆柱形。在一侧的轴伸上安装着齿形联轴器，另一侧的轴伸上安装着气动盘式制动器。齿形联轴器具有传递转矩大、适应性强、使用寿命长、易于维护等优点。行星减速器具有传动效率高、结构紧凑、体积小、功率密度高、维护工作量小、使用寿命长等优点。

4）履带装置的功用是支承机体及机械的全部重量，将发动机传到驱动轮上的转矩转变成机械行驶和进行作业所需的牵引力，传递、承受各种力和力矩，缓和路面不平引起的冲击、振动。

履带装置是由驱动轮、支重轮、导向轮、履带、托链架、履带链、履带架等组成。履带环绕各轮形成封闭链。驱动轮在电动机传来的驱动力矩作用下，通过驱动轮轮齿和履带节销之间的啮合作用，将履带不断地从后方卷起。此时，接地部分的履带便给路面一个向后的作用力。相应地，路面则给履带一个向前的反作用力，此力就是推动履带行驶的主动力，称为驱动力，或称牵引力。

驱动力通过卷绕在驱动轮上的履带传给驱动轮轮轴，再由此轴通过车架传到支重轮上。驱动力通过驱动轮要使履带移动，但因履带下分支和路面间的附着力大于驱动轮、导向轮、支重轮等的滚动阻力，所以履带不能移动，于是驱动轮、导向轮、支重轮等只好沿履带轨道滚动。由于驱动轮在驱动力矩作用下不断地把履带一节一节地卷起，而导向轮又一节一节地把履带铺到路面上，因而整机借助支重轮的滚动便在不断铺设的履带轨道上行驶了。

机械式挖掘机履带装置主要有少支点和多支点两种结构型式，如图 3-44、图 3-45 所示。

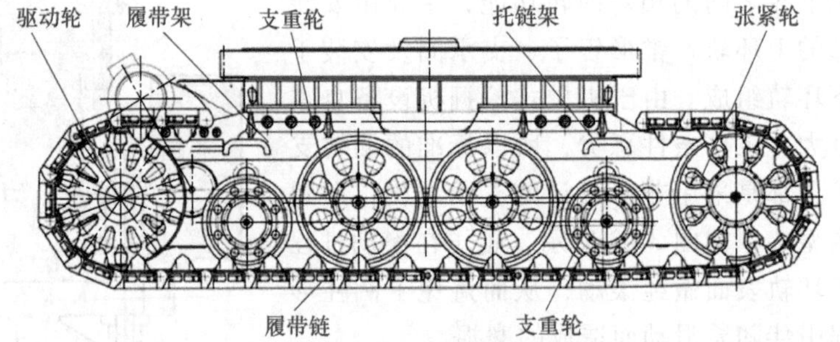

图 3-44　少支点履带装置

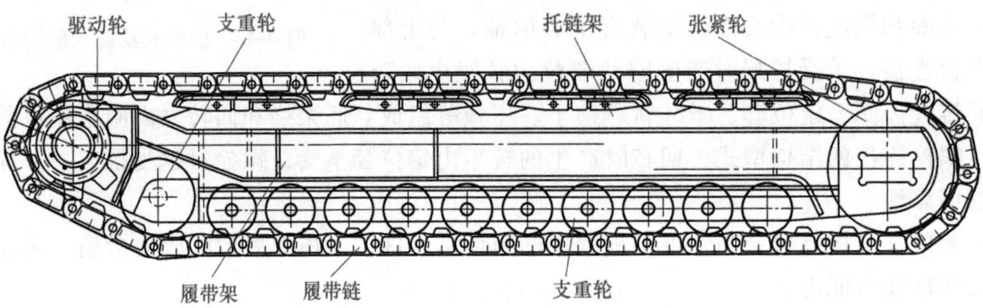

图 3-45　多支点履带装置

少支点履带装置的优点是结构简单、维护更换方便、对凹凸路面适应性强，缺点是支重轮单点承受载荷大、使用寿命短、履带架承受载荷大时易产生开裂等现象。多支点履带装置的优点是支重轮承载均匀、单个支重轮承受载荷小、使用寿命长、履带架承载能力强、可靠性高，缺点是支重轮更换较复杂、对路面平整性要求高。自重大于 400t 的大型机械式挖掘机均采用多支点履带装置。

机械式挖掘机下部机构一般采用双履带结构，超大型的挖掘机下部机构（设备工作质量为 2000t 以上），也采用三履带、四履带、六履带等多种结构，如图 3-46 所示。

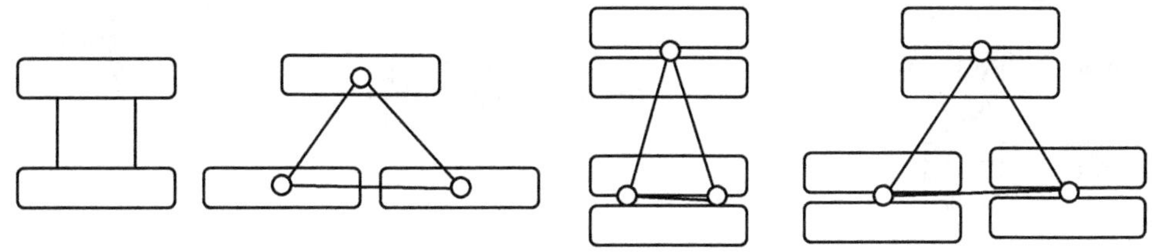

图 3-46　履带装置的结构类型

双履带行走装置采用两套对称的多支点简支梁支承结构。履带装置分别安装在底架梁的左右两侧。左、右履带架和底架梁采用止口定位、螺栓连接的结构型式。左、右履带架可以和底架梁互换。履带链和主动轮采用亚节距啮合，可延长履带板和主动轮的使用寿命。

为了调整履带链的松紧程度，在拉紧轴组件的后面配置了两组调整垫片。履带链为两组由履带板串联长度相同的封闭式链环组成。履带板之间靠销轴、挡销、开口销等连接而成。履带板一般采用高锰钢铸件制作，使其耐磨损、耐冲击。

(4) 压气操纵系统　压气操纵系统主要是用来打开推压机构、提升机构、回转机构、行走机构的制动器和向气囊力矩限制器供气的（见图 3-47），还为气动润滑油泵、除尘系统、梯子等部件提供气源。

压气操纵系统由螺杆型空气压缩机组、膜式干燥机组、上部气路控制箱体组件、下部气路控制箱体组件、梯子控制单元、油雾器、防冻器、管道等部分组成。压缩空气分成上下两路传送。平台上部气路，将压缩空气输送到润滑室内气动泵、气动加脂（油）泵、提升和回转制动盘、喇叭、推压制动盘；下部气路通过旋转油气接头将压缩空气输送到下部控制行走制动器。

由于冬季作业时最低气温可达到零下 40℃，机械式挖掘机气路中的水汽会冷凝结冰，造成管路堵塞或控制阀动作失灵、制动器失效，严重时会造成机毁人亡的事故。为防止冬季管路结冰，在空压机压气出口安装有气水分离器除去压缩空气中的水分，油雾器可以使压缩空气中含有少量润滑油，在流经控制阀时起到润滑阀芯的作用，确保控制阀、制动器动作灵活可靠。

在润滑室内安装有调试用手动操作控制箱，可以通过按钮或开关控制气路系统的动作。

气路系统采用压力传感器监控主气路、梯子气缸、各制动器气缸的压力并在司机室控制屏进行实时的显示。传感器安装在各监控点附近的箱体内。各制动器的释放信号由制动器前安装的电接点压力继电器的信号给出。气动梯子的升降有地面操作和机上操作两种方式。地面操作由操作人员在地面拉下相应动作的拉线执行。机上操作由设备上操作人员按压梯子气

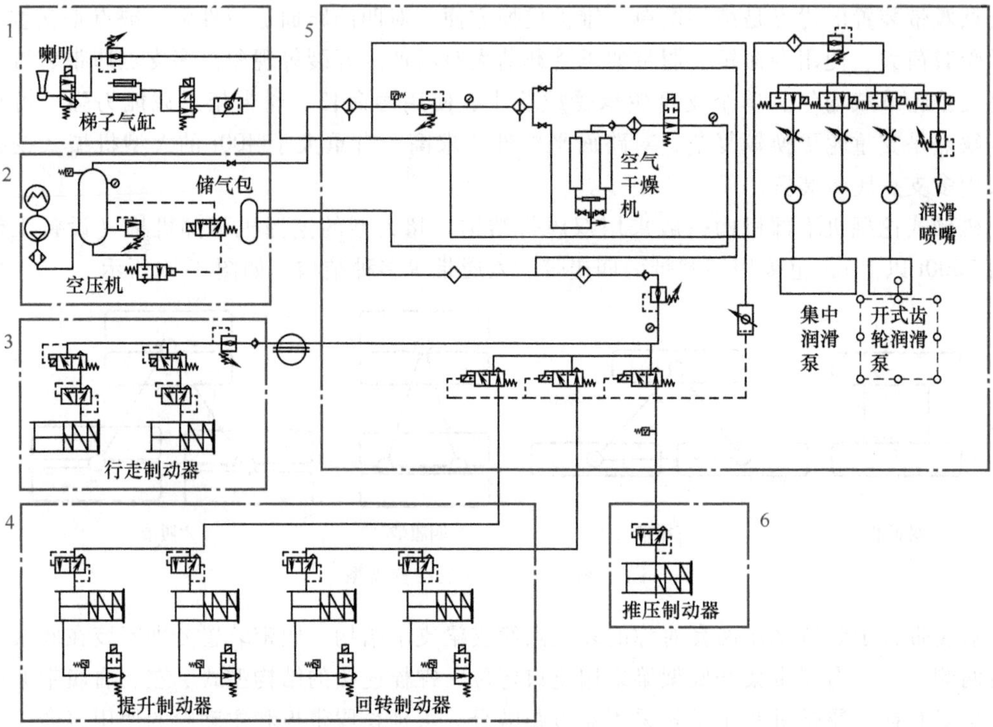

图 3-47 压气操纵系统

1—司机室内 2—机棚内 3—下部行走机构 4—机棚内 5—润滑室内 6—动臂中部

路控制箱相关按钮来完成。气路系统干燥机与空压机通过电气程序实现连锁，空压机加载工作时，干燥机工作，空压机卸载时，干燥机停止工作。本机的主要机构（提升、推压、回转、行走）均分别由交流变频电动机独立驱动，依靠电气控制系统和压气操纵系统来控制并完成挖掘机的各种运动。

(5) 集中润滑系统 挖掘机在正常工作期间，各运动副必须得到适当的润滑。过度润滑和润滑不足对运动副都是有害的。为此，挖掘机润滑系统充分考虑到各机构运动副的不同润滑特点，分别采用连续供油和周期性供油的润滑方式。对提升、回转减速机采用稀有自动润滑系统连续供油对内部齿轮进行充分润滑；对其他位置的滑动轴承和滚动轴承采用双线集中供油润滑系统，通过控制系统实现定时、定量的润滑，以保证各机构能够正常地工作。

对于大型机械式挖掘机的主要工作装置（提升、推压、回转、行走、履带装置）可以采用干油自动集中润滑系统（油脂）、开式齿轮油自动集中润滑系统（黑油）和减速箱稀油润滑系统多套系统单独润滑形式。

(6) 电气控制系统 机械式挖掘机电气控制系统主要有直流控制系统和交流变频控制系统两种方式。直流控制系统是将主变压器的交流电经由可控硅整流及调速装置转化为直流电，然后驱动直流电动机工作，这种系统可以很好适应挖掘机的载荷特性（重载、突变、低速），缺点是电动机碳刷易磨损、系统功率因数低、低速时电流大、电缆易发热。交流变频控制系统是将主变压器的交流电经由 AFE 整流回馈单元进行调整，然后驱动和控制交流变频电动机，完成挖掘机的行走、挖掘、回转、开斗卸载等工作，该控制系统具有挖掘工况适应性好、调速性能好、功率因数大、制动能量可回收、电动机免维护、智能化程度高等优点，是机械式挖掘机电气控制系统发展的方向。

3. 机械式挖掘机变频调速控制系统

机械式挖掘机的变频调速控制系统一般为“上位人机界面+PLC+AFE 整流回馈单元”组成的三级控制系统。上位人机界面监控整机的运行状态及故障信息，实现运行状态模拟显示与故障自诊断；PLC 通过 Profibus DP 现场总线与 AFE 整流回馈单元、各机构逆变器、司机室控制等连接，实现分布式控制；AFE 整流回馈单元通过公用直流母线与各机构逆变器相连，实现对各机构变频电动机转矩与速度的精确控制。

变频调速控制系统采用先进的、高性能的全数字式矢量型变频器，使交流电动机的控制可以像直流电动机那样对转矩电流分量和励磁电流分量分别进行控制。全数字式矢量型变频器是目前最成熟、最理想的电动机控制装置。它以工艺先进、通用性强、灵活性好、灵敏度高、响应快、适配性佳、保护功能全、可靠性高、操作简便等优点而受到钢铁、有色冶金、石油、化工、纺织、电力、机械、建材、轻工、医药、卷烟、造纸等领域的极大欢迎，并被广泛应用。

随着电子技术的不断发展、大功率 IGBT（绝缘栅双极型晶体管）元件技术的成熟，发达国家已在露天开采设备，如拉铲、单斗挖掘机等设备上使用交流变频调速技术，它除了具有卓越的调速性能外，还有非常显著的节电效果，是矿山设备技术改造和产品更新换代的理想设备。

机械式挖掘机变频调速控制系统的工作原理如图 3-48 所示，其特点如下：

1）节能效果显著，整机更加整洁，便于维护。

2）调速范围宽、精度高，系统实现了稳定长期的低速运行，改善了定位的准确性。

3）变频调速系统内部设置转矩及电流调节器，智能化电动机控制，速度给定无超调，动态速降小，特别适用于挖掘机提升机构等负载波动较大的场合。

4）采用鼠笼形电动机，维护简单方便。软起动和制动，减小了机械冲击，延长传动机构寿命。

5）全数字系统，参数设定灵活方便，保证不会发生漂移。

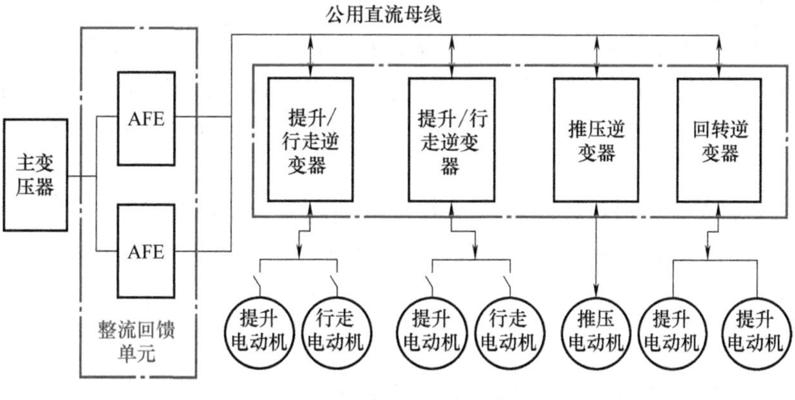

图 3-48　机械式挖掘机变频调速控制系统的工作原理

挖掘机电控系统组成包括高压集电环、低压集电环、高压开关柜、高压变压器、AFE 整流回馈系统、变频调速控制系统、PLC 控制系统等主要部分，以及空调系统、照明系统、自动灭火系统、室内加热系统等辅助部分。

(1) 高、低压集电环　高、低压集电环一般安装在回转平台中心上部，由高、低压两部分环组成，是挖掘机上、下机构部分动力电源、控制电缆联通的枢纽。外部6kV交流电源经尾部高压耦合器通过中央枢轴内部接至高、低压集电环。

(2) 高压开关柜　高压开关柜内设有主隔离开关、真空接触器、高压熔断器、监测保护装置、压敏电阻、避雷器等，提供了隔离、过电流、缺相、接地、过电压吸收等保护系统。

(3) 高压变压器　高压变压器包含有主变压器和辅助变压器，为变频调速控制系统和辅助设备供电，主、辅变压器为干式环氧树脂浇注，具有抗振性能好、免维护等优点。其外壳为钢质焊接整体结构。变压器绕组埋有热敏电阻，具有过热保护与报警功能。

(4) AFE整流回馈系统　主变压器二次侧3相AC 690V电源直接接至AFE整流回馈柜，两套AFE整流回馈柜并联运行，并联后的直流输出母线作为公用直流母线，为各机构逆变器提供直流电源。各机构逆变器挂接在公用直流母线上，形成AFE整流回馈公用直流母线变频调速系统。

AFE整流回馈单元具有如下技术特点：

1) 对电网无谐波污染，实现最佳的能量转换。

2) AFE在能量回馈时从电动到发电状态的过渡是无级的，可靠性高。

3) 公用直流母线电压保持恒定，不受电网电压波动影响。

4) 允许电网电压波动范围大，短时间内（≤1min）可达-30%～+20%。

5) 可使功率因数为1或进行无功补偿。

(5) 变频调速控制系统　各机构的变频调速控制系统如下：

1) 提升机构采用两台电动机间为硬轴连接、具有机械耦合的双电动机传动，通过变频同步控制技术使两台电动机的转速完全一致。

2) 推压机构变频电动机采用速度闭环矢量控制，保证了铲斗在90%速度范围内挖掘矿物时，其切削力基本不变，较之直流系统，加大了挖掘切削能力，提高了挖掘时的满斗系数。

3) 回转机构由一台逆变器驱动两台变频电动机，两台电动机通过齿轮耦合。由于两台电动机的电源来自同一个逆变器，所以两台电动机的转矩（或电流）也基本一致，保证了电动机间的均衡工作。

4) 行走机构两台电动机为分别独立驱动，右行走电动机与前提升电动机共用一个逆变器，左行走电动机与后提升电动机共用一个逆变器。司机将通过设在操作台上的挖掘/行走工况选择开关进行工况选择，提升电动机/行走电动机间的切换通过切换柜中的交流接触器完成。

(6) PLC控制系统　PLC控制系统具有逻辑控制与数据处理功能，是整机电气系统的核心。司机室人机界面触摸屏将对整机的运行状态和故障信息进行综合监控，采用多画面切换形式，实现对各部分运行状态模拟显示与故障自诊断功能，为维护与检修提供帮助。

3.4 装载挖掘机械智能化技术

装载挖掘机械作为矿山采掘、水利水电、交通基础设施建设等工程的主要装备之一，其装备技术智能化水平的高低对于工程施工的高效、高质量完成具有巨大的推动作用，可以显著提高施工效率、降低人机安全风险、节约能源消耗。

装载挖掘机械的智能化是将先进的环境感知传感等硬件系统和数据信息分析处理软件系统相融合的复杂系统，使装备具有信息感知、传输、判断决策、反馈执行等自适应功能。它融合了物联网、5G 通信技术、大数据、云计算、工业互联网、人工智能、区块链、传感技术、机器视觉识别等技术，在提高工作效率、节约资源、降低成本、安全运行的基础上，实现装载挖掘机械的无人或少人自动化运行和操作。

装载挖掘机械智能化系统如图 3-49 所示。动力系统一般分为发动机、电池、外接电源三种动力。驱动系统采用“调速系统+机械传动驱动工作机构”完成规定功能。数字控制系统采用“变频调速+PLC”实现工作机构的速度和载荷的自适应控制。运行状态监测和保护系统实时监测运行机构主要参数并实施过载保护和预警。远程监控系统可在远程总调室实时监测设备主要参数和运行状态，并能远程干预设备运行。专家诊断系统是应用人工智能技术和计算机技术，根据装载挖掘机械方面专家提供的知识和经验，进行推理和判断，模拟人类专家的决策过程，求解需要专家才能解决的困难问题。

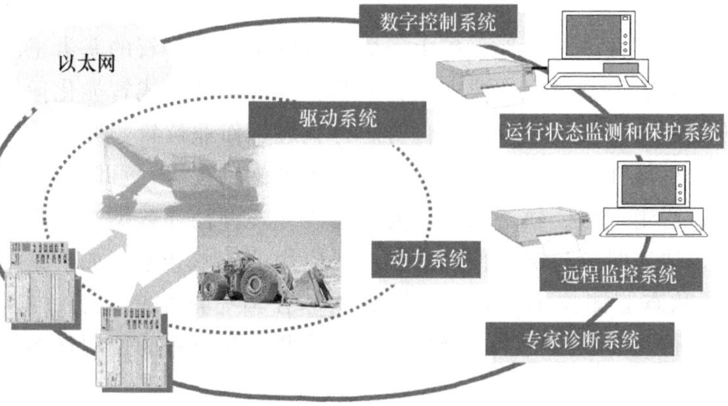

图 3-49　装载挖掘机械智能化系统

装载挖掘机械智能化技术是采用各种先进的传感元件对装备的每个工作部件的工作状态及运行参数实现在线监测、信息储存（如温度、湿度、压力、流量、位置、速度、位移、角度、振动、电流、电压、用电量、用油量、图像等相关信息）。根据监测参数可实现工作机构的自动调节、远程操作及设备定位、安全及故障预警、装备预维护指导、能源消耗及管理、生产率评价、装备健康管理与服务、无人自动操作等功能。通过智能化的应用和设备管理，用户能够最大限度地优化设备匹配、提高生产率、提升管理效率、降低运行安全风险、减少运营成本、降低运营风险、优化盈利能力。

装载挖掘机械智能化技术的发展趋势如下：

1）硬件技术的不断升级，采用先进的硬件技术，如高性能处理器、高清晰度显示屏、高精度传感器等，提升设备的性能与稳定性，使得装载挖掘机械具备更强的计算能力和更快的响应速度，提升了工作效率和操作精度。

2）感知与识别技术的应用。配备先进的感知与识别技术，如激光雷达、摄像头、毫米波雷达传感元件，可以实时感知周围环境，通过图像处理与数据分析，准确识别并区分不同的目标物，给操作员提供更精确的信息，使其能够更好地应对复杂的施工场景。

3）人机协同优化操作方式。通过智能化控制系统，与操作员实现交互与联动，提升了装载机的操控灵活性与操作的安全性。随着人工智能和自动化技术的不断发展，未来的新型智能化装载机将更多地实现自主工作与智能决策，减轻人工操作的负担。它们将能够实现自动导航、路径规划、障碍物避让等功能，提高施工效率和安全性。

4）数据化管理与大数据分析技术。通过互联网和云平台实现数据的实时传输和远程监控。可以将各种数据（如工作时间、负荷、油耗等）收集并上传到云端，通过大数据分析，给用户提供准确的运行状态和维护预测，以实现更智能的管理和优化。

5）绿色环保与节能技术。将更加注重环境友好型和能源节约型。新材料与新工艺的应用，将减轻装载机的自重，提高整机的效能。采用清洁能源和高效动力系统，将减少排放，降低对自然资源的消耗。未来，随着自动化技术的应用和数据化管理的推广，新型智能化装载挖掘机械将进一步提升其性能和效率，并注重环保与能源节约。

3.4.1 装载挖掘机械环境感知技术

装载挖掘机械主要在露天及地下矿山经爆破后的矿石及岩石的恶劣工况环境中工作，操作人员的作业环境差、设备可靠性要求高，使装备实现自动化或智能化运行的需求迫切。装载挖掘机械必须能够及时准确获取设备自身运行状态、作业位置、周围环境、物料堆存状态等信息。装载挖掘机械在环境感知方面主要依靠各种传感技术，可以把装载挖掘机械的空间建模、避障防撞、行走定位、轨迹跟踪、姿态监测等多种任务数据进行实时收集和储存，以供装备各种功能模块实时分析决策使用。其主要应用的技术和系统如下：

1）实时运行状态监测技术。客户端可在全球任何有网络的地方对挖掘机进行实时监控。对远程装备进行及时准确的状态分析和故障诊断，为设备的使用保驾护航，提高产品的生产率。

2）智能盲区监控技术。系统配置视野摄像头、监控器、近距离感知雷达、信号分配器等，对设备盲区进行监控，通过雷达防碰撞及时预警。

3）铲斗智能化安全运行控制技术。实时监测、控制铲斗在空间的位置，确保其在系统预设的最优三维包络区域内运行，实现高效安全挖掘作业。

4）智能斗齿识别技术。通过先进的图像识别算法，智能识别斗齿状态，在斗齿过度磨损、斗齿脱落时及时报警。

5）整机工作姿态监控技术。工作面倾角前后或者左右超限，安全报警并延时停止工作，移动时上下坡前后、左右超限，安全报警并延时停止工作。

6）物料称重技术。通过铲斗力学结构受力研究，开发软件功能包，智能化物料管理。能够统计单斗、整车，以班、日、周、月、季、年或指定时间段内的生产量。

7）电能消耗管理技术。电压电流互感器采集信号，通过智能电量仪表记录存储，经过智能通信将电能记录数据传输到设备。且可以通过阶梯用电设置时间段，累加电能损耗成本。

8）润滑油量消耗管理技术。润滑油量智能化管理，累计实际消耗量与设备参考消耗量对比，行程数据经验信息提示通知管理者，避免过润滑与欠润滑。

9）主动保养管理技术。电铲运行一定时间、根据保养周期要求需进行保养时，通过

PLC 中报警触发程序触发保养信息自动弹出。

10）驾驶员管理评价技术。通过满斗率、振动加速度、循环时间、平均装车时间、堵转次数、限位碰撞次数、均装车挖掘次数等数据，对操作进行科学评价。

11）报表自动生成管理技术。该技术将采集到的物料重量、油品消耗、电能消耗等数据形成指定时间报表。

12）远程在线管理技术。通过无线通信网络将挖掘机车载终端信息传输到各有权限部门，实时掌握设备状况。

13）健康管理专家系统。健康管理专家系统包括本地健康诊断（故障自诊断）和远程健康监测（故障预判）两大部分。故障自诊断通过挖掘机运行状态实时监测与数据积累构建专家知识库，形成设备自主健康诊断系统。故障预判把大量的数据和信息转化成具有价值的健康诊断，并向操作人员和维护管理团队提供实时的、高效的设备健康和性能数据。快速定位潜在故障隐患点，减少突发故障，降低设备维修成本，节省维护恢复的时间。

14）远程操作系统。远程操作是利用无线或电信号对远端的设备进行操作，通常通过网络才能进行。位于本地的计算机是操纵指令的发出端，被控对象称为被控端或服务器端。远“程”不等同于远“距离”，主控端和被控端可以是位于同一局域网的同一房间中，也可以是连入互联网的处在任意位置的两台或多台计算机。这种远程操作的最大不足在于都具有较大的传输时延，这对于位于远端的设备处理紧急状况是致命的。因此未来的远程操作需要建立在 5G 等更高更快的高速互联网络基础上才能真正做到。

15）能量回馈系统。装载挖掘机械在铲斗下降、电动机制动时会伴随着负载势能、动能的变化，能量回馈系统的作用就是将运动中负载上的机械能（位能、动能）通过能量回馈系统转换成电能（再生电能）并回送给交流电网，供周边其他用电设备使用，使电动机拖动系统在单位时间内消耗的电网电能减少，从而达到节约电能的目的。

3.4.2　装载挖掘机械环境自适应技术

1）铲斗挖掘自适应技术。挖掘遇到较大的阻力时，自动减小推压力并优化挖掘曲线，按照优化后的挖掘轨迹自动运行。

2）开斗力自动控制技术。根据负载调节输出转矩，减小对开斗钢丝绳和开斗机构的冲击。延长钢丝绳的使用寿命。

3）安全制动器磨损监测技术。非工作制动器弹簧制动，气动打开需要补偿摩擦片、定摩擦盘的磨损。

4）多机构协同控制技术。适应载荷突变的提升-推压机构协调控制方法，实现突变载荷下连续、高效的挖掘。

5）起重臂软着陆控制技术。起重臂被顶起某一角度后，起重臂软着陆功能启动，起重臂缓缓下降，有效避免设备受到大的冲击力。

6）油料消耗智能管理技术。对于动力源为燃油发动机的装载挖掘机械，油耗管理至关重要。燃油异常下降报警系统可实时监测油耗并触发报警。通过该智能管理系统，可及时发现燃油泄漏、优化设备运行参数、规范驾驶员操作并实现远程监控，提高设备利用率和经济效益。

7）先进的节能电控技术。通过对装载机发动机、油路、液压系统等进行有效的控制和调节，采用先进的变量泵、智能控制算法等技术，大大提高能耗利用效率。

8）铲斗铲装路径规划技术。通过对料堆形貌识别、铲斗位置感知，优化铲斗铲取物料运行轨迹，调整推压、提升速度控制策略，以最短时间达到满斗装载效果。

思考题

3-1 装载机主要分为哪几类?

3-2 地上和井下装载机的主要区别有哪些?

3-3 装载机主要由哪几部分组成?

3-4 简述装载机的工作原理。

3-5 简述机械式挖掘机的工作原理。

3-6 机械式挖掘机由哪几部分组成?

3-7 装载挖掘机械环境感知的信息内容有哪些类型?

章节知识点
讲解视频

第 4 章　矿井提升机械及其智能化技术

4.1　矿井提升系统概述

矿井提升设备的任务是在矿山中沿井筒提升煤炭、矿石、矸石，以及下放材料、升降人员和设备。它是联系矿井井下和地面的重要生产设备，故常被称为“咽喉”设备。它在矿井生产中占据极其重要的地位。

矿井提升系统主要由提升机、提升钢丝绳、提升容器、井架或井塔、天轮或导向轮、井筒罐道、井口设施，以及装、卸载设备等部分组成。矿井提升系统有主井箕斗提升系统和副井罐笼提升系统，主井箕斗提升系统主要用来提升煤炭、矿石，副井罐笼提升系统主要用于升降人员、设备、材料、工具以及提升矸石等。

根据用途、设备类型及工作条件提升设备可分为以下类型：

1）按用途分。主井提升设备：专门提升煤炭或矿石。副井提升设备：提升矸石，下放材料，升降人员及设备等辅助提升。

2）按提升容器分。箕斗提升设备：用于主井提升。罐笼提升设备：用于副井提升，对于小型矿井也可用作主井提升。

3）按提升机类型分。缠绕式提升设备和摩擦式提升设备。

4）按井筒倾角分。立井提升设备和斜井提升设备。

5）按拖动装置分。交流拖动提升设备、直流拖动提升设备。

矿井提升系统主要有以下几种：

1. 立井单绳缠绕式提升系统

立井单绳缠绕式提升系统分为立井罐笼提升系统和立井箕斗提升系统。

（1）立井罐笼提升系统　立井罐笼提升系统多为副井提升系统（也有作为混合井提升的），在小型的矿井中也有兼作主井提升的，而在大、中型的矿井中只能作为副井提升。由于罐笼提升的装、卸载方式多为人力或半机械化的操作方式，再加上提升物料的变化较大，如矸石、材料、设备、升降人员等频繁变化，故不易实现无人值守的全自动化提升。

立井罐笼提升系统如图 4-1 所示，两根提升钢丝绳的一端固定在提升机的滚筒上，而另一端则绕过井架上的天轮后悬挂提升罐笼，两根提升钢丝绳在提升机滚筒上的缠绕方向相反。这样，当电动机起动后带动提升机滚筒旋转，两根钢丝绳则经过天轮在提升机滚筒上缠上和松下，从而使提升罐笼在井筒里上下运动。不难看出，当位于井上口出车平台的罐笼与井底车场罐笼装、卸工作完成后，即可起动提升机进行提升，将井底罐笼提至井上口出车平台位置，原井口上的罐笼则同时下放到井底车场位置进行装车，然后重复上述过程完成提升任务。

（2）立井箕斗提升系统　立井箕斗提升系统为主井提升系统。与副井提升系统除容器不同外，其装、卸载方式还分为机械与自动的方式，易实现自动化操作。

立井箕斗提升系统如图 4-2 所示，上、下两个箕斗分别与两根钢丝绳相连接，钢丝绳的另一端绕过井架上的天轮引入提升机房，并以相反的方向缠绕和固定在提升机的滚筒上，开动提升机，滚筒旋转，一根钢丝绳向滚筒上缠绕，另一根钢丝绳自滚筒上松放，相应的箕斗就在井筒内上下运动，完成提升重箕斗、下放空箕斗的任务。

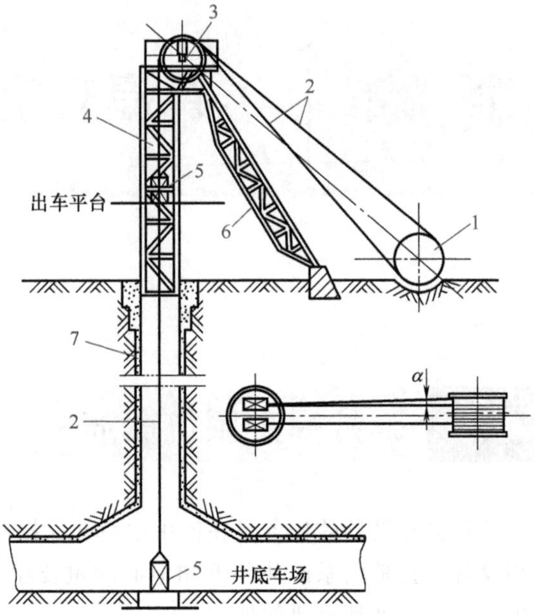

图 4-1　立井罐笼提升系统

1—提升机　2—钢丝绳　3—天轮　4—井架　5—罐笼　6—井架斜撑　7—井筒

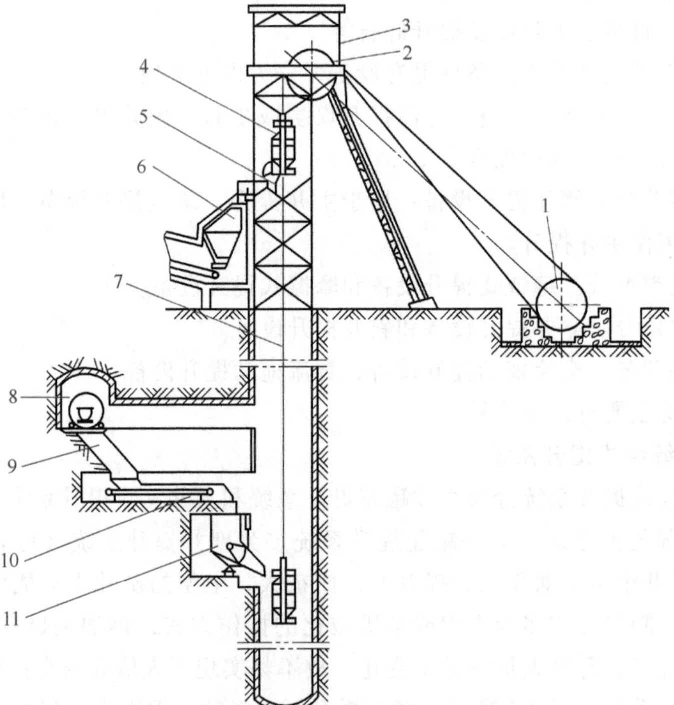

图 4-2　立井箕斗提升系统

1—提升机　2—天轮　3—井架　4—箕斗　5—卸载装置　6—地面煤仓　7—钢丝绳　8—翻车机　9—井下煤仓　10—给煤机　11—装载斗箱

当煤炭运到井底车场的翻车机硐室时，经翻车机将煤卸到井下煤仓内，再经装载闸门送入给煤机，并通过定量装载斗箱的闸门装入位于井底的箕斗内。与此同时的另一个箕斗即位于井架的卸载位置，箕斗通过安装在井架上部的卸载装置，将煤卸入地面煤仓内。

2. 立井多绳摩擦式提升系统

立井多绳摩擦式提升系统有塔式和落地式两种。塔式多绳摩擦式罐笼提升系统如图 4-3 所示。

立井多绳摩擦式提升系统的提升容器可以是箕斗也可以是罐笼。它具有体积小、重量轻、提升能力大等优点，适用于较深的矿井。

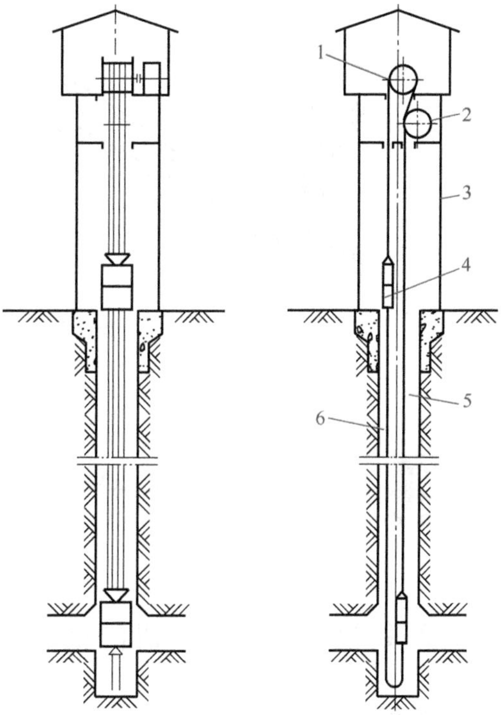

图 4-3　塔式多绳摩擦式罐笼提升系统

1—提升机　2—导向轮　3—井塔
4—罐笼　5—提升钢丝绳　6—尾绳

3. 斜井箕斗与串车提升系统

斜井箕斗提升系统为主井提升系统。斜井串车提升系统一般为副井提升系统，小产量的矿井也兼作提煤的主井提升系统。

斜井箕斗提升系统如图 4-4 所示，提升机的滚筒上缠绕两根钢丝绳，每根绳的一端绕过天轮连接着箕斗，位于井下装载位置的箕斗等待装载，井上的箕斗在栈桥上已卸载完等待运行。当井下矿车进入翻车机硐室中的翻车机内，经翻转后，将煤卸入井下煤仓内，装车工操纵装载闸门，将煤卸入井下箕斗内，而另一个箕斗则在地面栈桥上，通过卸载曲轨将闸门打开，把煤卸入地面煤仓内。由于箕斗座上的提升钢丝绳经过天轮后与提升机的滚筒连接并固定，所以滚筒旋转时即带动钢丝绳移动，从而使箕斗在井筒斜巷中往复运动，完成提升与下放的任务。

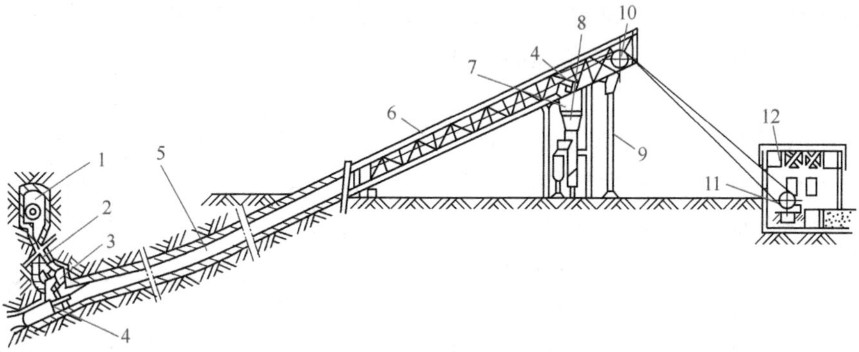

图 4-4　斜井箕斗提升系统

1—翻车机硐室　2—井下煤仓　3—装载闸门　4—箕斗　5—井筒斜巷　6—地面栈桥
7—卸载曲轨　8—地面煤仓　9—立柱　10—天轮　11—提升机　12—机房

斜井串车提升系统，如图 4-5 所示。在上、下物料时，多采用矿车和运料车。在升降人员时可将串车摘掉，挂上人车运送人员。从图 4-5 中可以看出，它与斜井箕斗提升系统基本一样，所不同的是它以矿车作为提升容器，矿车在井下装满后，拉至斜井井口处转为地面水平轨道，人工摘钩后转入道岔，再挂空车或料车等待下井。

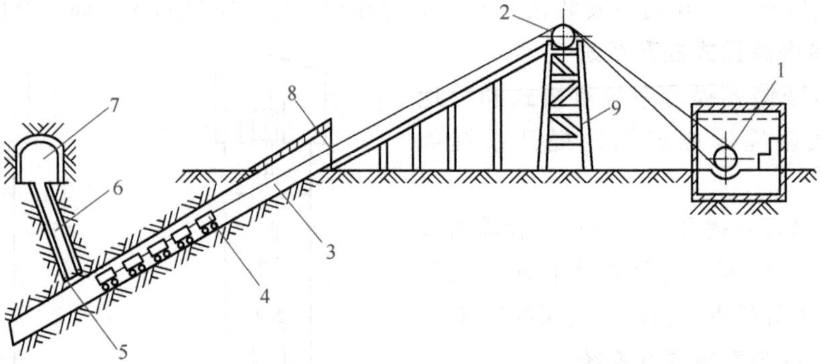

图 4-5 斜井串车提升系统

1—提升机 2—天轮 3—提升钢丝绳 4—矿车 5—装载闸门 6—井下煤仓 7—运煤巷 8—斜井井口 9—井架

4.2 矿井缠绕式提升机

4.2.1 缠绕式提升机的类型

缠绕式提升机分为单绳缠绕式提升机和多绳缠绕式提升机。按卷筒数目的不同，单绳缠绕式提升机有单滚筒提升机和双滚筒提升机之分。单滚筒提升机只有一个滚筒，缠绳时容器上升，松绳时容器下降。双滚筒提升机在一个主轴上有两个滚筒，一个为固定滚筒（死滚筒），一个为游动滚筒（活滚筒）。固定滚筒与主轴固接，游动滚筒通过离合器与主轴相连，其优点是两个滚筒可以相对转动，便于调节绳长或更换提升水平。

单绳缠绕式提升机适用于浅井或中等深度的矿井，这是因为在深井及大终端载荷的提升系统中，钢丝绳的直径和提升机卷筒容绳宽度都要求很大，这将导致提升机体积庞大、重量激增，因而在一定程度上限制了单绳缠绕式提升机在深井中的应用。

多绳缠绕式提升机又称为布雷尔（Blair）式提升机。其工作原理与单绳缠绕式提升机一样，只是采用两根或多根提升钢丝绳代替一根钢丝绳与容器连接。两根绳或多根绳分别缠绕在一个被分隔的卷筒上，并在每个分隔段内做多层缠绕（见图 4-6）。多绳缠绕式提升机可适用于井深超过 1400m 的矿井。

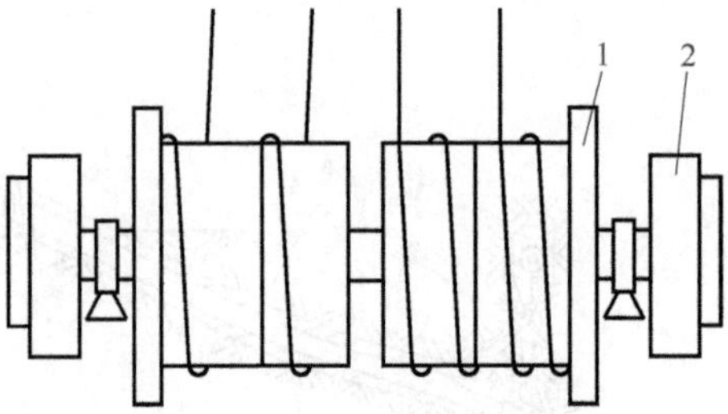

图 4-6 多绳缠绕式提升机

1—分割卷筒 2—直联式电动机

多绳缠绕式提升机由于没有尾绳平衡，需装备较大功率的电动机，因此机器体积和重量比多绳摩擦式提升机大。为确保钢丝绳之间的张力平衡及提升速度相同，应装设多钢丝绳张力平衡装置及误缠绕排绳检测装置。

4.2.2 单绳缠绕式提升机的结构特点

单绳缠绕式提升机有单筒和双筒之分，其滚筒直径为 2~5m，有多种规格。单筒提升机的结构如图 4-7 所示，双筒提升机的结构如图 4-8 所示。

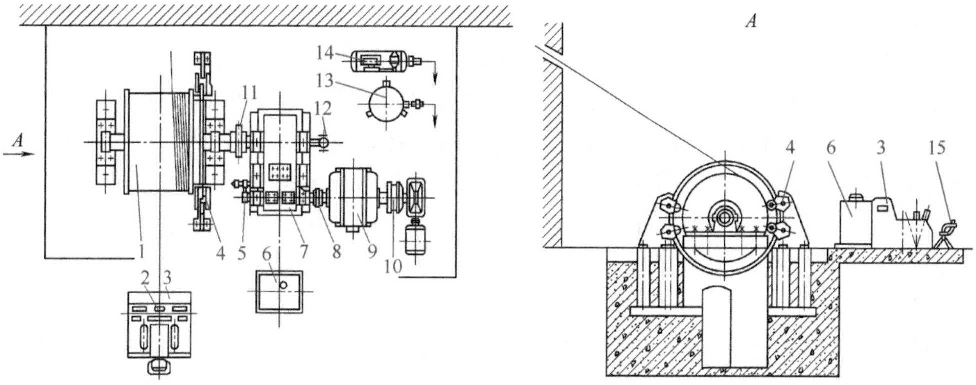

图 4-7 单筒提升机的结构

1—主轴装置 2—圆盘深度指示器 3—斜面操纵台 4—盘式制动器 5—测速发电动机装置 6—液压站 7—减速器 8—蛇形弹簧联轴器 9—电动机 10—微拖动装置 11—齿轮联轴器 12—深度指示器传动装置 13—储气筒 14—空压机 15—司机椅子

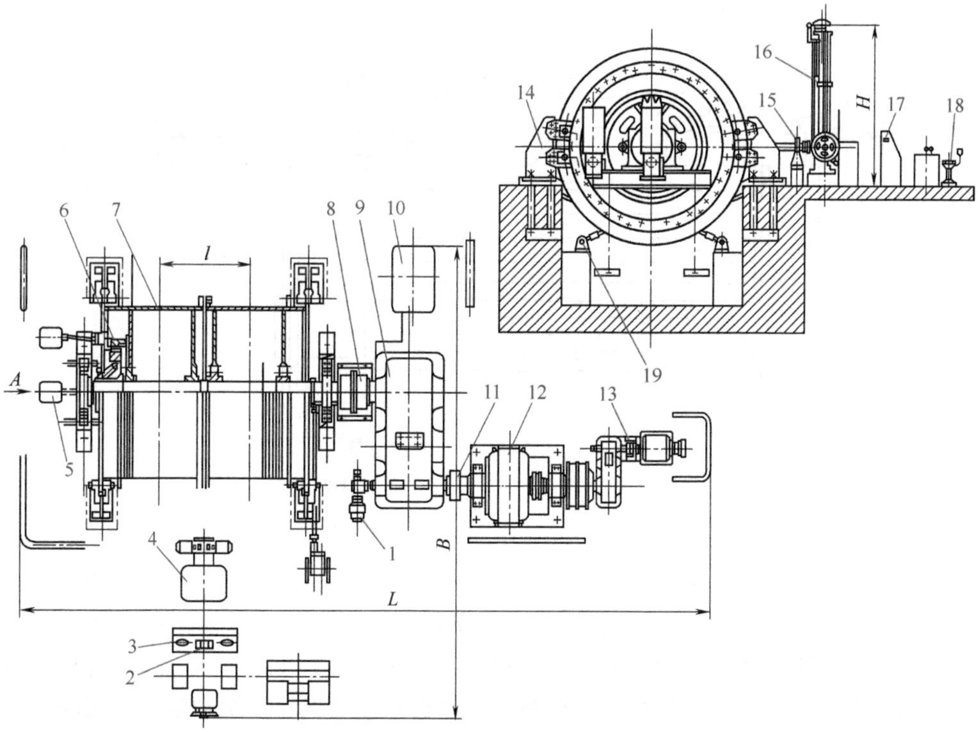

图 4-8 双筒提升机的结构

1—测速传动装置 2—丝杆式精针指示器 3—圆盘式精针指示器 4—液压站 5—深度指示器传动装置 6—调绳离合器 7—主轴装置 8—齿轮联轴器 9—平行轴减速器 10—润滑站 11—弹性棒销联轴器 12—电动机 13—微拖动装置 14—盘形制动器装置 15—牌坊式深度指示器传动装置 16—坊式深度指示器 17—操纵台 18—司机椅子 19—锁紧器

4.2.3 主轴装置的结构类型

主轴装置是提升机的主要工作和承载部件，主要由卷筒、主轴和轴承等组成。它主要起缠绕提升钢丝绳、承受各种正常和非正常载荷，以及当更换提升水平时，调节钢丝绳长度（单绳双滚筒提升机）的作用。

单筒提升机主轴装置由主轴承、主轴、左轮毂、右轮毂等部件组成，如图 4-9 所示。主轴承是用来支承主轴、滚筒和提升载荷的，轴承内的轴瓦上嵌有巴氏合金层，以供主轴承载的转动。左轮毂与主轴为滑动配合，其上装有润滑油杯，以供定期注油、润滑其表面，以免在提升机工作时，在轮毂内孔与主轴表面发生摩擦，刮伤或磨损主轴表面。右轮毂压配在主轴上，并用强力切向键与主轴固定在一起。滚筒与右轮毂采用精制配合螺栓连接，滚筒与左轮毂的连接采用数量相等的精制配合螺栓和普通螺栓。单筒（直径为 2m）提升机滚筒上只有一个制动盘，单筒（直径为 2.5m）以上的提升机都具有两个制动盘。

单筒提升机出绳方向为上方出绳，当采用单筒提升机双钩提升时，右侧钢丝绳为上方出绳，左侧钢丝绳为下方出绳。

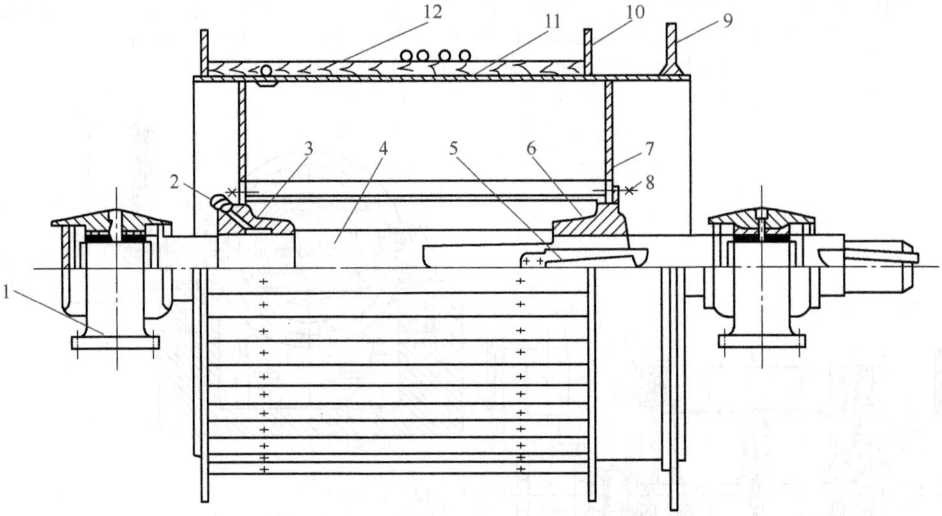

图 4-9 单筒提升机主轴装置

1—主轴承 2—润滑油杯 3—左轮毂 4—主轴 5—切向键 6—右轮毂 7—轮辐
8—高强度螺栓 9—制动盘 10—挡绳板 11—筒壳 12—木衬（或塑衬）

双筒提升机主轴装置由主轴承、主轴、固定滚筒、游动滚筒、调绳离合器等主要部件组成，如图 4-10 所示。图 4-10 中右边的滚筒为固定滚筒，左边的为游动滚筒，其左侧装有齿轮式调绳离合器。固定滚筒与轮毂的连接、轮毂与主轴的连接和单筒提升机主轴装置相同。游动滚筒与支轮的连接采用数量相等的精制配合螺栓和普通螺栓。游动滚筒右侧的支轮与主轴的配合为两半铜瓦滑装在主轴上，用油杯干油润滑，以保护主轴和支轮，避免在调绳时主轴与支轮发生相对运动而产生摩擦，造成主轴的损伤。游动滚筒左侧毂板上用精制配合螺栓固定着调绳离合器的内齿圈，其右端面装有尼龙瓦，左端面上方有注油孔，为定期向铜瓦、尼龙瓦、支轮注润滑油用，以减少磨损。

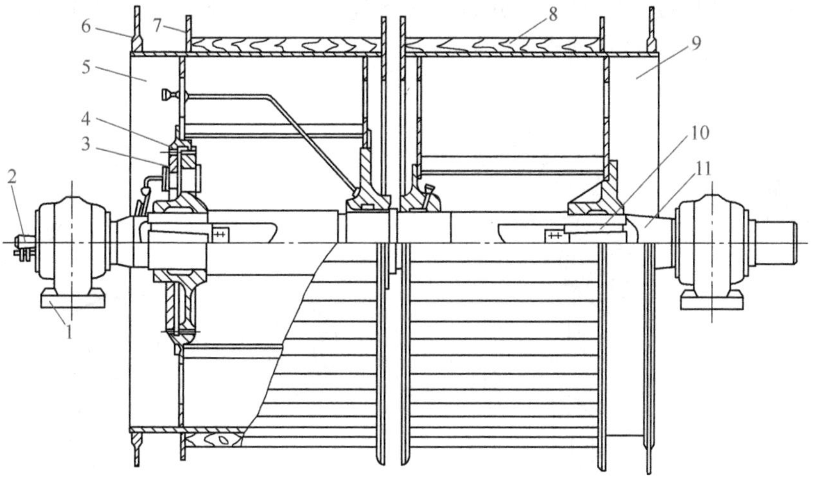

图 4-10　双筒提升机主轴装置

1—主轴承　2—密封头　3—调绳离合器　4—尼龙套　5—游动滚筒　6—制动盘　7—挡绳板　8—木衬（或塑衬）　9—固定滚筒　10—切向键　11—主轴

4.2.4　滚筒结构及主要参数

（1）滚筒结构　滚筒是缠绕钢丝绳的机构，要求筒体有足够的强度和刚度。

提升机的滚筒均为焊接卷筒，直径较大不易运输或者在井下使用时多采用剖分式结构。剖分式卷筒的上下两半滚筒对口的结合面均经过精加工，现场安装时用螺栓紧固而不必焊接，以便于拆卸和再次安装。筒壳采用不设支撑（如支环和斜撑等）的厚壳弹支结构。轮辐是整块钢板割出几个人孔后制成的。轮辐与轮毂的连接采用数量相等的精制配合螺栓和普通螺栓。筒壳外面敷以木衬（或塑衬）以增加卷筒的刚度和延长钢丝绳的使用寿命。在筒壳的外面两侧，含有法兰盘状的挡绳板，用它挡住缠绕在筒壳上的钢绳不向外窜移。在挡绳板外侧，焊有或用螺栓连接有盘式制动盘。滚筒材料多采用 Q355 钢板。

（2）滚筒的主要参数　滚筒的主要参数指滚筒直径 D 和滚筒宽度 B，它们也是矿井提升机的主要特征参数。

4.3　矿井多绳摩擦式提升机

单绳缠绕式提升机随着提升高度的增加会导致滚筒宽度过大，同时提升能力又受到单根钢丝绳强度的限制，当矿井产量很大且井筒较深时，采用单绳缠绕式提升机很难满足生产要求，此时适合选用多绳摩擦式提升机。

多绳摩擦式提升机是利用提升钢丝绳与主导轮摩擦衬垫之间的摩擦力来传递动力的。多绳摩擦式提升机在运转时，主导轮靠摩擦力来带动、提升钢丝绳，使重载侧钢丝绳上升、空载侧钢丝绳下放。

多绳摩擦式提升机按布置方式可分为塔式多绳摩擦式提升机（见图 4-11）与落地式多绳摩擦式提升机（见图 4-12）两大类。

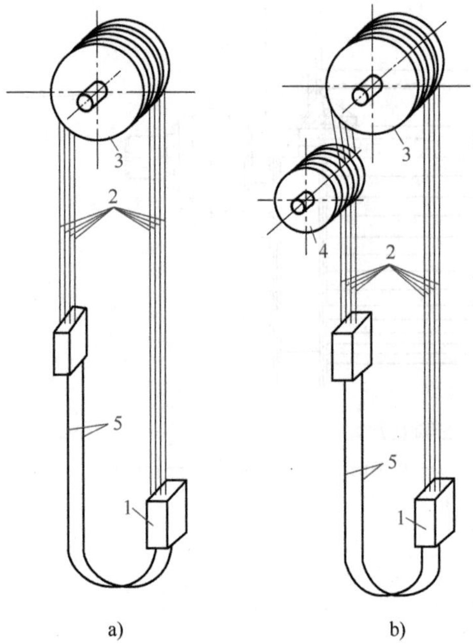

图 4-11　塔式多绳摩擦式提升机

a）无导向轮的多绳摩擦式提升系统

b）有导向轮的多绳摩擦式提升系统

1—提升容器　2—提升钢丝绳　3—主导轮

4—导向轮　5—尾绳

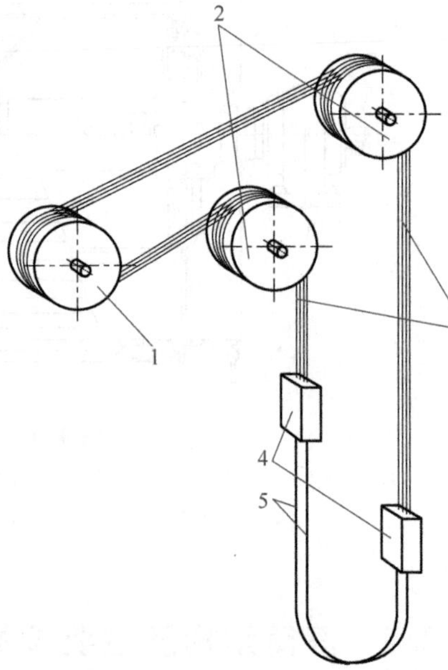

图 4-12　落地式多绳摩擦式提升机

1—主导轮　2—天轮　3—提升钢丝绳

4—提升容器　5—尾绳

多绳摩擦式提升机与单绳缠绕式提升机相比，具有以下优点：

1）钢丝绳不是缠绕在卷筒上，提升高度不受容绳量的限制，适用于深井提升。

2）载荷是由数根钢丝绳共同承担，主导轮直径小。

3）由于多绳提升机的运动质量小，故拖动电动机的容量与耗电量均相应减小。

4）在卡罐和过卷的情况下，有打滑的可能性，可避免断绳事故的发生。

5）绳数多，安全性高，可以不设断绳保险器（防坠器）。

6）当采用相同数量的左捻和右捻钢丝绳时，可消除由于钢丝绳松捻而形成的容器罐耳作用于栈道上的压力。

目前，国内外多绳摩擦式提升机发展的方向是：发展落地式和斜井多绳摩擦式提升机；研究通用于特浅井、盲井甚至天井的机器，以扩大使用范围；采用新结构，以减小机器的外形尺寸和重量；实现自动化和遥控，以提高提升工作的可靠性和生产率。

4.3.1　多绳摩擦式提升机结构

多绳摩擦式提升机由主轴装置、减速器、车槽装置等部件组成。

1. 主轴装置

主轴装置主要由主导轮、主轴、滚动轴承、制动盘、摩擦衬垫等组成，如图 4-13 所示。

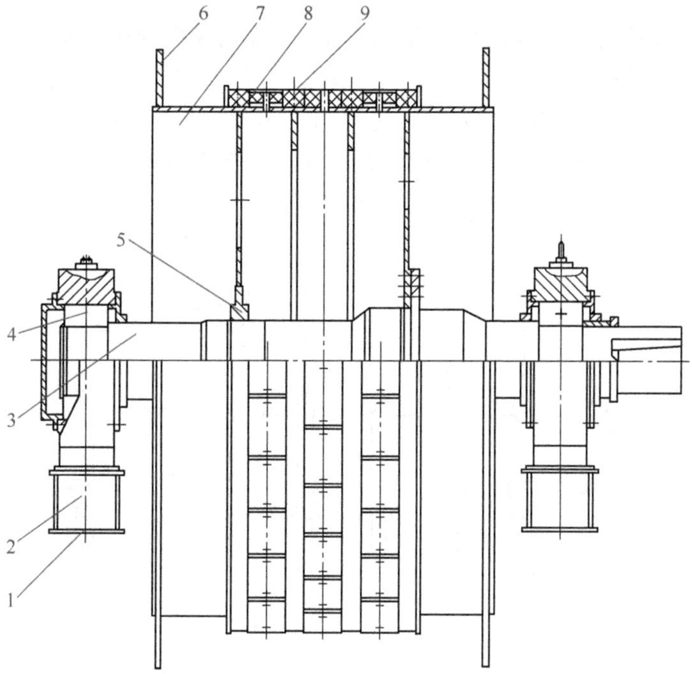

图 4-13　多绳摩擦式提升机主轴装置

1—垫板　2—轴承座　3—主轴　4—滚动轴承　5—轮毂
6—制动盘　7—主导轮　8—摩擦衬垫　9—固定块

主导轮多采用整体全焊接结构，少数大规格提升机由于受运输吊装等条件的限制或安装于井下的缘故，需要做成两半剖分式结构，在接合面处用定位销及高强度螺栓固紧。主导轮和主轴的连接方式有两种：一种是采用单法兰、单面摩擦连接，另一种是主导轮与主轴采用双法兰、双夹板、双平面摩擦连接。主轴多采用整体锻造结构，在轴上直接锻出一个或两个法兰盘后加工而成。制动盘在主导轮的边上，可以有一个或两个制动盘，制动盘和主导轮可以采用焊接或者可拆组合的方式连接。摩擦衬垫用固定块（由铸铝或塑料制成）压紧在主导轮轮壳表面上，不允许在任何方向上有运动。摩擦衬垫的作用主要有三个：一是保证能传递一定的动力；二是有效降低钢丝绳张力分配不均的程度；三是保护钢丝绳。为更换提升钢丝绳、摩擦衬垫和修理制动盘的方便与安全，在一侧轴承梁上（或地基上）还装有一个用来固定主导轮的锁紧器。

2. 减速器

减速器是提升机机械系统中一个很重要的组成部分，其作用是传递运动和动力。不仅将电动机的输出转速转化为提升卷筒所需的工作转速，而且将电动机输出的转矩转化为提升卷筒所需的工作转矩。

多绳摩擦式提升机减速器的主要类型有单入轴平行轴齿轮减速器、双入轴平行轴齿轮减速器、同轴式功率分流齿轮减速器、渐开线行星齿轮减速器。多绳摩擦式提升机减速器的速比一般为 7~15。

3. 车槽装置

多绳摩擦式提升机在开始运转前，为了增加钢丝绳与摩擦衬垫的接触面积，必须在摩擦衬垫上车出绳槽；同时提升机在运转中由于各摩擦衬垫磨损不均匀，使各绳槽直径产生误差。为保证几根提升钢丝绳上的负荷分配均匀，当绳槽直径误差达到一定值（如大于1.5mm）时，还必须对摩擦衬垫进行调整车削，为此设置车槽装置。它分为单进刀和整体进刀两种，目前常使用单进刀车槽装置，如图 4-14 所示。

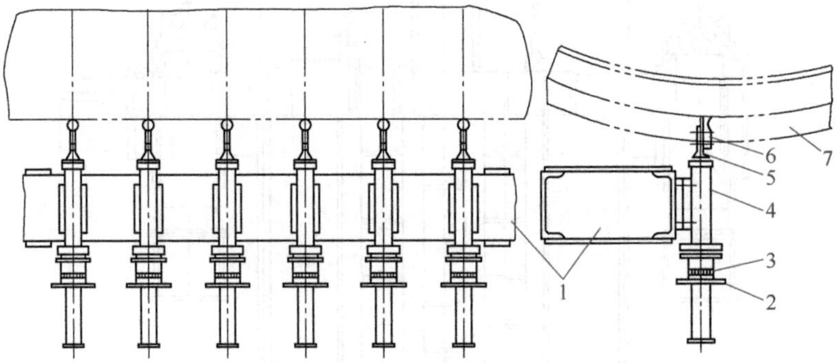

图 4-14　多绳摩擦式提升机单进刀车槽装置

1—车槽架　2—手轮　3—刻度环　4—刀杆导套　5—刀杆　6—车刀　7—主导轮衬垫

4.3.2　多绳摩擦式提升机钢丝绳张力的平衡

多绳摩擦式提升机在工作过程中，由于受到各绳槽直径的偏差、各钢丝绳长度的偏差、各钢丝绳刚度的偏差以及各钢丝绳蠕动量的偏差等因素的影响，造成各钢丝绳张力不平衡，甚至影响提升机的正常工作，所以在生产实践中应该采取必要措施改善钢丝绳张力不平衡状况。常用的钢丝绳张力平衡装置有平衡杆式、角杆式、弹簧式及液压式等类型，如图 4-15 所示。下面以螺旋液压式调绳装置为例对其进行介绍。

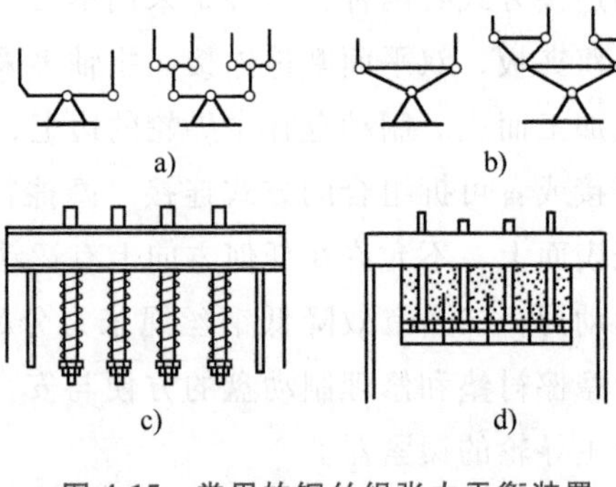

图 4-15　常用的钢丝绳张力平衡装置

a）平衡杆式　b）角杆式　c）弹簧式　d）液压式

螺旋液压式调绳装置，如图 4-16 所示，可以定期调节钢丝绳的长度，以调整各绳的张力差，也可将它的液压缸互相连通，在提升过程中使各绳的张力自动平衡。它具有调整迅速、劳动量小、准确度高和能自动平衡等优点。

螺旋液压调绳器是螺旋液压式调绳装置的核心部件，其结构如图 4-17 所示。活塞杆的上端与楔形绳环连接，下端为梯形螺杆。它穿过液压缸和底盘后用圆螺母顶住。载荷经底盘、圆螺母、活塞杆直接传到提升钢丝绳上。液压缸盖上有输入液压油的小孔。各液压缸之间用高压软管连通，在调节钢丝绳张力时，液压油经软管同时充入各液压缸的上方。液压上升推动缸体向上移动，下端的圆螺母便离开液压缸的底盘。此时，活塞和液压油代替圆螺母承受钢丝绳所加的载荷。当全部钢丝绳的液压缸底盘下面的圆螺母都离开时，各钢丝绳承受载荷的张力完全相等。然后就可以轻易地旋紧不承受载荷的圆螺母，使之贴靠于液压缸的底盘下面。最后，释放油压，调整工作完成。若将所有液压缸内的活塞用液压油顶到中间位置，并将圆螺母退到螺杆末端，在油路系统充满液压油后，将油路阀门关闭，即能实现提升过程中的各钢丝绳张力的自动平衡。

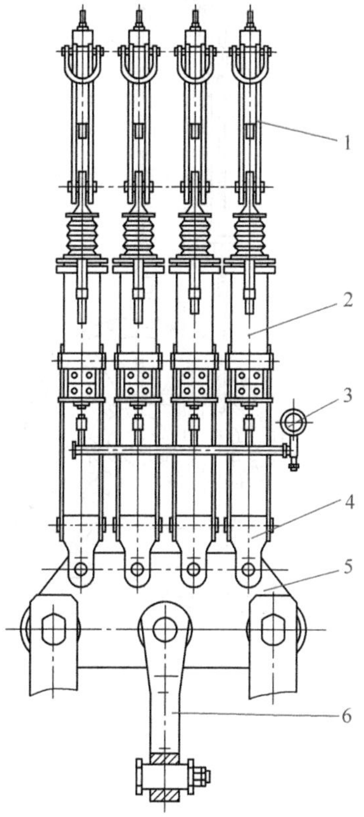

图 4-16　螺旋液压式调绳装置

1—楔形绳环　2—螺旋液压调绳器　3—液压管路及压力表　4—连接组件　5—连接板　6—主拉杆

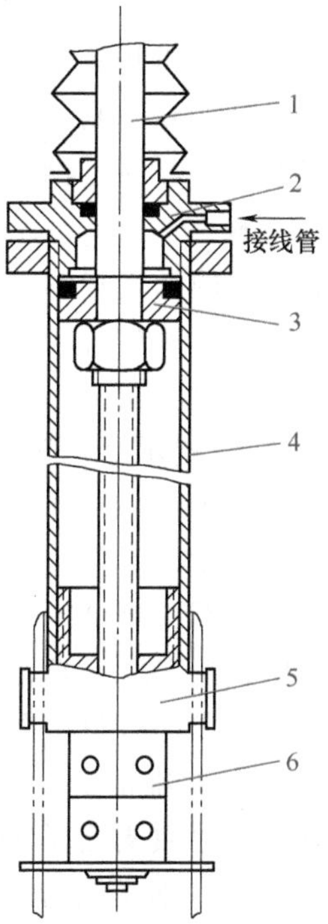

图 4-17　螺旋液压调绳器的结构

1—活塞杆　2—液压缸盖　3—活塞　4—液压缸　5—底盘　6—圆螺母

4.4　深度指示器、制动系统

4.4.1　深度指示器

深度指示器的作用是指示提升容器的运行位置。当提升容器接近井口卸载位置和井底停车场时，发出减速信号。当提升机超速和过卷时，进行限速和过速保护。对于多绳摩擦式提升机，深度指示器还能自动调零，以消除由于钢丝绳在主导轮摩擦衬垫上的滑动、蠕动和自然伸长等造成的指示误差。

深度指示器按其测量方法的不同，可分为直接式深度指示器和间接式深度指示器。

直接式深度指示器在原理上可采用在钢丝绳上充磁性条纹，利用有规律的钢丝绳花作行程信号，利用高频雷达、激光或红外测距装置等方法。这类深度指示器的优点是测量直接、精确、可靠、不受钢丝绳打滑或蠕动等影响。缺点是技术复杂。

间接式深度指示器通过与提升容器连接的传动机构间接测量提升容器在井筒中的位置，一般是通过测量提升机卷筒转角，再折算成行程。这类深度指示器的优点是技术设备简单、易于实现；缺点是体积比较大，指示精度不高，容易受钢丝绳打滑、蠕动或拉伸变形等因素的影响。

我国目前使用的深度指示器仍以间接式深度指示器为主。本书仅对常用的牌坊式深度指示器和圆盘式深度指示器进行介绍。

1）牌坊式深度指示器。牌坊式深度指示器系统是目前我国矿用提升机中主要使用的深度指示器系统，它由牌坊式深度指示器和深度指示器传动装置两大部分组成。深度指示器传动装置又分为传送轴和传动箱两个部分。牌坊式深度指示器的结构如图 4-18 所示。

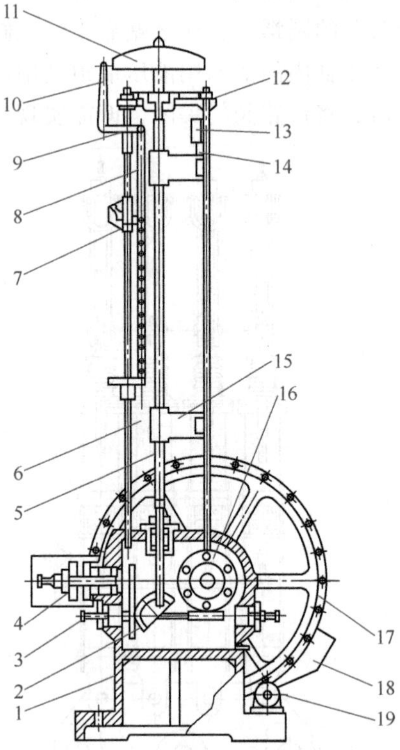

图 4-18　牌坊式深度指示器的结构

1—外壳　2—锥齿轮　3—齿轮　4—轴　5—丝杠　6—解除二级制动装置　7—减速极限开关装置　8—信号拉杆　9—支架　10—撞针　11—铃　12—横杆　13—过卷开关装置　14—标尺　15—右旋梯形螺母　16—蜗杆传动装置　17—限速圆盘　18—限速凸轮板　19—自整角机

用于多绳摩擦式提升机上的立式深度指示器，与普通牌坊式深度指示器相比，具有两个优点：一是有一个精确指针，二是具有自动调零的功能。多绳摩擦式提升机在运行时，钢丝绳与主导轮之间不可避免地会产生蠕动和滑动，摩擦衬垫也不可避免地会磨损。因此，要求深度指示器能自动消除由于上述原因所造成的误差，以达到能正确地指示出提升容器在井筒中的实际位置的目的，故深度指示器都设有自动调零装置。

2）圆盘式深度指示器。圆盘式深度指示器的传动装置如图 4-19 所示，传动轴经法兰盘与减速器低速轴相连，通过可更换齿轮对、蜗杆和增速齿轮对，将主轴的转动传递给发送自整角机。根据实际提升高度选配更换齿轮对，以确保每次提升指示盘指针的转角在 250°～350°之间。蜗杆传动的传动比 $i=50$，以保证前、后限速圆盘得到所需的转角。限速圆盘上装有撞块，提升容器运行至减速点时，撞块触动减速开关，并使连击铃发出声响信号。同时装在限速圆盘上的限速凸轮板开始挤压滚轮，通过丝杠拨动给定限速用自整角机回转，给出给定速度信号，以便与实际速度比较，进行电气限速保护。限速凸轮板的形状按减速阶段给定速度绘制，一般要求限速凸轮板从压住滚轮开始到减速结束，给定自整角机转动 50°左右。过卷开关的作用是在提升容器过卷时，断开安全回路，进行安全制动保护。

深度指示器装在操作台上，有粗指示和精指示两个指针，均由接收自整角机带动。

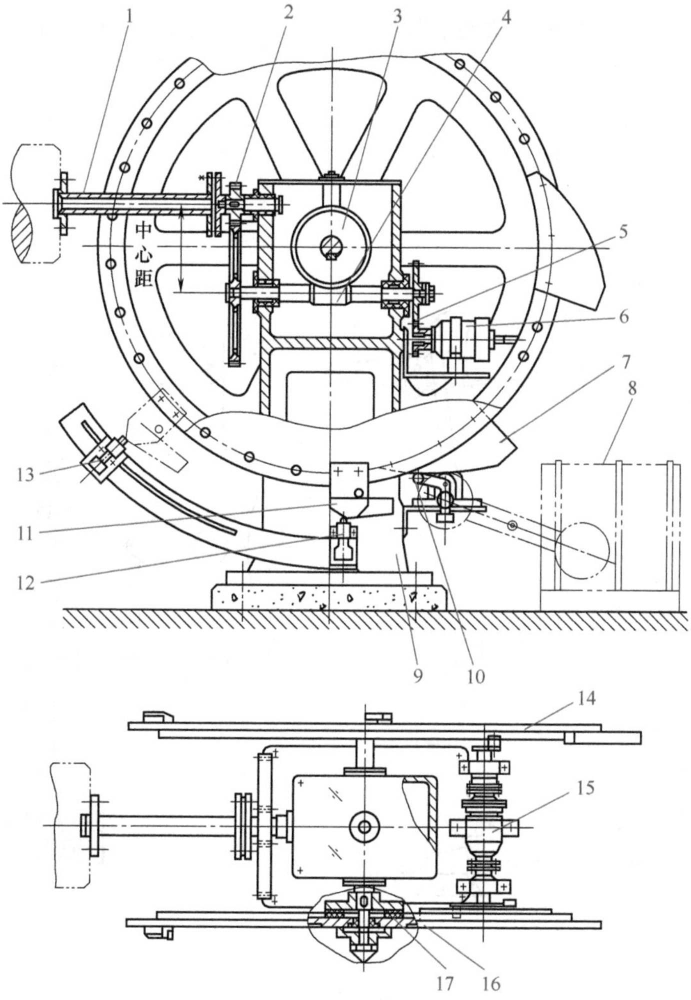

图 4-19　圆盘式深度指示器的传动装置

1—传动轴　2—更换齿轮对　3—蜗轮　4—蜗杆　5—增速齿轮对　6—发送自整角机　7—限速凸轮板　8—限速变阻器　9—机座　10—滚轮　11—撞块　12—减速开关　13—过卷开关　14—后限速圆盘　15—限速用自整角机　16—前限速圆盘　17—摩擦离合器

4.4.2　制动系统

提升机制动系统是提升机的重要组成部分，它由制动器（执行机构，通常称为闸）和传动机构组成。提升机制动系统的作用：①正常工作制动，即在减速阶段参与提升机的速度控制；②正常停车制动，即在提升终了或停车时闸住提升机；③安全制动，即当提升机工作不正常或发生紧急事故时，迅速而及时地闸住提升机；④调绳制动，即双卷筒提升机在调绳或更换水平时闸住活卷筒，松开死卷筒。

制动器是直接作用于制动盘（轮）上、产生制动力矩的部分，按结构分为块闸和盘闸。块闸主要有角移式块闸、平移式块闸、复合式块闸三种，如图 4-20 所示。角移式块闸结构简单，但压力及磨损分布不均匀、制动力矩小，多用于中小型提升机上；平移式块闸和复合式块闸压力分布较均匀，主要用在大型提升机上。传动机构是控制和调节制动力矩的部分，按动力源分为油压、压气及弹簧等传动系统。

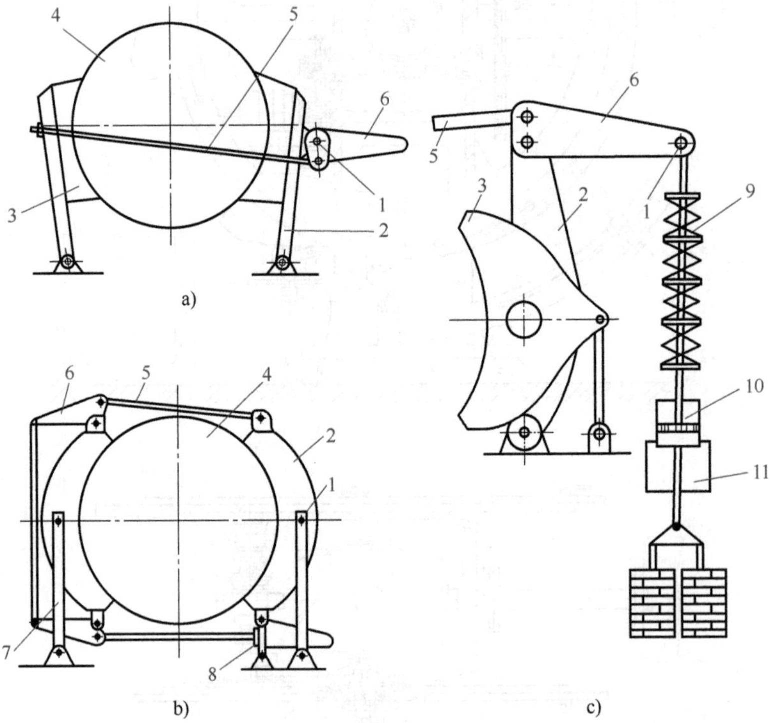

图 4-20　块闸的分类

a）角移式　b）平移式　c）复合式

1—轴　2—制动梁　3—闸瓦　4—制动轮　5—拉杆　6—三角杠杆　7—支柱　8—辅助支柱　9—工作制动弹簧　10—工作制动缸　11—安全制动缸

旧系列提升机及部分 JT 系列提升机采用块闸制动器，国产 JK 系列提升机均采用油压盘闸制动系统。

图 4-21 所示为盘闸制动器的结构图，制动器安装在机座上，依靠碟形弹簧的作用力把衬板及闸瓦推向制动盘，产生制动力矩。松闸时将液压油送入工作腔，通过活塞及连接螺栓将闸瓦的衬板拉回，蝶形弹簧被压缩，闸瓦离开制动盘。调节螺母是用来调节闸瓦间隙的，盘闸制动器的优点是结构紧凑、重量轻、动作灵敏、安全性好，便于矿井提升自动化水平，闸的副数可以根据制动力的大小灵活增减。

盘闸制动器应用于提升机上有各种不同的结构型式，有单面闸、双面闸，单活塞、双活塞，液压缸前置、液压缸后置等。油压有采用中低压的，也有采用高压的，这主要依使用条件及生产制造条件而定。

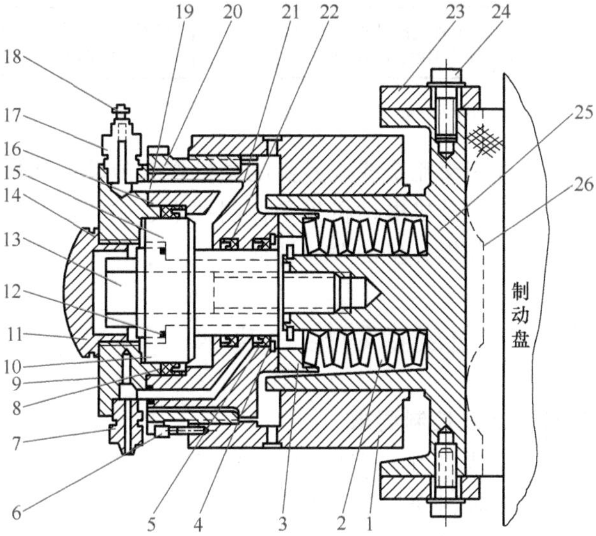

图 4-21　盘闸制动器的结构图

1—制动器体　2—碟形弹簧　3—弹簧座　4—挡圈　5、8、22—挡圈　6—螺钉　7—渗漏油管接头　9—液压缸　10—活塞　11—后盖　12、14、16、19—密封圈　13—连接螺栓　15—活塞内套　17—液压油管接头　18—油管　20—调节螺母　21—液压缸　23—压板　24—螺钉　25—带衬板的筒体　26—闸瓦

4.5 矿井提升机智能化技术

4.5.1 矿井提升机的拖动及控制概述

20 世纪五六十年代，矿井提升机主要采用的是交流传动，随着矿工业的发展，提升容量要求越来越大，提升速度要求越来越快，这时直流传动方式被广泛采用，同时由于直流传动控制技术成熟，能满足矿井提升机对安全、可靠、稳定的苛刻要求，所以很长一段时间都是采用直流传动的方式作为矿井提升机的动力输出。但是直流电动机也存在缺点：建设投资大、基础费用高、维护成本高；对电网的无功冲击大，起动时产生较大的压降；高次谐波还会引起交流电网电压正弦波形畸变，干扰其他设备的运行；功率因数比交流电动机小。

随着变频技术的发展，20 世纪 80 年代，欧洲先进设备制造公司率先将交流电动机变频调速拖动技术应用在矿井提升机上，从此交流变频调速技术与 PLC 控制技术相融合的数字化矿井提升机电控系统发展迅速，使交流电动机能够获得较宽的调速范围，且调速平滑、性能良好、机械特性较强，交流电动机又重新在矿井提升机的应用上占据主导地位。交流变频调速技术也由于其结构简单、成本低、易于维护等优点，广泛应用于矿井提升机电力拖动系统。综上，矿井提升机电力拖动技术先后经历了直流发电机-电动机调速技术（F-D）、晶闸管变流装置供电的直流调速技术（SCR-D）、交流电动机转子回路串电阻调速技术、交流电动机变频调速技术，如图 4-22 所示。

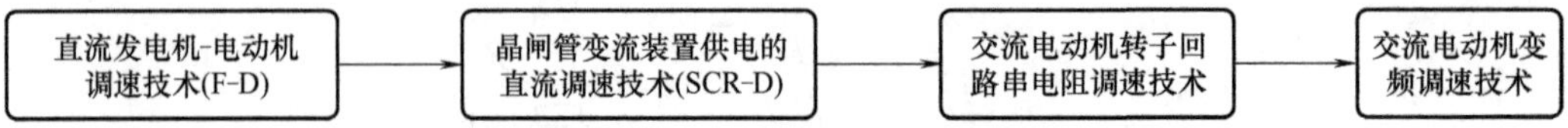

图 4-22　矿井提升机电力拖动技术的发展

目前，矿井提升机一般选用交流绕线式异步电动机作为拖动电动机。随着交流变频调速技术的发展，国内外针对矿井提升机电动机矢量控制技术、矿井提升机速度模糊控制技术等的研究层出不穷，旨在提升矿井提升机的调速性能。

4.5.2　矿井提升机速度自动控制技术

1. 矿井提升机的运行特点及控制要求

矿井提升机的运行特点是周期性，需要频繁起动和停车，且在一次提升周期中提升速度、转矩等运行参数是随运行时间变化的。因各种提升系统中提升容器的类型、装卸设备的结构型式及提升方式的不同，其运行规律也有所不同。典型的提升速度图，即提升速度随时间变化的曲线有五阶段速度图和六阶段速度图，如图 4-23 所示。

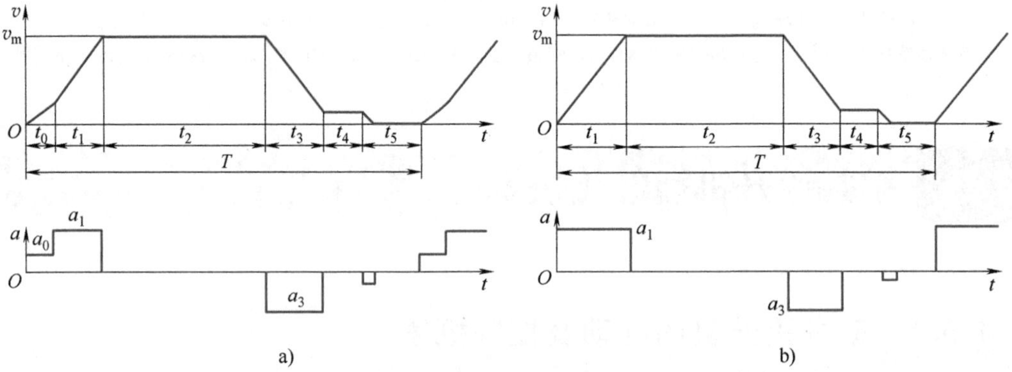

图 4-23　提升速度图

a）六阶段速度图　b）五阶段速度图（罐笼提升）

图 4-23a 中 $t_0 \sim t_5$ 六个阶段组成提升系统的一个提升过程。

如图 4-23b 所示，罐笼提升因无卸载曲轨，故没有 t_0 阶段。但为了准确停车，仍有爬行阶段，因此罐笼提升的提升速度图一般为五阶段速度图。当提升人员时，加速阶段的 a 和减速阶段的 a_3 不大于 0.75m/s^2。综合矿井提升固有的特点和提升设备特有的运行规律，对提升机控制系统的要求如下。

1）加（减）速度大小的确定应符合以下条件：

① 应符合国家有关安全生产规程的规定。

② 应不超过提升机的减速器所允许的动力矩。

2）具有良好的调速性能和位置控制。要求速度平稳，调速方便，调速范围大，实现加、减速度的自动控制，能满足各种运行方式下稳定运行和准确停车的要求。

3）有较好的起动性能。重载起动是矿井提升设备的基本特征，不可能待系统运转后再装载物料，因此，必须能重载起动，而且要有较高的过负荷能力。

4）特性曲线要硬。要保证负荷变化时提升速度基本上不受影响，系统正常工作。

5）工作方式转换容易。要能够方便地进行自动、半自动、手动、验绳、调绳等工作方式的转换，操作方便，控制灵活，不会因工作方式的转换而影响正常生产。

6）尽量采用新技术和节能设备，易于实现自动化控制和提高整个系统的工作效率。

7）要求具备各种必要的连锁和安全保护环节，确保系统安全运行。

8）矿井提升设备功率大，耗电也大，要尽量节约投资和降低运转费用。

矿井提升机在使用过程中保持稳定的调速性能，不仅能极大地提升系统运行效率和稳定性，而且能降低运行过程中的电能消耗，避免提升机在运行过程中频繁出现故障，保证矿井的生产作业安全。

因为电动机的转速和工作时电源输入频率是成正比的，所以可以根据此原理对矿井提升机进行调速。

提升机所用的电动机的转速公式为

$$n=n_1(1-s)=60f(1-s)/p \tag{4-1}$$

式中，n 是电动机的转子转速（rad/min）；n_1 是电动机的同步转速（rad/min）；s 是电动机的转差率；f 是电动机的电源频率（Hz）；p 是电动机的磁极对数。

2. 矿井提升机变频调速控制系统

矿井提升机变频调速控制系统的主要结构，如图 4-24 所示。

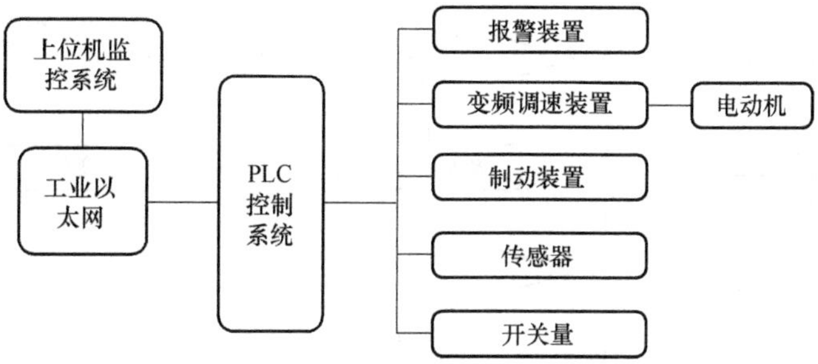

图 4-24　矿井提升机变频调速控制系统的主要结构

上位机监控系统具有人工智能管理模块，能够对矿井提升机在运行过程中的动态特性进行跟踪记录，并在后续运行过程中自动监测提升机运行状态、匹配最佳的动态运行曲线。PLC 控制系统是系统的核心部分，多采用模块化结构组成，如图 4-25 所示。针对不同矿井的实际作业情况可对各模块进行相应增减。PLC 控制系统主要基于输入模块与其他硬件设施进行连接，接收传感器及开关量信号，同时通过输出模块下达控制指令，对各执行机构进行控制。

变频调速控制系统设置有保护功能，对于电源断电、超速、松绳、深度指示器失效、通信出现错误、制动失效、制动油压过大等故障，进行立即抱闸制动处理；对于制动油温度过高、润滑油温度过高、润滑油压力不够等故障，在设备运行到终端后实施抱闸制动处理；对于制动油故障和闸瓦磨损过大等问题，由设备自动减速以后进行抱闸制动处理。以上所有故障，系统都会发出声光报警信号，提示工作人员对故障进行关注和处理。

矿井提升机变频调速控制系统中的 PLC 控制系统需要通过软件程序驱动才能实现系统的变频调速。PLC 变频调速控制系统的主要工作流程如图 4-26 所示。

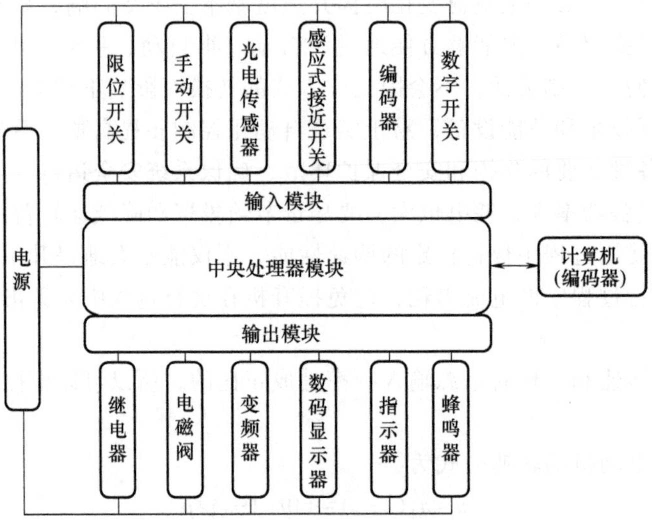

图 4-25　PLC 控制系统的模块化结构

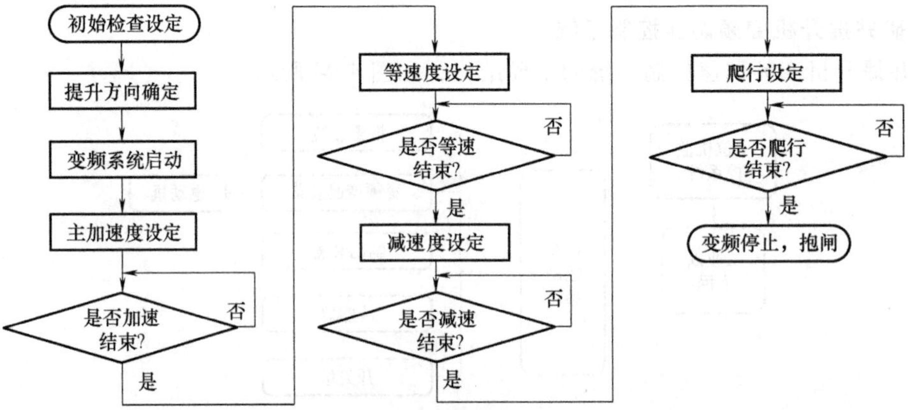

图 4-26　PLC 变频调速控制系统的主要工作流程

PLC 变频调速控制系统开始运行的主要流程有确定提升方向、起动制动泵、起动变频器、给定主加速阶段速度，完成加速到匀速运行阶段后按匀速继续运行，然后依次完成减速、爬行、抱闸等工作。矿井提升机在每一个阶段的运行速度，都需要进行准确设计计算，并编写到 PLC 控制程序中。当矿井提升机需要调整速度时，PLC 根据程序对变频器下达控制指令，变频器根据指令输出不同的电压频率，以控制矿井提升机电动机的转速，从而实现矿井提升机运行速度的精确控制。此外，矿井提升机运行过程中会通过传感器监测实际速度值，也需要通过编程与系统设定的速度值比较后进行处理，同时通过安全报警程序进行声光报警。

4.5.3　矿井提升机智能监测系统

提升机作为矿井提升主要运输设备，起着运送矿石物料、工器具、人员等的作用，其运行可靠性及效率对于保障矿山安全生产作业具有重要影响。由于矿井提升机结构复杂、运行环境恶劣，导致其故障率较高，因此在矿井提升机运行过程中及时发现故障、提升设备监测及检修效率，是保证矿井提升机安全稳定运行的必要保障。矿井提升机远程监测及故障诊断是一种结合通信技术、多传感器融合检测及 PLC 集中控制、上位机集中处理的提升机智能监测系统。通过通信网络架构实现数据远程传输与监测，采用分布式多传感器对矿井提升机主轴、电动机、液压站等核心部件的温度、电流、振动等核心工况参数进行实时采集，由 PLC 实现对采集数据与控制指令的集中处理与传输，从而实现对矿井提升机的全方位远程实时监测及故障预警，保障矿井提升机安全稳定运行。

1. 提升机监测参数

在提升机运行过程中，不同部件发生异常或故障会导致提升机发生堵转、超速、过卷和超温等事故，想要对不同故障进行故障源查找与故障原因诊断，需对相应特征工况参数进行实时采集、提取故障点信号，通过进一步分析实现故障预警诊断。由此可见，对提升机各运行参数进行实时、全面的采集与监测是实现故障诊断与保护的重要前提。

提升机各机构及部件的工况参数是反映提升机运行状态的重要数据，如主轴超温故障的可能原因是润滑系统油压偏低或油温太高，堵转故障的可能原因是制动闸未完全打开或负载过重，通过对制动闸盘弹簧压力值与电动机负载电流的监测即可对堵转故障进行预警诊断。针对提升机主要故障，监测方案选取提升机工作机构、液压制动系统、润滑系统、传动系统及电动机等核心组成部分作为监测点，对主轴振动、主轴偏摆、液压站压力和电动机电流等核心工况参数进行实时采集，实现对提升机运行状态的全方位监测。提升机监测参数见表 4-1。

表 4-1　提升机监测参数

监测点	监测参数	监测点	监测参数
工作机构	主轴振动、主轴偏摆等	传动系统	机械振动等
液压制动系统	液压站压力、液压油温、制动力等	电动机	电动机温度、振动、电流、转速等
润滑系统	润滑系统油压、油温等		

2. 提升机智能监控系统

提升机智能监控系统需具备多类型工况参数采集功能、数据处理分析控制功能及可靠的通信网络，同时应具有交互性良好的远程监控平台。目前，提升机智能监控系统多由远程监控平台、控制模块、数据采集模块及通信模块四大部分组成。提升机智能监控系统如图 4-27 所示。

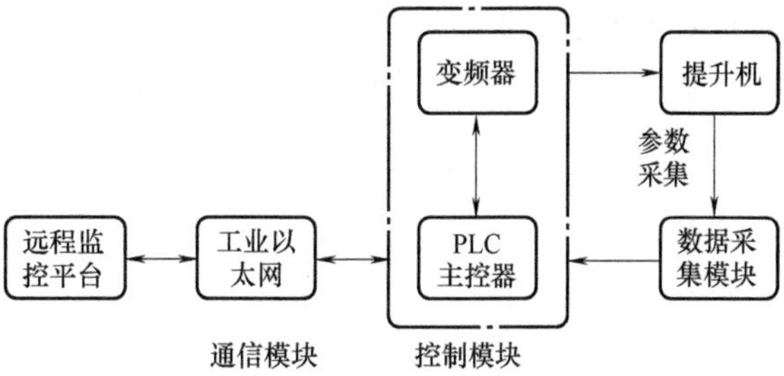

图 4-27　提升机智能监控系统

（1）PLC 控制模块　PLC 控制模块主要用于上位机指令接收、数据分析处理及控制信号输出，以满足系统通信、运算速度及存储需求，如数字量及模拟量输入、输出模块对传感器模拟量信号及开关量数字信号进行采集与系统输入、输出信号点位的需求。Profibus 接口、以太网接口分别用于与变频器及上位机进行数据传输，PLC 控制系统硬件结构，如图 4-28 所示。数字量输入信号包括开关按钮、继电器触电动作、提升机控制模式切换和指示灯亮灭

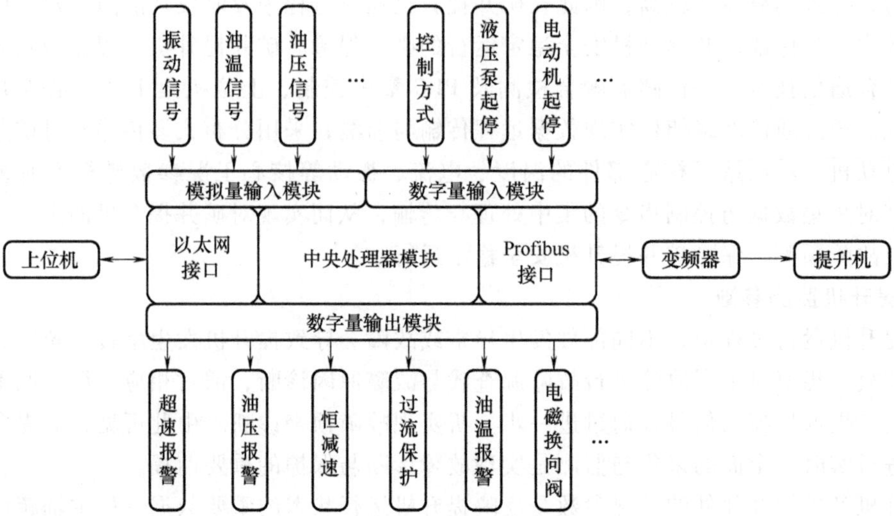

图 4-28 PLC 控制系统硬件结构

等信号；数字量输出信号包括开车停车、故障报警、恒减速等信号；模拟量输入信号主要为各类传感器所采集的振动、油温、油压等信号。

（2）数据采集模块　数据采集模块主要由压力传感器、温度传感器、振动传感器等各类传感设备组成，用于对提升机核心机构工况参数进行实时采集，如液压站油压油温、主轴偏摆振动和电动机电流转速等。

（3）系统上位机监控平台　系统上位机监控平台采用组态软件设计系统人机界面，界面包括提升机运行状态参数实时监测显示、故障预警、曲线绘制与参数设定等。此外，系统上位机监控平台在人机界面通过参数设定可对各类传感器装置及钢丝绳松紧度进行远程调节矫正。系统上位机监控平台的功能，如图 4-29 所示。

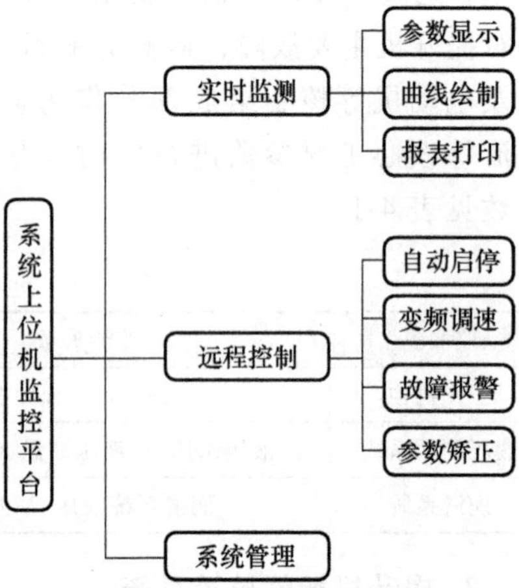

图 4-29　系统上位机监控平台的功能

思考题

4-1　简述调绳离合器的作用。

4-2　试述矿井提升机深度指示器的机构特点及作用。

4-3　试述矿井提升机制动系统的作用和对制动系统的要求。

4-4　比较多绳摩擦式提升机与单绳缠绕式提升机的优缺点。

4-5　简述矿井提升机的拖动及控制技术的发展历程。

4-6　对提升机控制系统的要求有哪些？

4-7　简述设置矿井提升机智能监测系统的必要性。

章节知识点
讲解视频

第 5 章 选前作业机械及其智能化技术

5.1 破碎筛分设备

破碎筛分设备是一种可将开采得到的岩石破碎，并按一定规格进行筛分的机械设备。为满足各种基本建设工程对碎石的需求，破碎筛分设备已成为一种不可缺少的施工设备。

石料的破碎过程，就是大块石料在外力作用下，克服内部分子间的内聚力，碎裂成小块碎石的过程。在工程实践中，主要依靠机械力的作用来破碎石料。石料是脆性材料，在小变形的情况下就会发生碎裂。

破碎机按给料和产品的粒度可分为三大类：粗碎破碎机（由 500～1500mm 破碎至 100～350mm）；中碎破碎机（由 100～350mm 破碎至 40～100mm）；细碎破碎机（由 40～100mm 破碎至 10～30mm）。

常用的破碎设备有鄂式破碎机、旋回破碎机、圆锥破碎机、辊式破碎机、冲击式破碎机。

鄂式破碎机工作部分的运动形式是往复运动，在回程过程中，不能参与破碎，所以其工作特点是间歇式。鄂式破碎机主要用于坚硬石料（抗压强度为 100～250MPa）的粗碎与中碎加工，如图 5-1 所示。

圆锥破碎机可分为悬轴式圆锥破碎机和托轴式圆锥破碎机两种。前者用于大块石料（通常粒径在 1000mm 以上）的粗碎作业，后者则用于中碎、细碎作业，如图 5-2 所示。

图 5-1 颚式破碎机

图 5-2 圆锥破碎机

辊式破碎机利用辊子的相对碾压滚动，把石料压碎。因此，辊式破碎机的工作特点是连续性。它主要用于中等硬度的石料（抗压强度小于 100MPa）的中碎、细碎。

冲击式破碎机如图 5-3 所示，包括反击式破碎机和锤式破碎机。在反击式破碎机中，石料受到高速旋转转子的作用，获得较大的速度，撞击到反击板而被击碎，因此，反击式破碎机的工作特点是连续性，可用于石料的粗碎、中碎和细碎。在锤式破碎机工作时，转子高速旋转，转子上的锤头将石料击碎。因此，锤式破碎机的工作特点也是连续性，它用于硬度较低的石料（抗压强度小于 70MPa）的粗碎和细碎。

筛分所用的机械称为筛分机，如图 5-4 所示。从采石场开采出来的或经过破碎的石料，是以各种大小不同的颗粒混合在一起的。在筑路过程中，石料在使用前，需要分成粒度相近的几种级别。石料通过筛分机的筛孔分级称为筛分。

图 5-3 冲击式破碎机

图 5-4 筛分机

筛分机按其作用特性可分为固定筛和活动筛两种。

固定筛在使用时安装成一定的倾角，使石料在其自身重力的垂直分力作用下，克服筛面的摩擦阻力，并在筛面上移动分级。固定筛主要用于预先的粗筛，在石料进入破碎机或下级筛分机前筛出超粒径的大石料。

活动筛按传动方式的不同又分为圆筒旋转筛和振动筛等。振动筛又可按工作部分运动特性分为偏心半振动筛、惯性振动筛、共振筛等。

利用筛分机将不同粒径的混合物按粒度大小进行分级的作业称为筛分作业。根据筛分作业在碎石生产中的作用不同，可有以下两种工作类型：

1. 辅助筛分

辅助筛分在整个生产中起到辅助破碎作业的作用。通常有两种形式。第一种是预先筛分形式。在石料进入破碎机之前，把细小的颗粒分离出来，使其不经过这一段的破碎，而直接进入下一个加工工序。这样做既可以提高破碎机的生产率，又可以减少碎石料的过粉碎现象。第二种是检查筛分形式。这种形式通常设在破碎作业之后，对破碎产品进行筛分检查，把合格的产品及时分离出来，把不合格的产品再进行破碎加工或将其废弃。检查筛分有时也用在粗碎之前，阻止太大的石块进入破碎机，以保证破碎生产的顺利进行。

2. 选择筛分

选择筛分主要用于对产品按粒度进行分级。选择筛分一般设置在破碎作业之后，也可用于除去杂质的作业，如石料的脱泥、脱水等。

选择筛分作业的顺序分为由粗到细和由细到粗。

由粗到细筛分。这种筛分顺序可将筛面按粗细重叠，筛子结构紧凑。同时，筛孔尺寸大的筛面布置在上面，不易磨损。其缺点是最细的颗粒必须穿过所有的筛面，增加了在粗级产品中夹杂细颗粒的概率。

由细到粗筛分。这种筛分顺序将筛面并列排布，便于出料，并能减少细颗粒夹杂，但是，采用这种筛分顺序时，机械的结构尺寸较大，并且由于所有物料都先通过细孔筛面，加快了细孔筛面的破碎。

现代筛分工艺中，大都采用由粗到细的筛分顺序。在有些场合采用混合筛分顺序，这种顺序一般需要用到两台筛分机。

5.1.1　颚式破碎机

颚式破碎机俗称老虎口，出现于 1858 年。它虽然是一种古老的碎矿设备，但是由于具有构造简单、工作可靠、制造容易、维修方便等优点，所以至今仍在冶金矿山、建筑材料、化工和铁路等部门获得广泛应用。在金属矿山中，它主要用于对坚硬或中硬矿石进行粗碎和中碎。

在颚式破碎机中，物料的破碎是在两块颚板之间进行的。可动颚板绕悬挂心轴对固定颚板做周期性摆动。当可动颚板靠近固定颚板时，位于两颚板间的矿石受压碎、劈裂和弯曲作用而破碎。当可动颚板离开固定颚板时，已破碎的矿石在重力作用下，经排矿口排出。

颚式破碎机通常是按照可动颚板的运动特性来进行分类的，工业中应用最广泛的主要有两种类型：可动颚板做简单摆动的简摆颚式破碎机（见图 5-5a）和可动颚板做复杂摆动的复摆颚式破碎机（见图 5-5b）。

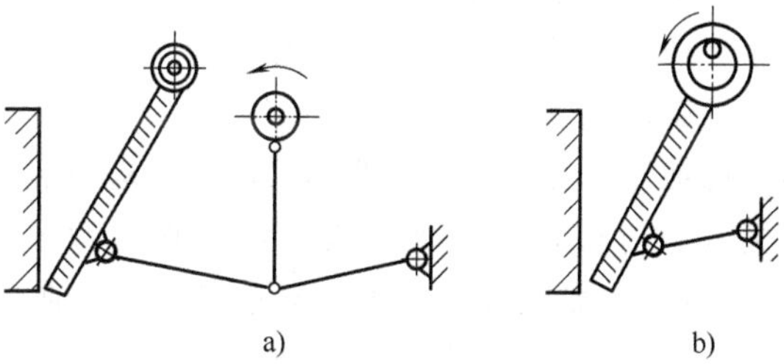

图 5-5　颚式破碎机的主要类型

a）简摆颚式破碎机　b）复摆颚式破碎机

前者多为大型和中型破碎机，其破碎比为 $i=3\sim6$；后者一般为中小型破碎机，其破碎比 i 可达 10。随着机械工业的发展，复摆颚式破碎机已向大型化方向发展。颚式破碎机的规格用给矿口宽度 B 和长度 L 来表示。例如，给矿口宽度为 900mm、长度为 1200mm 的破碎机表示为 900×1200 颚式破碎机。根据给矿口宽度 B 与长度 L 的大小，颚式破碎机可以分为大、中、小三类：给矿口宽度大于 600mm 的为大型；给矿口宽度为 300～600mm 的为中型；小于 300mm 的为小型。

1. 简摆颚式破碎机

我国生产的 900×1200 简摆颚式破碎机的结构如图 5-6 所示。该颚式破碎机的破碎腔是由固定颚板（即机架的前壁）和可动颚板构成。固定颚板和可动颚板都衬有锰钢制成的破碎板。破碎板用螺栓和楔固定于颚板上。为了提高破碎效果，两破碎板的表面都带有纵向波纹，而且是凸凹相对的。这样，对矿石除有压碎作用外，还有弯曲作用。破碎机工作空间的两侧壁上也装有侧面衬板。由于破碎板的磨损是不均匀的，特别是靠近排矿口的下部磨损最大，因此，往往把破碎板制成上下对称的，以便下部磨损后，将其倒置而重复使用。大型破碎机的破碎板是由许多块组合而成的，各块都可以互换，这样就可延长破碎板的使用寿命。

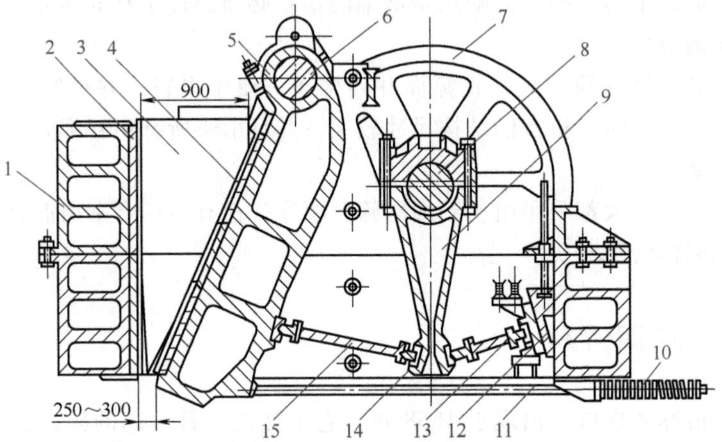

图 5-6　900×1200 简摆颚式破碎机的结构

1—机架　2、4—破碎板　3—侧面衬板　5—可动颚板　6—心轴　7—飞轮　8—偏心轴　9—连杆　10—弹簧　11—拉杆　12—楔铁　13—后推力板　14—肘板座　15—前推力板

为了使破碎板与颚板紧密贴合，其间须衬有由可塑性材料制成的衬垫。衬垫用锌合金或塑性大的铝板制成。因为贴合不紧密会造成很大的局部过负荷，使破碎板损坏，紧固螺栓拉断，甚至还会造成可动颚板的破裂。

可动颚板悬挂在心轴上，心轴则支承在机架侧壁上的滑动轴承中。可动颚板绕心铀对固定颚板做往复摆动。

可动颚板的摆动是借曲柄双摇杆机构来实现的。曲柄双摇杆机构由偏心轴，连杆、前推力板（前肘板）和后推力板（后肘板）组成。偏心轴放在机架侧壁上的主轴承中，连杆（上连杆头）则装在偏心轴的偏心部分上，前、后推力板的一端支承在下连杆头两侧凹槽中的肘板座上，前推力板的另一端支承在可动颚板后壁下端的肘板座上，而后推力板的另一端则支承在机架后壁的楔铁中的肘板座上。当偏心轴通过三角带轮从电动机获得旋转运动后，就使连杆产生上下运动。连杆的上下运动又带动推力板运动。由于推力板不断改变倾斜角度，因而使可动颚板绕心轴摆动。连杆向上运动时进行矿石破碎。当连杆位于下部最低位置时，推力板与水平线所成的倾斜角通常为10°~12°。

后推力板不仅是传递力的杆件，也是破碎机的保险零件。当破碎机中落入不能破碎的物体而使机器超过正常负荷时，后推力板立即折断，破碎机就停止工作，从而避免整个机器的损坏。

当连杆向下运动时，为使可动颚板、推力板和连杆之间互相保持经常接触，因而采用以两根拉杆和两个弹簧所组成的拉紧装置。拉杆铰接于可动颚板下端的耳环上，其另一端用弹簧支承在机架后壁的下端。当可动颚板向前摆动时，拉杆通过弹簧来平衡可动颚板和推力板所产生的惯性力。

颚式破碎机有工作行程和空转行程，所以电动机的负荷极不均衡。为了减少这种负荷的不均衡性，在偏心轴的两端装有飞轮和带轮。带轮同时也起飞轮作用。在空转行程中，飞轮把能量储存下来，在工作行程中再把能量释放出来。

2. 复摆颚式破碎机

我国生产的复摆颚式破碎机的结构如图 5-7 所示。这种破碎机的可动颚板直接悬挂在偏心轴上。可动颚板的下部由推力板支承。推力板的另一端支承在与机架的后壁相连的楔形调整机构的楔块上。

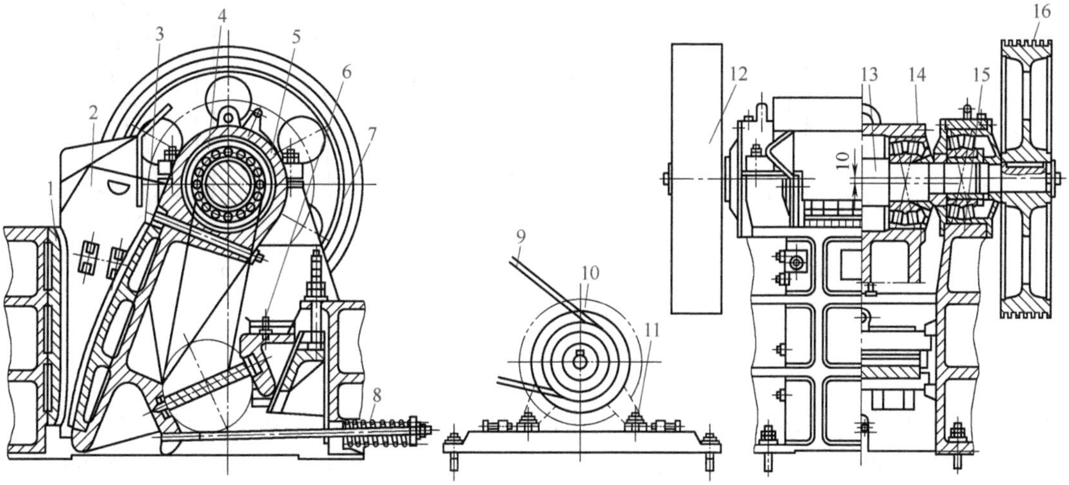

图 5-7　复摆颚式破碎机的结构

1—固定颚板　2—边护板　3—破碎板　4、6—肘板座　5—推力板　7—楔块　8—弹簧　9—三角皮带　10—电动机　11—铁轨　12—飞轮　13—偏心轴　14—可动颚板　15—机架　16—带轮

在偏心轴的两端装有飞轮和带轮（同时起飞轮作用）。在飞轮的轮缘上有配重，用以部分地平衡连杆在运动时所产生的惯性力。

复摆颚式破碎机与简摆颚式破碎机的不同之处是少了一根悬挂可动颚板的心轴。可动颚板与连杆合为一个部件，少了连杆，肘板也只有一块。可见，复摆颚式破碎机构造简单，但其可动颚板的运动比简摆颚式破碎机复杂。可动颚板在水平方向有摆动，同时在垂直方向也有运动，是一种复杂运动。

与简摆颚式破碎机相比，复摆颚式破碎机只有一根偏心轴，可动颚板的重量及破碎力均集中在一根主轴上，使得主轴受力情况恶化，故长期以来复摆颚式破碎机多制成中小型设备，因而主轴承便可以采用传动效率高的滚动轴承。但是，随着高强度材料及大型滚柱轴承的出现，复摆颚式破碎机开始大型化，简摆颚式破碎机也逐渐滚动轴承化。

简摆和复摆两种颚式破碎机的结构有差异，可动颚板的运动特征也有差异，因而导致了两种破碎机性能上的一系列差异。颚式破碎机可动颚板的运动轨迹如图 5-8 所示。在简摆颚式破碎机中，可动颚板以心轴为中心做摆动，其下端的摆动行程较大，上端较小。摆动行程可分为水平与垂直两个分量，视机构的几何关系而定，其比例大致如图 5-8a 所示。复摆颚式破碎机的运动轨迹较为复杂，可动颚板上端的运动轨迹近似为圆形，下端的运动轨迹近似为椭圆形。其行程的水平与垂直分量的比例大致如图 5-8b 所示。简摆与复摆颚式破碎机可动颚板的运动的另一个区别就是在简摆颚式破碎机中，可动颚板上端与下端同时靠近或远离固定颚板，即可动颚板上端与下端的运动是同步的；而在复摆颚式破碎机中，可动颚板上端与下端的运动是不同步的，如当可动颚板上端朝向固定颚板运动时，下端却向相反于固定颚板的方向运动。换句话说，在某些时刻，可动颚板上端正在破碎物料，下端却正在排出物料，或反之。

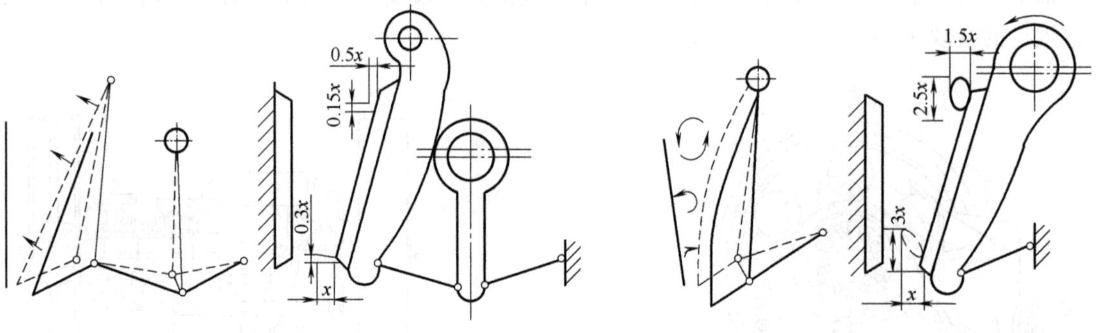

图 5-8　颚式破碎机可动颚板的运动轨迹

a）简摆颚式破碎机　b）复摆颚式破碎机

颚式破碎机靠可动颚板的运动进行工作，因此，可动颚板的运动轨迹对破碎效果有较大的影响。简摆颚式破碎机可动颚板上端的行程小于下端的，上端行程小对于破碎某些粒度及韧性较大的物料是不利的，甚至不足以满足破碎大块给料所需要的压缩量，但下端行程较大却有利于排料通畅。除此以外，简摆颚式破碎机可动颚板的垂直行程较小，因此可动颚板衬板的磨损也较小。

复摆颚式破碎机的可动颚板在上下端的运动不同步，交替进行压碎及排料，因而功率消耗均匀。可动颚板的垂直行程相对较大，这对排料、特别是排出黏性及潮湿物料有利，但垂直行程较大也会导致衬板的磨损加剧。

5.1.2　旋回破碎机

旋回破碎机的破碎工作是连续的。与颚式破碎机比较，其优点是生产能力大、工作平稳、破碎单位重量矿石的耗电量少，产品粒度较均匀。它的缺点是机器较高、构造复杂、制造和修理费用高、基建投资多、维护工作较复杂。

旋回破碎机作为选矿行业和其他工业部门中散体物料破碎工艺中粗碎环节的关键设备，给料为矿山直接爆破后的物料，物料具有尺寸大、形状各异、硬度不一等特点，这决定了旋回破碎机的结构，如图 5-9 所示。

旋回破碎机的动锥与主轴固定为一体，主轴顶部通过滑动轴承与横梁连接，主轴下部插入偏心套偏心孔中，底部通过推力轴承圆盘与调整主轴上下移动的液压活塞杆连接，偏心孔对机架中心线都呈偏心，偏心套内表面和承受破碎压力的外表面浇铸巴氏合金，偏心套在电

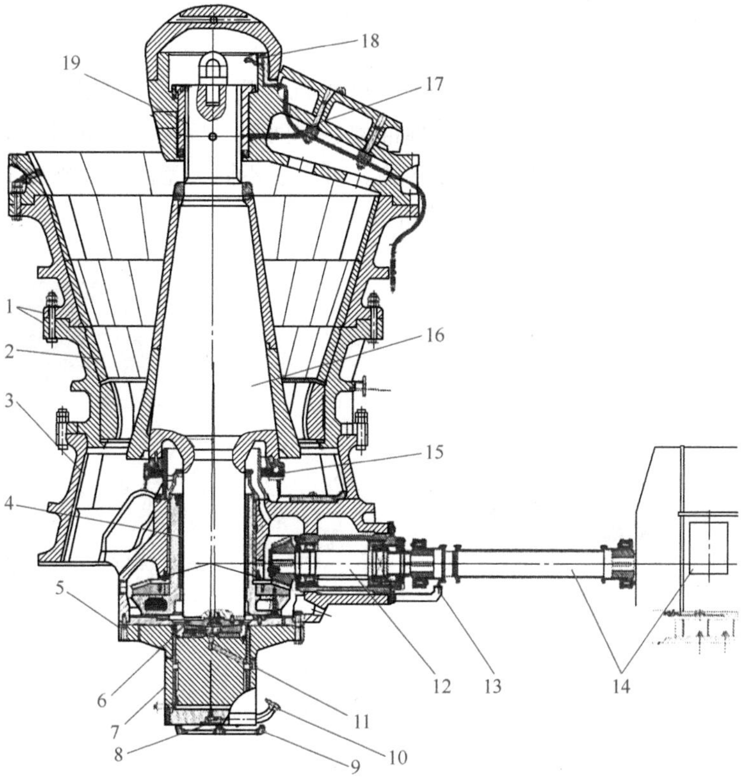

图 5-9　旋回破碎机的结构

1—破碎机架体　2—破碎机定锥衬板　3—耐磨部件　4—配备锥齿轮的偏心衬套　5—底板　6—主轴下部支承轴承　7—主轴下部支承缸体　8—主轴位置传感器　9—主轴液压系统　10—主轴底部支承液压系统　11—油循环润滑系统　12—配备小齿轮的水平轴　13—速度监控器　14—水平轴及驱动　15—防尘密封　16—主轴及动锥衬板　17—油脂润滑系统　18—油脂液面传感器　19—主轴顶端总成

动机、水平传动轴、锥齿轮的驱动作用下带动主轴、动锥绕固定悬挂点为锥顶做旋摆锥面运动。动锥外表面套有两块或三块环状的锰钢衬板，衬板与动锥表面通过锌合金或树脂浇铸固定，定锥（中部机架）内表面镶嵌有三到五行平行的锰钢衬板。从图 5-9 中可以看出，旋回破碎机的动锥衬板和定锥衬板构成旋回破碎机的几何腔型，破碎腔是破碎物料的工作空间。

当物料由上而下通过破碎腔时，受到动锥衬板和定锥衬板表面之间的压缩，当动锥靠近定锥时，物料被破碎，当动锥远离定锥时，破碎产品因自重以自由下落或沿衬板表面滑落的方式通过开边排矿口排出。压缩作用是通过施加在动锥上的牵连运动实现的，此时定锥保持不定。牵连运动由偏心衬套实现，通过齿圈将驱动轴的旋转运动传递到主轴和动锥上，由于受到物料的摩擦作用，动锥绕固定悬挂点做锥面旋摆运动的同时也在绕自身轴线做旋转运动。物料将沿着破碎机的路径被挤压和破碎几次，一般从给料口到排料口破碎 5 次左右。破碎结果由破碎腔的几何形状决定，而动锥底角、平行区长度、进动角等参数对腔型几何形状影响较大，腔型结构对破碎机的生产率、能耗产生较大的影响。

5.1.3 圆锥破碎机

当前圆锥破碎机大致分为三类：弹簧圆锥破碎机、液压圆锥破碎机、惯性圆锥破碎机。不同类型的圆锥破碎机又有不同的腔型：标准型、中间型、短头型。不同类型的破碎机腔型破碎不同尺寸的矿石物料，也对应不同破碎比，可以说不同类型的圆锥破碎机有各自不同的特点。图 5-10 所示为不同类型的圆锥破碎机。

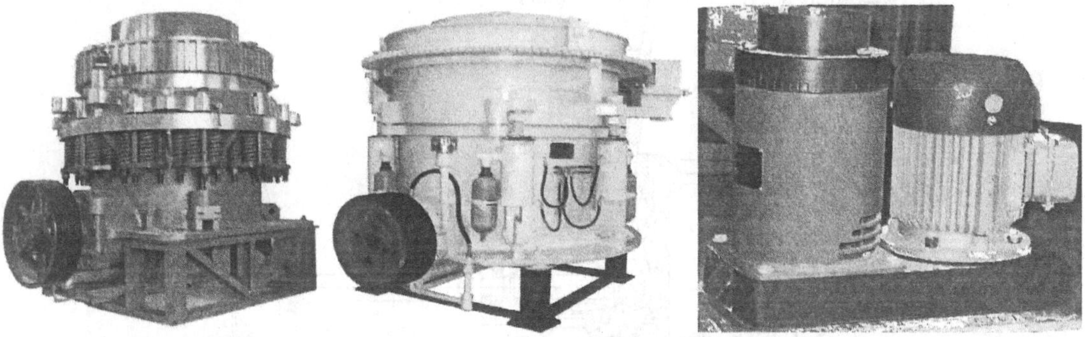

a)　　b)　　c)

图 5-10　不同类型的圆锥破碎机

a）弹簧圆锥破碎机　b）液压圆锥破碎机　c）惯性圆锥破碎机

1. 弹簧圆锥破碎机

弹簧圆锥破碎机工作时，电动机的旋转通过带轮或联轴器，传动轴和圆锥部在偏心套的驱动下绕固定点做旋摆运动一周。从而使破碎圆锥的破碎壁时而靠近、时而远离固装在调整套上的轧臼壁表面，使矿石在破碎腔内不断受到冲击、挤压和弯曲作用而实现矿石的破碎。图 5-11 所示为 1750 型弹簧圆锥破碎机的结构。

弹簧圆锥破碎机采用全液压操作，所以使用起来比较方便，过铁能力强，易于实现自动化，其可靠性和使用寿命大幅优化。另外，可以根据用户需求，通过计算机对破碎机进行自动控制，甚至远程控制。由于弹簧圆锥破碎机结构设计合理，所有部件均有耐磨部件护体，减少了维修费用，且所有零件都可以从顶部或侧面进行拆装和维护，无需拆装机架、紧固螺栓，使设备的日常维护工作更加简便。弹簧圆锥破碎机采用独特的粒间层压破碎作用，使被破碎后的物料更加均匀，产品形状更整齐，并且设备的破碎腔足够深，使物料在腔内能受到充分的破碎，以得到优质的颗粒形状。不仅如此，弹簧圆锥破碎机将较高的转速冲程相结合，从而使弹簧圆锥破碎机的额定功率和通过能力变大，大大提高了设备的处理能力及生产能力。

2. 液压圆锥破碎机

液压圆锥破碎机分为单缸液压圆锥破碎机和多缸液压圆锥破碎机。尽管它们的液压缸数量和安装位置不同，但其基本原理和液压系统都是相似的。多缸液压圆锥破碎机，即采用多个（一般为 12~16 个）液压缸代替安全弹簧，并有推动缸和锁紧缸，推动缸用来调节排矿口大小，锁紧缸用来固紧动锥与定锥的咬合螺纹，以免工作时跳动和回扣。单缸液压圆锥破碎机，即取消安全弹簧，而保险作用及排矿口调节完全由置于主轴下部的液压活塞来完成。

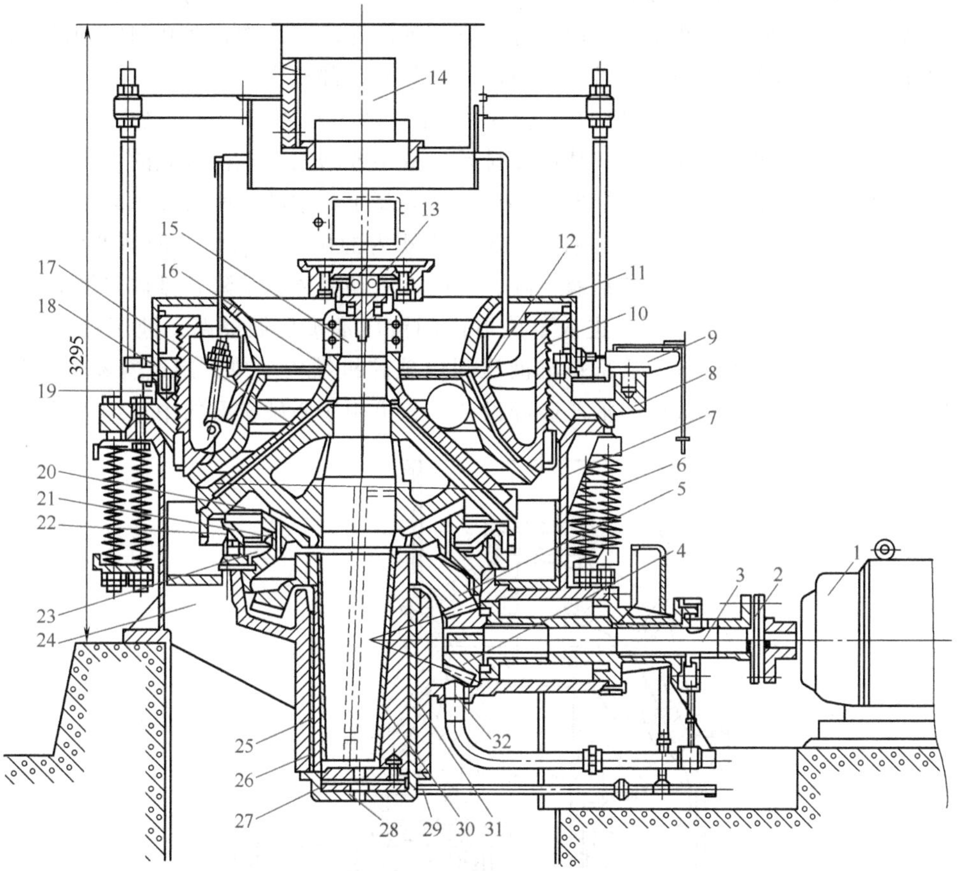

图 5-11　1750 型弹簧圆锥破碎机的结构

1—电动机　2—联轴器　3—传动器　4—小锥齿轮　5—大锥齿轮　6—弹簧　7—机架　8—支承环　9—推动液压缸　10—调整环　11—防尘罩　12—衬板　13—给矿盘　14—给矿箱　15—主轴　16—衬板　17—破碎锥体　18—锁紧螺母　19—活塞　20—球面轴瓦　21—球面轴承座　22—球形颈圈　23—环形槽　24—肋板　25—中心套筒　26—衬套　27—推力轴承　28—机架下盖　29—进油孔　30—锥形衬套　31—偏心轴套　32—排油孔

液压圆锥破碎机在工作方式上与传统的弹簧圆锥破碎机并无较大差异，不同的地方是将弹簧调节排矿口定锥的升降改成了更加高效、稳定、安全的液压缸调节。液压圆锥破碎机主要采用粒间层压原理进行作业破碎。

（1）单缸液压圆锥破碎机　单缸液压圆锥破碎机主要由上机架总成、下机架总成、动锥总成、传动轴总成、偏心套总成、液压缸总成六部分组成。其中，上机架总成的主要构件为上机架、轧臼壁、垫帽、上架体护板。下机架总成的主要构件为下机架、下机架护板、下机架内衬板、偏心套衬套、密封桶。动锥总成的主要构件为主轴、动锥躯体、轧臼壁。传动轴总成的主要构件为槽轮、传动轴、轴承、传动轴架、小锥齿轮。偏心套总成的主要构件为配重环、偏心套、大锥齿轮、主轴衬套。液压缸总成的主要构件为中摩擦盘、下摩擦盘、液压缸体、缸套、缸底、位移传感器。

单缸液压圆锥破碎机的工作原理：单缸液压圆锥破碎机工作时，电动机通过带轮和三角带带动设备传动轴转动，传动轴通过大、小锥齿轮带动偏心套转动，动锥通过主轴在偏心套作用下做旋摆运动，使动锥和定锥时而靠近、时而远离轧臼壁，物料在轧臼壁和破碎机之间的破碎腔内不断受到挤压、冲击而破碎，破碎的物料从下部排出。

底部单缸液压圆锥破碎机的结构如图 5-12 所示。调节排矿口是通过液压缸中油量的增加或减少，使可动锥体上升或下降，从而使排矿口减小或增大。机器过载的保险作用，则通过液压系统中的蓄能器来完成。蓄能器内部充入压力高于正常破碎所需油压的氮气，当坚硬物体落入破碎腔内时，高压油路中的油压大于蓄能器内的压力，蓄能器的活塞将压缩氮气，使液压油进入蓄能器，液压缸内的活塞下降，因此，可动锥体也下降，排矿口增大，坚硬物体排出。这时氮气压力高于油压，进入蓄能器内的液压油被压回油路，液压缸内的活塞上升，使锥体恢复正常工作位置。底部单缸液压圆锥破碎机结构简单，制造容易，操作方便，便于自动控制，是一种性能较好的液压破碎设备。它可用于坚硬矿石的中、细碎破碎。

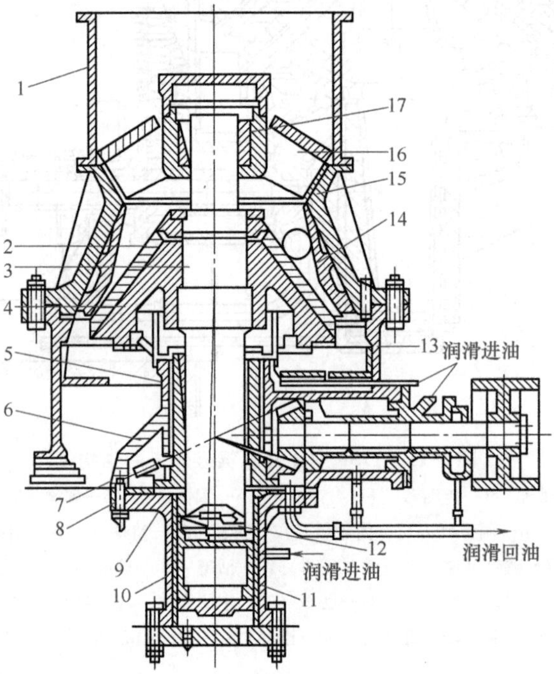

图 5-12 底部单缸液压圆锥破碎机的结构

1—给矿漏斗 2—衬板 3—主轴 4—动锥体 5—偏心轴套 6—中心套筒 7—大锥齿轮 8—底盘 9—止推圆盘 10—液压缸 11—活塞 12—止推圆盘组 13—下部机架 14—衬板 15—上部机架 16—横梁 17—衬套

（2）多缸液压圆锥破碎机 多缸液压圆锥破碎机主要由下机架部（机架、主轴、导向销）、偏心套部（偏心套、平衡圈、大锥齿轮）、传动部（传动轴、小锥齿轮、轴套）、支承套部（支承套、锁紧缸、锁紧螺母）、调整环部（调整环、轧臼壁）、动锥部（躯体、破碎壁、锤头、球形瓦）组成。

多缸液压圆锥破碎机的工作原理：多缸液压圆锥破碎机工作时，电动机通过带轮和三角带带动设备传动轴转动，传动轴通过大、小锥齿轮带动偏心套绕主轴转动。多缸液压圆锥破碎机的结构如图 5-13 所示。电动机带动皮带传动经传动轴带动锥齿轮副驱动偏心轴套旋转，主轴起到支承作用，使得动锥做旋摆运动，圆锥破碎机的动锥、定锥形成了圆锥破碎机的几何腔型。偏心轴套带动动锥做旋摆运动，使动锥和定锥时而靠近、时而远离轧臼壁，物料在轧臼壁和破碎壁形成的破碎腔内不断受到挤压、冲击而破碎，破碎的物料从下部排出。多缸液压圆锥破碎机的性能也依赖于破碎腔的几何形状、破碎机的工作参数以及矿石材料的特性。

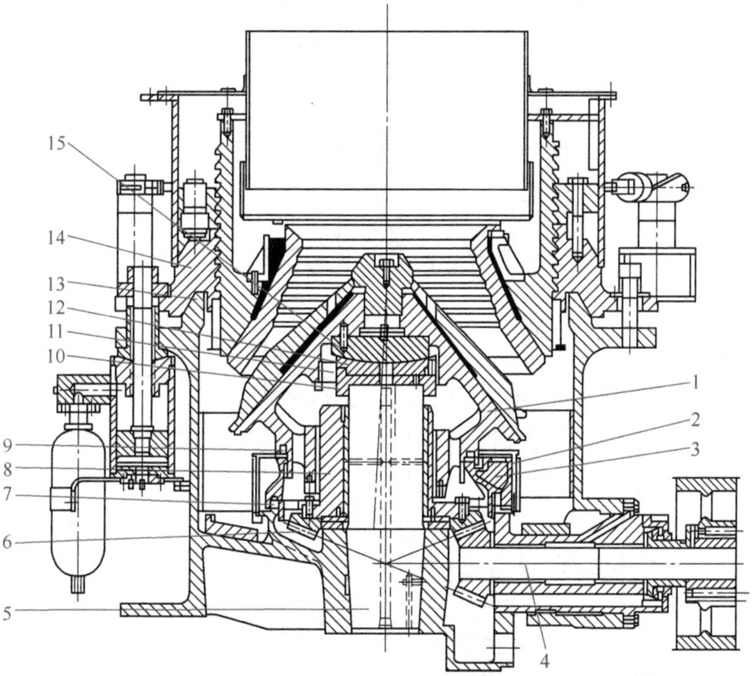

图 5-13　多缸液压圆锥破碎机的结构

1—驱体　2—平衡架　3—平衡重　4—传动轴　5—立轴　6—大锥齿轮　7—U 形密封环　8—偏心轴套　9—T 形密封环　10—轴承座　11—驱体内衬套　12—球面瓦　13—机架　14—支承环　15—球体

3. 惯性圆锥破碎机

惯性圆锥破碎机具有显著的优点：破碎比大，一般可达 4～30；单位功耗低 40%以上；可以带负荷起动和停车；工作平稳可靠，传给地基的动负荷很小，不需要大且坚固的基础；无需过载保护装置，由于传动系统与动锥没有刚性连接，即使有不可破碎物体进入破碎腔内，也不会造成机构的损坏；调节可变参数，能够达到预期要求的工艺效果（破碎比、粒度组成等），并能够进行选择性破碎和减少过粉碎；简化矿碎流程，减少基建投资，提高经济效益。可以说，惯性圆锥破碎机是“多碎少磨”的一种设备。

惯性圆锥破碎机的结构如图 5-14 所示。破碎机整个机体通过支承环装在隔振元件上，其下面为底架。调整环靠螺纹与支承环相连接。动锥支承在球面轴承上，主轴自由地插在直衬套的内孔中，直衬套的外部装有激振器，下部与弹性联轴器相接。弹性联轴器又与小带轮相接。电动机通过 V 带、弹性联轴器、直衬套驱动激振器旋转。空载时，在激振器产生的离心力作用下，迫使动锥沿定锥内表面做无间隙的滚动，与此同时，动锥又绕自身轴线做自转运动，即空载时动锥的运动状态为动锥绕破碎机中心线做旋转运动，同时又绕自身轴线做自转运动。可以说，这两种运动（空载时的运动状态）与传统圆锥破碎机是无区别的。有载时，动锥沿料层滚动，由于料层在破碎腔内分布不均匀、物料颗粒有大有小，所以动锥沿料层滚压时的运动也是不稳定的，每滚动一周都伴随着强烈的振动。此时，章动角 γ_0 不断地发生变化，动锥即产生章动运动。有载时，动锥除了有空载时的进动运动外，又增加了章动运动状态。这种运动状态是传统圆锥破碎机所没有的。惯性圆锥破碎机在做章动运动时动锥沿料层每滚动一周，都伴随有 100 多次的振动。这种附加的强烈脉冲振动，强化了破碎作用。这也是它的破碎比远大于偏心式圆锥破碎机破碎比的重要原因之一。

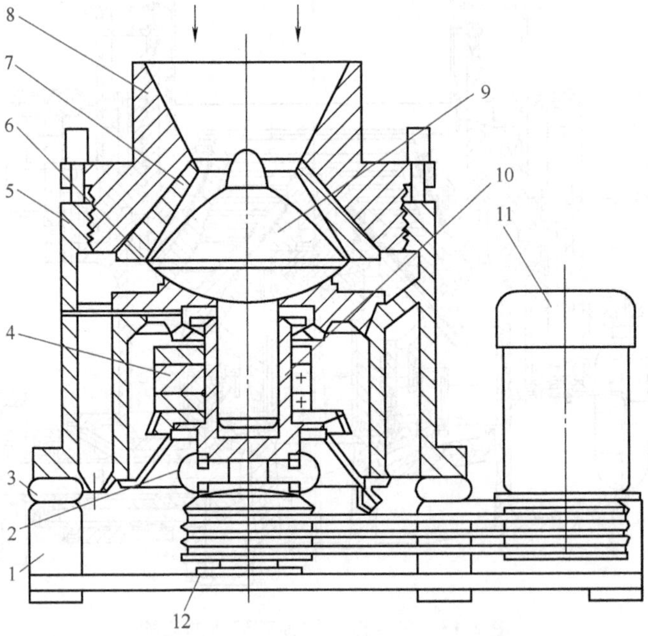

图 5-14 惯性圆锥破碎机的结构

1—底架 2—弹性联轴器 3—隔振元件 4—激振器 5—支承环 6—球面轴承
7—定锥 8—调整环 9—动锥 10—直衬套 11—电动机 12—V 带

惯性圆锥破碎机的破碎力，与被破碎物料的硬度、破碎腔中物料充填程度无关，它是由激振器和动锥产生的离心力提供的。调整激振器的偏心块质量、改变偏心距、改变激振器的转速，就可得到针对任何工作条件所需的破碎力，在正常运转情况下（空载或有载），破碎力大小是不变的。

惯性圆锥破碎机的破碎原理：在惯性圆锥破碎机中，物料是在强力惯性振动条件下，受到预先调定的破碎力作用，这可以保证料层应有的密度，使物料全方位承受压力，实现层中破碎。破碎力的大小，直接关系到物料的破碎效果。破碎力过小，没有达到物料晶粒间相联系的强度极限，物料则不能被破碎。若破碎力过大，超过物料晶粒间相联系的强度极限，则不仅会使物料破碎，而且还会使物料晶粒本身遭到破坏，这样不仅浪费能量，而且会造成有害的过粉碎。为此，对于每种物料都要预先选定一个合适的破碎力值，使物料只能按晶界破裂而不至于使晶体本身被破坏，实现选择性破碎。

物料在破碎腔受到强烈振动作用可使物料彼此改变方向，从而可在料层中造成交变剪切和弯曲应力。同时会清除黏结在物料间的粉末，这些粉末不仅会削弱物料之间的相互作用，而且会造成过粉碎。然而，在惯性圆锥破碎机中，由于物料层受到强烈振动，可以清除这些粉末，从而提高了物料间的破碎作用，又避免了这些粉末的过粉碎。

在惯性圆锥破碎机中，由于动锥与电动机之间无刚性连接，所以动锥的振幅不受传动系统限制，它的大小取决于料层的阻力与破碎力的平衡。破碎机起动时，破碎机摆动频率小、破碎力较小、振幅小，因此起动力矩也较小，带负荷起动不会损坏机器，所以惯性圆锥破碎机具有带负荷起动和停车的优点。

5.1.4　锤式破碎机

锤式破碎机主要靠锤子冲击作用破碎物料。物料进入锤子工作区后，被高速回转的锤子冲击破碎。物料从锤头获得动能，以高速向破碎机和篦条筛上冲击而被破碎。此后，小于篦条筛缝隙的物料，便从缝隙中排出，而粒度较大的物料，弹回到衬板和篦条筛上的粒装物料，还将受到锤头的附加冲击，在物料破碎的整个过程中，物料之间也在相互冲击破碎。

锤式破碎机的特点：生产率高、破碎比大、能耗低、产品粒度均匀、过粉碎现象少、结构紧凑、维修和更换易损件简单容易；锤头、篦条筛、衬板、转盘磨损较快，破碎较硬物料时磨损更快，故它仅能破碎中硬易碎物料；当物料水分含量超过 12%或含有黏土时，篦条筛缝隙容易堵塞，这时生产率下降，能耗增加、锤头磨损加快。

图 5-15 所示为锤式破碎机的结构。电动机通过弹性联轴器直接带动主轴旋转。主轴通过调心滚子轴承安装在机架两侧的轴承座中，轴承采用干油润滑。为了避免破碎大块物料时，锤头的速度损失不致过大和减小电动机的尖锋负荷，在主轴的一端装有飞轮。

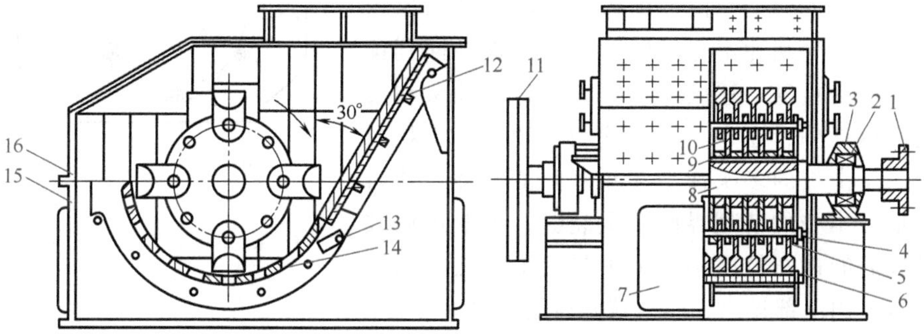

图 5-15　锤式破碎机的结构

1—弹性联轴器　2—调心滚子轴承　3—轴承座　4—销轴　5—销轴套　6—锤头　7—检查门　8—主轴
9—间隔套　10—圆盘　11—飞轮　12—破碎板　13—横轴　14—格筛　15—下机架　16—上机架

转子由主轴、圆盘和锤头等零件组成。主轴上装有 11 个圆盘，并用键与轴刚性地连接在一起。圆盘间装有间隔套。为了防止圆盘的轴向窜动，两端用圆螺母固定。锤头位于 2 个圆盘的间隔内，铰接地悬挂在销轴上。销轴贯穿了所有圆盘，两端用螺母拧紧。在每根销轴上装有 10 个锤头。圆盘上配置了 4 根销轴，所以锤头的总数是 40 个。为了防止锤头的轴向移动，销轴上装有销轴套。圆盘上还配有第二组销轴孔，当锤头磨损 20mm 后，为了更充分利用锤头材料，可将锤头及销轴移到第二组孔内安装，继续进行碎矿工作。

格筛设在转子的下方，它由筛架和筛板组成。筛架分左、右两部分。筛架上的筛板由数块拼成。筛板利用自重和相互挤压的方式固定在筛架上。筛板上铸有筛孔、筛孔略呈锥形、内小外大，有利于排矿。筛架的两端都悬挂在横轴上，横轴通过吊环螺栓悬挂在机架外侧的凸台上。调节吊环螺栓的上下位置可以改变锤头端部与筛板表面的间隙大小。格筛左端与机架内壁有一间隔空腔，便于非破碎物从此空腔排出，防止非破碎物在机器内损坏其他零件。格筛的右上方装有平面形破碎板。

锤式破碎机的机架是用钢板焊成的箱形结构。机架沿转子中心线分成上、下机架两部分，用螺栓固定在一起。上机架的上方有给矿口。在机架的内壁（与矿石可能接触的地方）装有锰钢衬板。为了便于维修，在上、下机架的两侧均设有检查门。

5.1.5 反击式破碎机

反击式破碎机实际上是在锤式破碎机基础上发展起来的一种新型高效破碎机。反击式破碎机用于破碎石灰石、石棉矿、煤、石英砂、电石、白云石、硫化铁矿等物料，可用作粗、中碎，也可用作细碎。由于这种破碎机的易损件磨损很快，故只能用于破碎中等硬度物料，致使它的应用范围受到一定限制。

反击式破碎机主要由机体、转子、反击板等部分组成，如图 5-16 所示。物料从进料口沿导矿板进入锤头打击区受到冲击破碎后小块物料受到锤头冲击后，将按切线方向抛出，此时，物料所受的冲击力可近似地认为通过物料的重心；大块物料则由于偏心冲击而使物料按与切线方向偏斜的方向抛出。物料被高速抛向反击板，再次受到冲击，然后又从反击板弹回到锤头打击区，继续重复上述破碎过程。物料在锤头和反击板间的往返途中，还有相互碰撞的作用。由于物料受到锤头、反击板的多次冲击和相互间的碰撞，使得物料不断地沿本身的节理界面产生裂缝、松散进而破碎。当破碎后的矿石粒度小于锤头与反击板之间的缝隙时，就从机内下部排出，即为破碎后的产品。

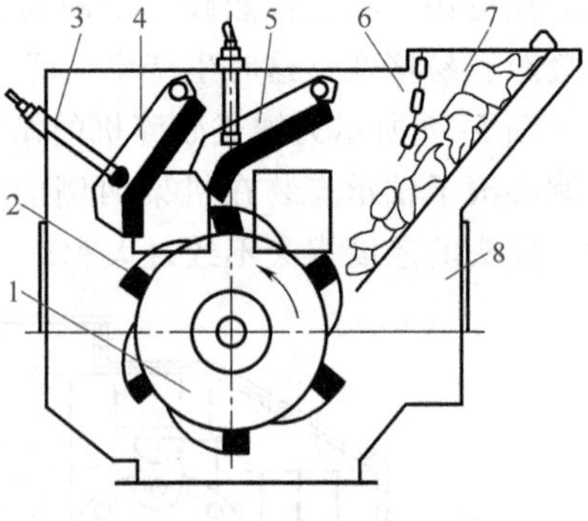

图 5-16　反击式破碎机

1—转子　2—锤头　3—拉杆
4—第二级反击板　5—第一级反击板
6—链条　7—进料口　8—机体

反击式破碎机的工作原理与锤式破碎机基本相同，但结构与破碎过程却不同。反击式破碎机的锤头是固定地安装在转子上的，有反击装置和较大的破碎空间。破碎时，能充分利用整个转子的能量，破碎比较大，可作为矿石的粗、中、细碎设备。锤式破碎机的锤头是以铰接的方式固定在转子上的，破碎过大的矿石时，会发生锤头后倒——失速现象，转子的能量得不到充分利用，因此不能击碎大块矿石。矿石的反击和相互碰撞次数也较少。当矿石没有被破碎到要求的粒度时，还要依靠锤头对卡在机器下部筛条上的矿石进行附加冲击和研磨来破碎。由于反击式破碎机下部没有筛条，所以锤式破碎机的产品粒度比反击式破碎机的均匀。通常，锤式破碎机用作矿石的中、细碎。

5.1.6 辊式破碎机

辊式破碎机按辊子数目分为单辊、双辊、三辊和四辊破碎机；按辊面形状分为光辊、齿辊、槽形辊破碎机和异形辊破碎机。

图 5-17 所示为单辊破碎机示意图。齿辊外表面与悬挂在心轴上的颚板内侧曲面构成破碎腔，颚板下部有支承座。物料由进料斗进入破碎腔上部被顺时针方向转动的齿辊咬住后带到破碎腔，在间隙逐步减小的区域受挤压、冲击和劈裂作用而破碎，最后从底部排出。

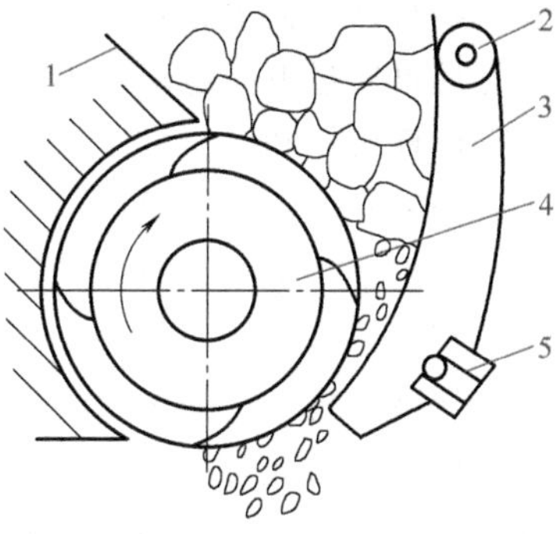

图 5-17　单辊破碎机示意图

1—进料斗　2—心轴　3—颚板　4—齿辊　5—支承座

颚板内侧上的衬板可以是光面的、带沟槽的或带齿的。由于颚板是铰接在心轴上的，故它的角度可以调整，从而可以改变衬板与齿辊的间隙（排料口），达到调整产品粒度的目的。颚板可由弹簧支承，当不能破碎的物料进入破碎腔时，颚板向后退让，排除破碎物，因此起到保护破碎机的作用，它就是破碎保险装置。

图 5-18 所示为双辊破碎机示意图。辊子 5 支承在活动轴承上，辊子 2 支承在固定轴承上。活动轴承借助弹簧被推向左侧挡块处。两辊子做相向转动，进入两辊子之间的物料受辊子与物料之间摩擦力作用，随着辊子转动、被咬住进而被带入两辊之间的破碎腔内，受挤压破碎后从下部排出。两辊之间最小间隙为排料口宽度，破碎产品最大粒度就是由它的大小来决定的。

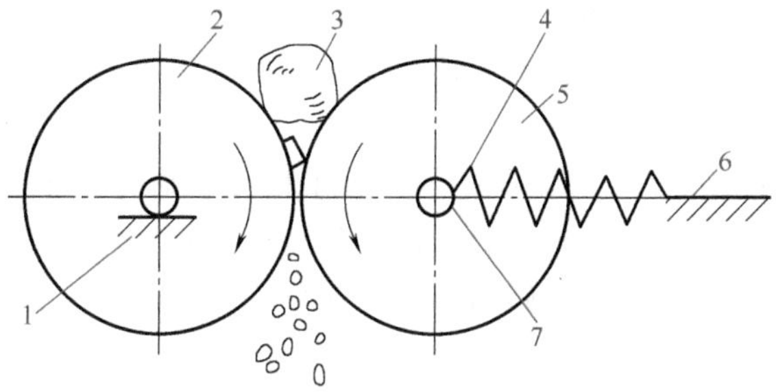

图 5-18　双辊破碎机示意图

1—固定轴承　2、5—辊子　3—物料　4—弹簧　6—机架　7—活动轴承

活动轴承沿水平方向可以移动，当非破碎物进入破碎腔时，辊子受力突增，辊子和活动轴承压迫弹簧向右移动，使排料口宽度增加，非破碎物排出机外，从而防止辊式破碎机的轴承等机件受到损坏，因此，它是辊式破碎机的保险装置。活动轴承在弹簧力的作用下，向左方推进至挡块位置。当排料口宽度需要调节时，可以改变挡块位置，因而，它也是机器的调节装置。

图 5-19 所示为三辊破碎机示意图。辊子 1 和 2 的轴承为固定的，而辊子 3 的轴承为活动轴承并由杠杆机构和液压缸来支承。辊子 3 和辊子 2 组成初级破碎腔，辊子 3 和辊子 1 组成第二级破

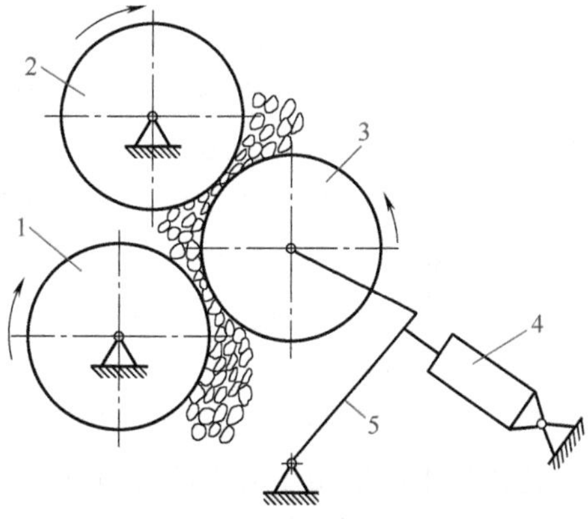

图 5-19　三辊破碎机示意图

1、2—辊子（由轴承固定）　3—辊子（摆动）

4—液压缸　5—杠杆机构

碎腔。物料进入初级破碎腔，经辊子 2 和辊子 3 的挤压、剪切和研磨，达到物料的粗碎要求，然后再通过下固定辊子 1 和辊子 3 的破碎，最终，合格产品从下部排出。根据粒度要求可借助杠杆机构和液压缸改变辊子 3 的位置，调整破碎机排料口大小。当有不能破碎的物料进入破碎腔时，辊子 3 退让，使液压缸中液压油被压入蓄能器。物料排除后，在蓄能器压力作用下，辊子 3 又恢复原位，从而保护破碎机不受损坏。所以，杠杆机构和液压缸等就是破碎机的调整装置和保险装置。

四辊破碎机就是两个双辊破碎机的组合，其上部双辊为粗碎、下部双辊为终碎，为两级辊式破碎机。由此看出，三辊破碎机就是四辊破碎机结构简化和改进的结果。单辊破碎机就是双辊破碎机结构简化和改进的结果。若进一步分析，不难看出，单辊破碎机与双辊破碎机相比，其优点是：机器的重量和占地面积较小；传动装置较简单；破碎腔深、啮角小，故破碎比较大；能产生剪切作用，对于破碎某些有韧性的物料是很有利的。

5.1.7 筛分机械

筛分作业广泛地用于选矿厂及冶金、建筑和磨料等工业部门。在选矿厂中，筛分作业是矿石准备作业中一个必不可少的作业。按照应用目的和使用场合的不同，筛分作业可以分为独立筛分、准备筛分、辅助筛分等。筛分也可用来脱除物料中的水分或分离矿浆，如选煤和洗矿产物的脱水及重介质选矿产物脱除介质等。在某些情况下，筛分产物的质量不同，筛分起到分选有用矿物的作用，这种筛分称为选择筛分，如铁矿选矿厂中将细筛用于铁精矿再磨循环中，用细筛来提高铁精矿的品位。

筛分就是将矿石在筛分机械上筛分成小于筛孔和大于筛孔的不同粒度级别的矿石的过程。它是碎矿作业中的重要一环。待筛分的矿石是由各种不同粒度矿石组成的混合物，其中小于破碎机排矿的部分，经碎矿预先筛出，这种筛分称为预先筛分，小于破碎机排矿的细粒筛出后可提高破碎机的处理能力；矿石经破碎机碎矿后再进行的筛分称为检查筛分；在闭路破碎机作业中的筛分可将小于筛孔的细粒筛出，粗粒经破碎机破碎后再返回筛分机械，以便控制矿石粒度，这种筛分称为预先检查筛分。各种筛分类型的流程图如图 5-20 所示。

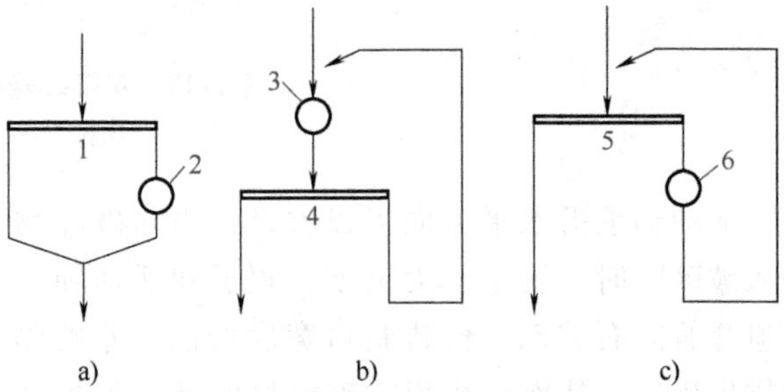

图 5-20 各种筛分类型的流程图

a）预先筛分 b）检查筛分 c）预先检查筛分

1、4、5—筛分机 2、3、6—破碎机

工业上使用的筛子种类繁多，尚无统一的分类标准。在选矿工业中常用的筛子，根据它们的结构和运动特点，可以分为下列几种类型：

1）固定筛，包括固定格筛、固定条筛和悬臂条筛。由于其构造简单、不需要动力，所以在选矿厂中广泛用于大块矿石筛分。

2）筒形筛，包括圆筒筛、圆锥筛和角锥筛等，主要用于建筑工业筛分和清洗碎石、砂子，也常用在选矿厂作洗矿脱泥用设备。

3）振动筛，包括机械振动和电力振动两种。属于前者的有惯性振动筛、自定中心振动筛、直线振动筛和共振筛等。属于后者的有电振筛。根据筛面运动轨迹不同又可分为圆运动振动筛与直线运动振动筛两类。圆运动振动筛是由不平衡振动器的回转质量产生的激振力使筛体产生强烈的振动作用，筛子的运动轨迹为圆或近似于圆，由于它的筛分效率比较高，所以目前在选矿厂中应用最广泛，如惯性振动筛与自定中心振动筛；直线运动振动筛是由振动器产生的定向振动作用拖动水平安装的筛框，筛框的运动轨迹为定向直线振动，以保证物料在筛面上产生强烈的振动，主要用于煤的脱水分级、脱介、脱泥，也可用于磁铁矿的冲洗、脱泥和分级等，如直线振动筛和共振筛。

4）弧形筛和细筛，用于磨矿回路中作为细粒分级的筛分设备。分离粒度可达 325 目。除弧形筛外，我国目前采用的细筛还有 GPS 型高频振动细筛、德瑞克筛、直线振动细筛、旋流细筛以及湿法立式圆筒筛等。

图 5-21 所示为纯振动筛的工作原理示意图。筛网固定在筛箱上，筛箱安装在两组椭圆形板簧上。板簧组底座固定在基础上。振动器的两个轴承固定在筛箱上，振动器主轴的两端装有偏心轮。调节重块在偏心轮上的不同位置，可以得到不同的惯性力，从而调整筛子的振幅。安装在固定机座上的电动机，通过带轮带动主轴旋转，使筛子产生振动。筛子中部的运动轨迹为圆形。筛子两端运动轨迹因板簧作用而成椭圆形。根据生产量和筛分效率的不同要求，筛子可倾斜安装。

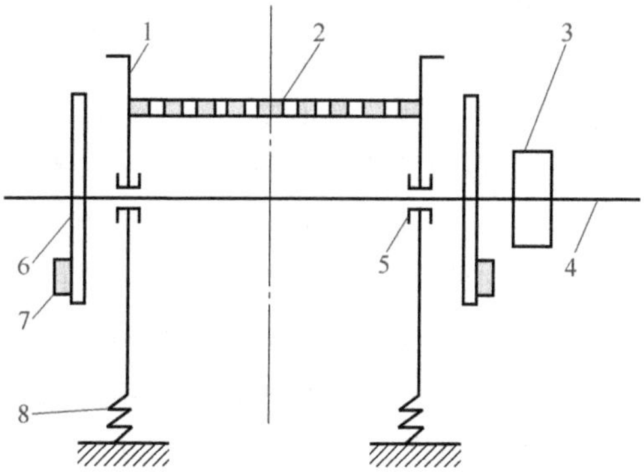

图 5-21　纯振动筛的工作原理示意图

1—筛箱　2—筛网　3—带轮　4—主轴
5—轴承　6—偏心轮　7—重块　8—板簧

纯振动筛是由于振动器偏心轮的回转运动产生的离心惯性力（称为激振力）传给筛箱而激起筛子振动的。筛上物料受筛面向上运动的作用力，被向前抛起，前进一段距离后再落回筛面，进而完成松散、分层和透筛的整个筛分过程。

纯振动筛的振动器安装在筛箱上，轴承中心线与带轮中心线一致，随着筛箱的上下振动而引起带轮振动，这种振动会传给电动机，使得传动皮带时松时紧、电动机负荷时轻时重，从而影响电动机的使用寿命。因此，这种筛子的振幅不宜太大，一般不大于 3mm。此外，由于惯性振动筛振动次数高，使用过程中必须十分注意它的工作情况，特别是轴承的工作情况。

纯振动筛振幅小而振动次数高，适用于筛分中、细粒物料，并且要求在给料均匀的条件下工作。因为当负荷加大时，筛子的振幅减小，容易发生筛孔堵塞现象；反之，当负荷过小时，筛子的振幅加大，物料颗粒会因过快的跳跃而越过筛面。这两种情况都会导致筛分效率降低。由于筛分粗粒物料需要较大的振幅，才能把物料抖动起来，并且由于筛分粗粒物料时，很难做到给料均匀，故惯性振动筛只适用于筛分中、细粒物料，它的给料粒度一般不能超过 100mm。同时，筛子不宜制造得太大，只有中、小型选矿厂才宜采用。

自定中心振动筛是一种比较完善的振动筛，如图 5-22 所示。自定中心振动筛工作时筛子做高速振动，但带轮的空间位置不变，因此称为自定中心振动筛。

自定中心振动筛的工作过程及工作原理与纯振动筛基本相同，其最大特点是带轮的中心位置不变。在自定中心振动筛工作时，筛子在偏心轴作用下做上下振动，当偏心轴向上运动时筛子向上运动，同时又产生向上的惯性力，偏心轴向下运动时筛子向下运动，同时又产生向下的惯性力，使筛子整体产生振动。为使振动筛保持平稳，当偏心轴向上运动时，偏重物向下运动；偏心轴向下运动时，偏重物向上运动，二者所产生的惯性力大小相等、方向相反，筛子上下运动的距离等于偏心轴偏心距的大小。此时偏心轴上的带轮的空间位置不变，即自定中心。当上述平衡不能达到时，可调整偏重物径向位置就可保持带轮的空间位置不变，达到自定中心的目的。

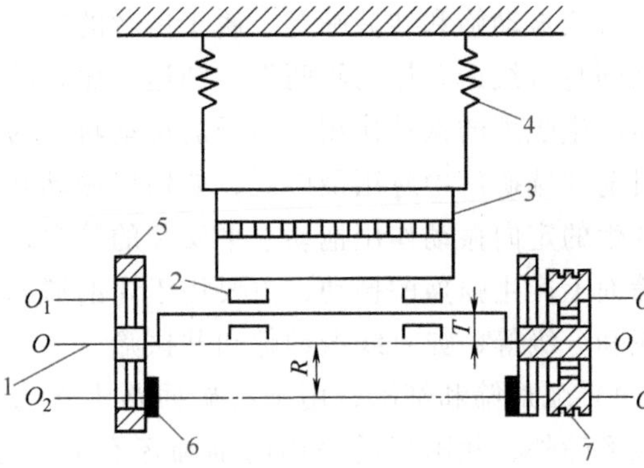

图 5-22　自定中心振动筛

1—主轴　2—轴承　3—筛框　4—弹簧
5—偏重轮　6—配重　7—带轮

自定中心振动筛工作稳定，振幅比惯性振动筛的振幅大，筛分效率可达 80% 以上，因此自定中心振动筛在选矿中被广泛采用。

双轴振动筛是一种直线振动筛，筛框做直线振动，它的振动由双轴振动器来实现。这种筛子的两根轴是反向旋转的，主轴和从动轴上安有相同偏心距的重块。当激振器工作时，两个轴上的偏心重块相位角一致，产生的离心惯性力的 x 方向的分力促使筛子沿 x 方向振动，y 方向的离心惯性力则大小相等、方向相反，进而相互抵消。因此，筛子只在 x 方向振动，故称为直线振动筛。振动方向角通常选择 45°，物料在筛面上的移动不是靠筛面的倾角，而是取决于振动的方向角，所以筛子通常水平安装或与水平面呈 5°~10°安装。两个偏心重块，可以用一对齿轮的传动来实现反向等速同步运行，这样的振动筛称为强迫同步的直线振动筛。但是，在两个偏心重块之间，也可以没有任何联系，而是依靠力学原理，实现同步运行，这样的振动筛称为无强迫联系的自同步直线振动筛。直线振动筛激振力大、振幅大、振动强烈、筛分效率高、生产率高，可以筛分粗块物料。由于筛面水平安装，故脱水、脱泥、脱介质的效率相当高。但它的激振器复杂，两根轴高速旋转，故制造精度和润滑要求高。此筛适用于脱水、分级、脱介、脱泥，亦可用于磁铁矿的冲洗、脱泥、分级及干式筛分等。其缺点是构造比较复杂，振幅一般不能调整。

共振筛是在接近共振状态下进行工作的一种振动筛。共振筛依其传动机构的型式，可分为弹性连杆式和惯性式；按主振弹簧的类型，又可分为线性和非线性。

弹性连杆式共振筛是由两个振动质量接近相等的振动系统所组成的，这样可以使振动机体作用在基础上的动负荷得到平衡。弹性连杆式共振筛是由偏心轴套带动头部装有弹簧的连杆驱动，迫使上筛箱和下筛箱在 45°振动方向上做相对运动，此时，筛箱是在接近共振的低临界状态（即强迫频率低于自振频率）下工作的。其筛箱的结构与惯性振动筛的基本相同，仅在筛箱侧板上增设固定橡胶弹簧及板弹簧的支座。主振弹簧采用带有安装间隙的橡胶弹簧，因而弹性力具有非线性的特征。为了使两个筛箱实现定向振动，在两个筛箱之间安设了板弹簧，板弹簧通常用厚度为 10~12mm 的电木板制造。两组隔振弹簧的上端分别与两个筛箱相连，下端则支承在固定机架上，其作用除了支承筛箱之外，还起隔振作用。

5.2 磨矿分级机械

在选矿厂中，磨矿作业是工艺过程中的一个重要中间环节，磨矿设备选择的好坏，直接影响着选矿厂的技术经济指标。所以，磨矿机的选择要兼顾前后，并按需要加工的矿石量、矿石性质、磨矿产品的质量要求及各种磨矿机的技术性能，经过多方案技术经济比较，择优选用。

磨矿机类型的选择，主要是根据磨矿产品的质量要求、待处理矿石的性质、磨矿机的性能及磨矿车间的生产能力来进行的。目前在选矿厂中，常用的磨矿机有球磨机、棒磨机、自磨机、高压辊磨机和立式搅拌磨机等。图 5-23 所示为球磨机。

图 5-23　球磨机

在磨矿过程中为使磨矿机更好地发挥作用，常用分级设备与之相配合，使合格的细粒尽早地分离出来供选别作业进行选矿，不合格的粗粒返回磨矿机再磨，所以分级就是把矿浆中各种不同粒度的混合物按沉降速度不同分成粗、细不同粒度级别颗粒的过程。分级有以空气为介质的干式分级和以水为介质的湿式分级。湿式分级效果较好，选矿厂的磨矿分级作业大多采用湿式分级。由于矿石中有用矿物的嵌布粒度特性很复杂，为防止过磨或提高磨矿效率，所以不宜一次把有用矿物与脉石、有用矿物与有用矿物磨到单体解离，在粗磨的情况下使部分已单体解离的有用矿物，通过分级设备分离出来，尚未单体解离的连生体返回磨矿机再磨，这样既提高了磨矿效率又防止了过磨。

由此可见，分级作业在磨矿过程中起着十分重要的作用。分级设备性能的好坏、分组工艺及操作条件是否适宜、分级效率的高低，必然对磨矿效果产生直接的影响。因此，在研究磨矿工艺时，必须了解磨矿回路中常用分级设备的性能和应用场合，以及磨矿和分级循环系统中分级效果与磨矿效果之间的关系。

与磨矿机配合使用构成机组的分级设备，按其在磨矿回路中的作用不同可分为预先分级、检查分级和控制分级。预先分级是指入磨前的物料先经过分级机预先分出不需磨碎的合格细粒，只把不合格的粗粒送入磨矿机研磨，以减少不必要的磨碎和减轻磨矿机的负荷。检查分级则是对磨矿后的产物进行分级，把不合格的粗粒分出来返回磨矿机再磨，以控制磨矿产物的粒度。控制分级又可分为两种情况，即溢流控制分级和沉砂控制分级：前者是指把第一次分级的溢流再次分级，以获得更细的溢流产物；后者是指把第一次分级的沉砂进行再分级，以获得细粒级含量更少的粗粒物料作为返砂送回磨矿机再磨，可更有效地防止过粉碎。目前用于闭路磨矿循环的分级设备有螺旋分级机、水力旋流器和细筛等。

5.2.1　球磨机

湿式球磨机主要有格子型和溢流型两种，另外还有一种风力排料的干法球磨机。三者结构基本相似，仅排矿方式不同。

1. 格子型球磨机

格子型球磨机的排矿侧装有格子板，也因此而得名。格子板上有许多直径为7~20mm的排料小孔。经由球磨机磨碎后的物料会通过格子板，而格子板靠近排料端的一侧装有矿浆提升装置，这是一种放射状的棱条，棱条将格子板和端盖之间分成若干个通向中空轴颈的扇形室。当格子型球磨机旋转时，放射状棱条起到提升矿浆的作用，将由格子板上小孔排出的矿浆提升到排矿中空轴颈，并通过中空轴颈从球磨机中排出。

格子型球磨机的工作原理主要是通过传动装置使其缓慢转动，物料从筒体给料端给入，在筒体内由于钢球及矿石本身的抛落冲击和自磨，物料得以粉碎。由于不断给入物料，其压力促使筒内物料由给料端向排料端移动。达到成品粒度的物料从筒体排料端排出。湿磨时，物料被水流带出；干磨时，物料被气流带出。格子型球磨机在排料端有排料格子板并依靠格子板强制排矿。筒体内矿浆面低，减轻矿石过磨，并防止钢球排出。

格子型球磨机由六个部分组成：筒体部、给矿部、排矿部、轴承部、传动部和润滑系统。圆形筒体是由几块钢板焊接而成的，同时在它的两端焊有法兰盘，利用它和铸钢的端盖连接。为了便于更换磨损了的衬板和检查磨矿机的内部状况，在筒体上开有人孔。为了使衬板与筒体内壁紧密接触和缓冲钢球对筒体的冲击，在衬板与筒体内壁之间敷有胶合板。

为了保护筒体内表面不受磨损和控制钢球在筒体内的运动轨迹，筒体内铺有由高锰钢制成的衬板。衬板的构造应该便于安装和更换。衬板的厚度一般为50~130mm。衬板的厚度不宜过大，采用厚的衬板虽可延长衬板的使用寿命，但使磨矿机的有效容积减少，因而降低了球磨机的生产能力。

2. 溢流型球磨机

溢流型球磨机的结构与格子型球磨机结构基本相同，它们的区别在于溢流型球磨机排料端无排料格子板。另外，溢流型球磨机中空轴颈衬套的内表面装有反螺旋叶片，可将矿浆中溢出的小钢球及过大粗颗粒返回球磨机内。溢流型球磨机排矿主要靠矿浆本身高过中空轴颈衬套的下边缘而自流溢出，它也正因此而得名。

溢流型球磨机是由低转速同步电动机驱动，通过空气离合器与小齿轮装置连接，带动周边大齿轮减速传动，驱动回转部旋转。筒体内装有适当的磨矿介质（钢球）和物料，磨矿介质和物料在离心力和摩擦力的作用下，随着筒体的回转而被提升到一定高度，然后按一定的线速度被抛落，待磨制的物料由给料部连续地注入筒体内部，被运动着的矿石和钢球撞击，以及球之间和球与筒体衬板之间的撞击粉碎与粉磨。并通过连续给料的力量将产品排出机外，完成破磨过程，以进行下一段工序处理。

溢流型球磨机如图5-24所示。它的构造比格子型球磨机简单。除排料端不同外，其他都和格子型球磨机大体相似。溢流型球磨机因其排矿是靠矿浆本身自流溢出，故无需另外装置沉重的格子板。此外，为防止小球和粗粒矿块同矿浆一起排出，在中空轴颈衬套的内表面镶有反螺旋叶片，起阻挡作用。

格子型球磨机与溢流型球磨机比较，具有排矿口矿浆面低，矿浆通过的速度快，能减少矿石过粉碎；装球多，不仅可装大球，同时还可以使用小球，由于排料端装有格子板，小球不会被矿浆带出筒体，并能形成良好的工作条件；比同规格的溢流型球磨机的产量高20%~30%，并节省电力10%~30%等优点。它的缺点是构造比溢流型球磨机稍复杂。

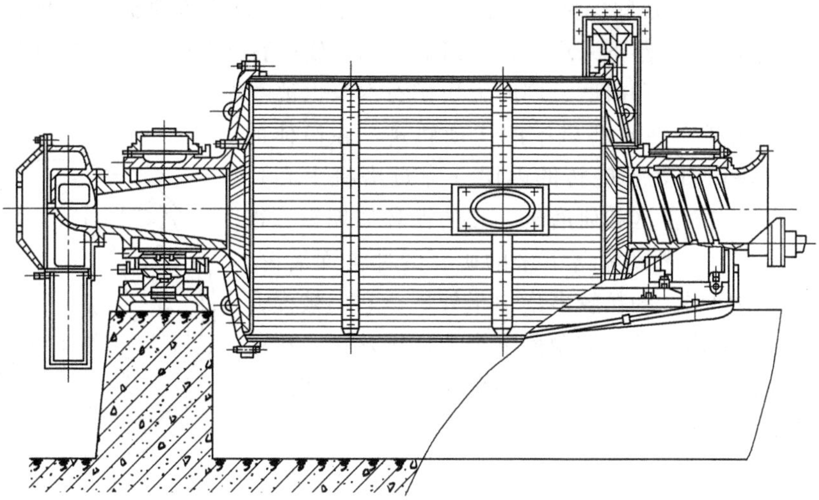

图 5-24　溢流型球磨机

5.2.2　棒磨机

棒磨机不同于球磨机的是不采用圆球作为破碎介质，而采用圆棒。圆棒的直径通常为 40～100mm，棒的长度一般比筒体长度短 25～50mm。棒磨机的锥形端盖敷上衬板后，内表面是平的，这是为防止圆棒在筒体旋转时发生歪斜。棒磨机主要利用圆棒滚动时其磨碎与压碎的作用将矿石粉碎。当棒磨机转动时，圆棒只是在筒体内互相转移位置。棒磨机不只是用圆棒的某一点来打碎矿石，而是以圆棒的全长来压碎矿石，因此在大块矿石中没有破碎的细粒矿石很少受到圆棒的冲压，这样就减少了矿石的过粉碎，而且所得产品的粒度比较均匀。

根据棒磨机的工作特性，通常其转数比球磨机的转数低一些，约为临界转数的 60%～70%。棒磨机的给矿粒度不宜大于 25mm，否则会使棒子歪斜，以及在工作时导致棒子的弯曲和折断，从而使磨矿效果不佳。棒磨机一般在第一段开路磨矿中用于矿石的细碎和粗磨。

5.2.3　自磨机

自磨机的工作原理与球磨机的基本相同。不同的仅是它不另外采用破碎介质（有时为了提高其处理能力，也加入少量的钢球，通常只占自磨机有效容积的 2%～3%），而是利用矿石本身在筒体内相互连续不断的冲击和磨剥作用来达到粉碎矿石的目的。在破碎和磨碎的同时，空气流以一定的速度通入自磨机中，将粉碎了的矿物从自磨机内吹出，并进行分级。这种磨矿方法的主要优点是粉碎比非常大，能使直径为 1m 以上的矿块，在一次磨碎过程中排矿粒度小于 0.075mm（200 网目）。因此可以简化破碎流程，并降低选矿厂基本建设的设备投资及其日常维护和管理费用。自磨机的过磨现象少，处理后的矿物表面干净，因而能提高精矿性质、精矿品位和回收率。

干式自磨与湿式自磨虽然有所区别，但其工作原理基本相似。它们都要求稳定的给矿量

（充填率一定）和大小矿块间保持一定的比例（配比）。随着筒体的旋转，大小矿块被提升到一定的高度，然后被抛落下来产生冲击研磨作用，使矿石被磨碎。大块矿石起着钢球的作用，对较小矿石产生冲击和研磨，同时大块矿石本身也被磨碎。

图 5-25 所示为矿石在自磨机中的运动轨迹。在筒体的径向方向上，大块矿石处于旋转的内层（靠近磨机中心），泻落运动较多，形成泻落区和研磨区，它的循环周期短，很快地下落至筒体下部，遭到瀑落下来的矿石的冲击而磨碎。中等粒度矿石在中间层，细粒较多集中于外层，它们被提升的高度较高，细粒脱离筒壁后被抛落下来形成瀑落区。瀑落下来的矿石在筒体下部与自磨机的新给矿相遇。矿块在这一区域受到的冲击破碎作用最强，故称为破碎区。矿石在破碎区和研磨区被磨碎到一定粒度后，被气流或水流带出自磨机并进行分级。

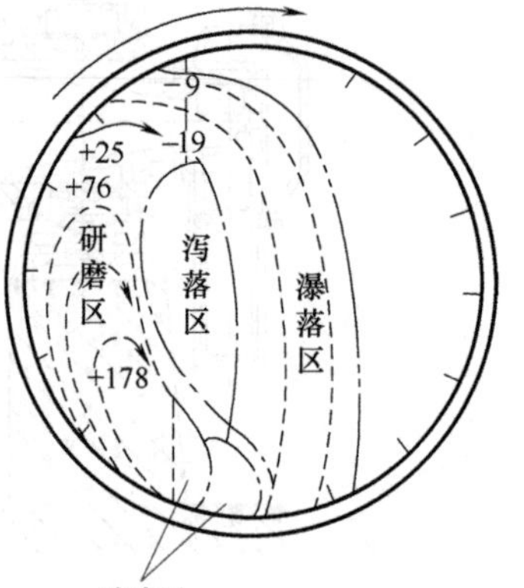

图 5-25 矿石在自磨机中的运动轨迹

自磨机内部粉碎矿石的主要作用力有三类：①矿石自由降落时的冲击力；②矿石之间在研磨区和泻落区的相互的磨剥力；③矿石由压力状态突然变为张力状态的瞬时应力。一般自磨机以研磨作用为主，占全部磨碎作用的 50%～80%。由于多数自磨机的筒体长度短，矿石在自磨机内停留的时间较短，同时大多数矿粒是沿结晶界面磨碎的，因此，磨碎产品的粒度比较均匀，过粉碎现象少。

由于自磨技术具有节省钢耗（不装介质或装少量介质）、简化流程、节省基建投资、磨碎产品不受铁污染、单体解离较好和对矿石的适应性强等优点，因此已广泛地用于铁矿、铜矿和其他稀有金属矿，以及化工、建材等其他工业部门。

5.2.4 高压辊磨机

高压辊磨机（简称为辊压机），可用于细碎水泥生料、熟料、高炉炉渣、石灰石、煤和其他脆性物料。此外，在化肥、选矿等工业领域也逐步得到使用。

辊压机工作原理的示意图如图 5-26 所示。辊压机是利用两个速度相同、相向转动的辊子对物料进行高压挤压作用而粉碎物料的。物料由皮带秤送入定量料仓，传感器的作用是控制料仓物料质量。物料由辊子上方喂料口卸下，进入两辊子间的间隙内，在高压（50～300MPa）挤压力作用下，将物料压成了密实但充满裂纹的料饼。这些料饼的强度很低，含有大量的细粉，甚至用手指就可以捻碎。

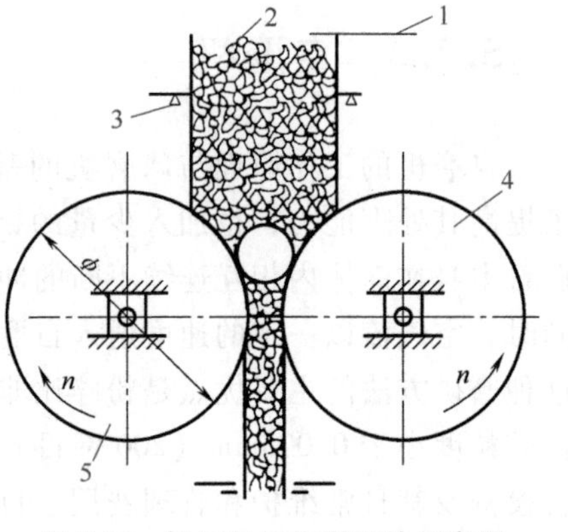

图 5-26 辊压机工作原理的示意图

1—皮带秤 2—料仓 3—传感器 4、5—辊子

辊压机的辊压方式与辊式破碎机相似，其根本区别在于辊压机辊子间的压力远大于辊式破碎机。因此，经辊压机处理的物料含有的细粉量远比辊式破碎机的多。

辊压机的产品除了得到较多的细粒外，还有部分粗颗粒，其内部也充满了裂纹，所以易碎性得到了显著改善，提高了粉碎效率。辊压机比球（棒）磨机粉磨效率高，这是因为物料在球磨机中受到的是压力和剪力，且是两种力的综合效应，而在辊压机中，物料基本上只受压力，使颗粒层压实，产生大量裂纹，并产生粉碎作用。经试验表明，在颗粒物料粉碎过程中，如只施加纯粹的压力，所产生的应变是剪力所产生的应变的 5 倍。

辊压机的粉碎原理是高压料层粉碎或称为粒间粉碎。实现料层粉碎的条件如下：

1）物料在被压辊咬入前应具有一定的料压，否则就难以获得所需要的料层，它是借助一定高度的喂料柱来实现的。

2）物料粒度必须小于辊隙值（即工作开口间隙值），否则就不能形成粉碎料层。对大于辊隙的物料，辊压机在形成料层前能够首先进行颗粒破碎。但是，入料粒度大小变化较大，将增加设备振动，对辊压机零部件寿命产生不利影响。

3）液压系统要有足够的挤压力，否则不能进行料层的高压粉碎。试验证明，当挤压力小于 50MPa 时，不能产生料间的粉碎。但不是压力越大越好，当压力超过一定值后再增加压力不但不能改善效果，反而会产生不利影响。一般应通过试验，经分析比较后确定最佳压力值。

辊压机实施的是准静压破碎，与冲击式破碎机相比，约能节省能量 30%，它对物料实施的是料层粉碎、粒间粉碎，粉碎效率高，物料之间的挤压力可通过辊子压力来调节，辊间压力一般可达 150~300MPa。辊压机与圆锥破碎机相比，其处理能力提高约 27%，单位能耗降低约 21%，生产费用降低 8%，产品粒度在 3mm 左右，其网格柱钉式衬板使用寿命约为 12000h（每 1000h 磨损 0.6mm）。

辊压机主要由电动机、减速器、辊系、机架、液压装置、喂料装置等组成，如图 5-27 所示。辊压机的两个轴分别由电动机经减速器、万向节联轴器带动。一台辊压机需要配备两

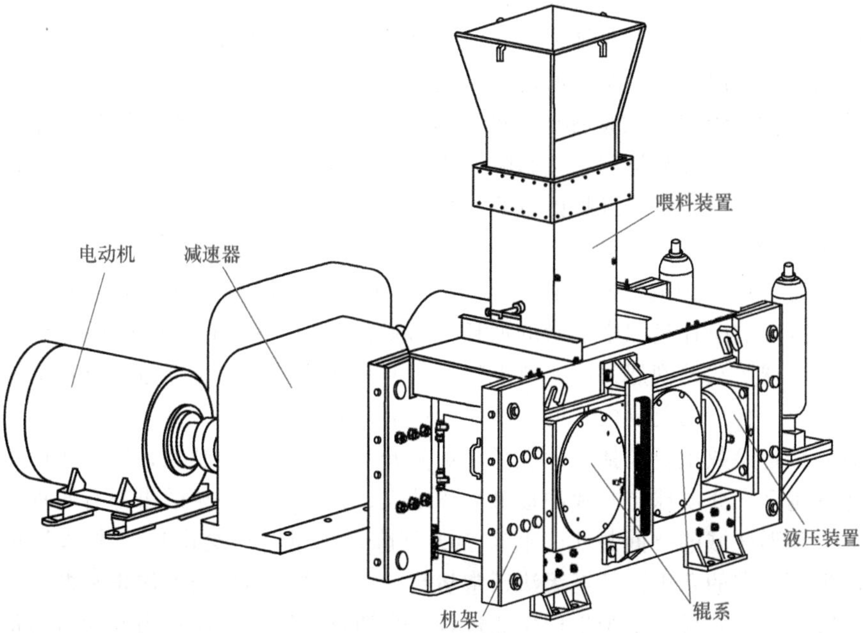

图 5-27　辊压机

台直流电动机，每个辊子分别由一台电动机通过行星减速机带动。辊系分为活动辊系和固定辊系，在水平的机架上分别安装活动辊系和固定辊系，活动辊系可以沿着机架上的固定导轨做往返运动，而固定辊系是固定的，即它的自由度为0。在活动辊系轴承座上安装有液压缸，液压缸对轴承座施加水平方向的压力，经过固定辊与活动辊间隙的物料在受到来自液压缸施加的高压力作用下破碎，并被挤压成饼状物。若压力过大，则液压油排至充满氮气的蓄能器中，使其活动后移，起到保护机器的作用。

无论是固定辊的主轴还是活动辊的主轴都采用力学性能优异的高强度锻造钢，为了延长辊子的使用寿命，在活动辊与固定辊的辊面镶嵌硬质合金柱钉。机架是整个辊压机的主要受力部件，为便于安装、维护、运输，机架主体采用装配结构，机架的部分零件采用焊接件，所有的焊接件在机加工前已进行过退火消除应力处理。上、下机架由中间端部件连接而成，中间端部件用高强螺栓把上、下机架连接起来。由辊系传来的推力通过端部件和承力销传递到上、下机架上，在机架内实现自平衡。

5.2.5 立式搅拌磨机

立式搅拌磨机（简称为磨机）是高效的超细磨矿设备，主要由螺旋搅拌器、筒体、筒体衬板组成，在磨机内部还充满了介质球。电动机经过减速装置驱动螺旋搅拌器做旋转运动，进而带动介质球和矿料。在螺旋搅拌器内部，介质球和矿料随着螺旋叶片螺旋上升，到达顶端后，在筒体内壁和搅拌器边缘之间的间隙中螺旋下降。因此，宏观上，整个磨机内部的介质球和矿料是做多维旋转运动和自转运动的，微观上，介质球和矿料之间产生速度梯度和受力变化，矿料在介质球间冲击、摩擦和剪切的作用下达到高效粉磨破碎的效果。

湿式和干式磨机的区别在于，湿式磨机内部含有液体，从顶端溢出的产品利用水利旋流器进行分级，而干式磨机内部没有液体，产品靠旋风收尘器收集。由于干式磨机粒子之间表面能大，所以容易凝聚并附着在桶壁上并积聚热量，而湿式磨机因为粒子之间表面能小，分散性好，可以边磨边浸，所以湿式磨机研磨效果较好。

中信重工 CSM-250 型立式搅拌磨机的结构如图 5-28 所示。该磨机的筒体和上机体承受着整个设备的载荷，其安装精度直接影响立式搅拌磨机的运转平稳性。螺旋搅拌器是磨机的研磨机构，也是整个设备日后维护的重要部分。

1. 螺旋搅拌器

螺旋搅拌器（简称为搅拌器）的主要参数包括转速和螺距。转速是一个非常重要的工艺参数，它直接影响搅拌过程中能量的消耗、磨矿的粒度、物料处理量以及介质球的损耗。转速越大，介质球运动越剧烈，磨矿效果越好，但是转速的增加也会造成能耗的增加，所以转速要维持在一个合理的范围内才能达到最佳的磨矿效果。

搅拌器的结构参数主要包括叶片直径和螺旋升角。叶片直径越大，圆周速度在螺旋面上的切向分速度越大，介质球与叶片的接触面积越大，处理量和磨矿效果都有所提高，但是叶片直径越大，环形区域的空间越小，磨矿能力下降，严重时还会出现“卡球”现象。卡球会使机器出现不正常的杂声，甚至无法正常运行，介质球在筒体内无法正常循环。螺旋升角的大小直接影响粉磨效果，整个生产作业过程中介质球对物料的摩擦力和冲击力都和螺旋升角密切相关。

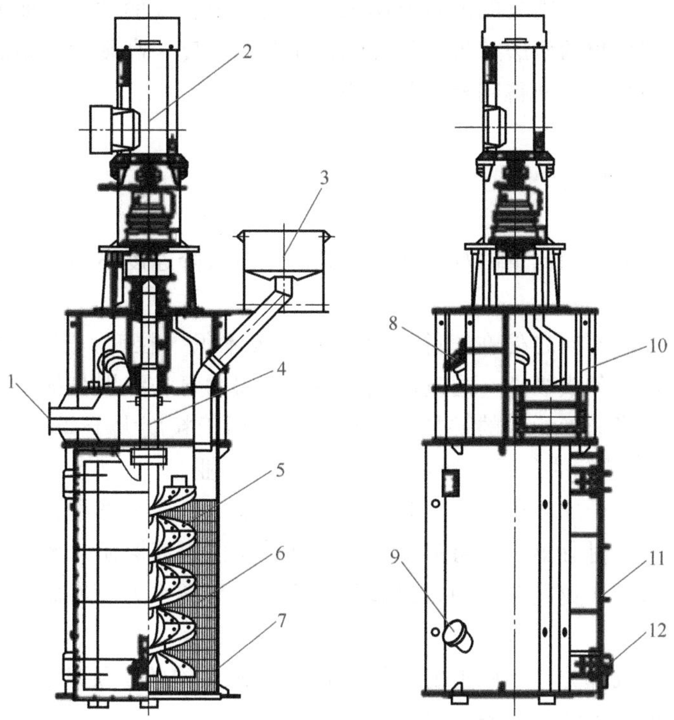

图 5-28　中信重工 CSM-250 型立式搅拌磨机的结构

1—排料口　2—驱动部　3—加球槽　4—上部主轴　5—螺旋搅拌器　6—筒体衬板
7—筒体　8—进料口　9—返料口　10—上机体　11—磨门　12—排球口

2. 筒体

筒体除了与螺旋搅拌器之间要保证足够的距离之外，筒体的直径和高度对磨矿的处理量和介质球所受到的压力也有很大的影响。从磨机问世至今，许多学者对搅拌器的筒体形状进行了研究，除了筒形结构外，还有很多多面体几何的结构，筒体横截面形状出现了正方形、正六边形、正八边形等。其目的是为了优化有效粉磨区域，使得靠近筒体边缘的介质球的速度梯度能够提高，提升粉磨效果，但是搅拌器转动后是一个圆柱形区域，多边形筒体会使得搅拌器边缘到筒体的区域大小不一，造成不必要的浪费。从筒体的生产工艺、内衬的安装、磨矿效果上来看，横截面为圆形的筒体结构比较合适。

3. 筒体衬板

各种筒体衬板各具特点，总览目前市场上占有率较高的立式搅拌磨机，可以将它们的筒体衬板分成合金钢（锰、铬、镍等）衬板、橡胶磁性衬板及格栅钢衬板三类。

4. 介质球

在大量的生产试验中，研究人员最终确定了研磨介质的形状为球形，无论从生产工艺还是磨矿效果，球形研磨介质都能很好地满足要求。介质球的直径和入料颗粒的最大直径有关，入料颗粒粒度越小，介质球的直径就越小，将介质球直径控制在一个合理的范围内对磨矿效果会产生积极的影响，介质球的尺寸在研究磨矿效果和磨矿功耗方面是不可忽略的重要参数。同时，对于介质球材料的研究也从未停止，目前工厂使用的介质球有钢球、陶瓷球、玻璃球和天然砂。介质球材料会对磨矿效果产生重大的影响，以往生产中采用更多的是钢球，但是钢球的质量较大，需要的能量就越大，这将造成很大的功耗，而采用玻璃球就会由于重量不够而达不到理想的研磨效果。陶瓷球由于其高强度、高硬度、耐磨损、耐腐蚀等优点，在矿产物料超细粉磨领域得到普遍的应用。

5.2.6　分级机械

各种不同大小、形状和比重的混合颗粒，在水中按沉降速度不同，分成若干级别的作业称为湿式分级。

湿式分级与筛分的不同之处在于筛分是将物料按体积（粒度）分成级别，而湿式分级则是将物料按沉降速度分成级别。通过湿式分级而获得的每一级别，都包含有轻而粗的和重而细的，但在水中沉降速度相等的矿粒。筛分一般只用于粒度大于 2mm 的矿石分级，而粒度为 0.1mm 以下的细矿粒的分级，通常采用湿式分级作业。

在磨矿作业中，由于球磨机自身没有控制粒度的能力，通常采用分级作业与之配合，以便把粒度合格的物料及时分出，既可避免产品过磨，又能提高磨矿效率。

这里只介绍与磨矿作业配合使用得最多的螺旋分级机和水力旋流器。

1. 螺旋分级机

螺旋分级机的组成部分：半圆形的水槽；作为排矿机构的螺旋装置；支承螺旋轴的上、下轴承部；螺旋轴的传动装置和螺旋轴的升降机构。

经过细磨的矿浆从进料口给入水槽，倾斜安装的水槽下端为矿浆分级沉降区，螺旋轴低速回转，搅拌矿浆，使大部分轻细颗粒悬浮于上面，流到溢流边堰处溢出，成为溢流，进入下一道选矿工序，粗重颗粒沉降于槽底，成为矿砂（粗砂），由螺旋输送到排矿口排出。若分级机与磨矿机组成闭路，则粗砂经溜槽进入磨矿机再磨。

螺旋分级机按其螺旋轴的数目可分为单螺旋和双螺旋分级机；按其溢流堰的高度又可分为高堰式、沉没式和低堰式三种。高堰式螺旋分级机溢流堰的位置高于螺旋轴下端的轴承中心，但低于溢流端螺旋的上缘。这种分级机具有一定的沉降区域，适用于粗粒度的分级，可以获得大于 100 网目的溢流粒度。沉没式螺旋分级机溢流堰的整个螺旋都浸没在沉降区的液面下，其沉降区具有较大的面积和深度，适用于细粒度的分级，可以获得小于 100 网目的溢流粒度。低堰式螺旋分级机溢流堰低于溢流端轴承的中心。因此，沉降区的面积小，溢流生产能力低。这种分级机一般不用于分级处理，而是用来冲洗矿砂进行脱泥。

2. 水力旋流器

水力旋流器是水力分级机的一种结构型式，它是一种利用离心力的作用来进行分级的设备。水力旋流器用于细粒物料选别前的分级及脱泥，亦用在磨矿回路中，作检查分级及控制分级用。

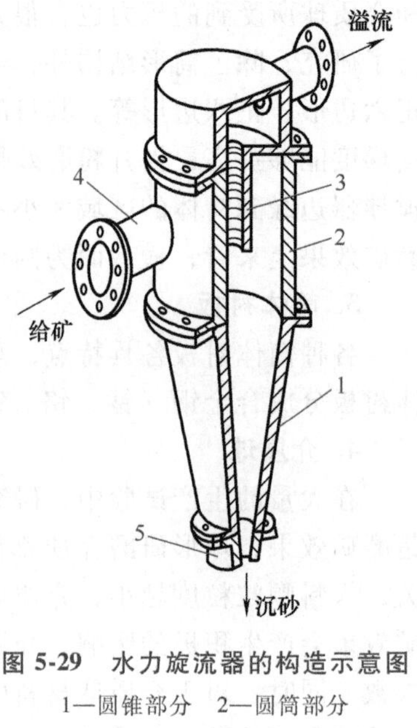

图 5-29　水力旋流器的构造示意图

1—圆锥部分　2—圆筒部分
3—溢流管　4—给矿管　5—沉砂口

水力旋流器的构造示意图如图 5-29 所示。其筒体上部为圆柱形，下部为圆锥形。在圆柱形筒体的筒壁上装有与筒壁成切线方向的给矿管，顶部装有溢流管，在圆锥形筒体的下部装有沉砂口。为了减少磨损，在给矿口、沉砂口和筒体内衬有耐磨材料——辉绿岩铸石或耐磨橡胶。

矿浆以 0.5~2.5kg/cm^2 的压力、5~12m/s 的速度经给矿管沿切线方向进入圆筒部分。进入旋流器中的矿浆以很大的速度旋转，产生很大的离心力。在离心力的作用下，较粗的颗粒被抛向器壁，沿螺旋线的轨迹向下运动，并由沉砂口排出，较细的颗粒与水一起在圆锥部分中心形成内螺旋矿流并向上运动，经溢流管排出。

水力旋流器的规格用圆筒部分的直径表示。水力旋流器的生产率及溢流粒度随圆筒部分直径的增大而增大。直径大的旋流器，其分级效率差，溢流中粗粒含量多。若需获得粒度较细的溢流，则必须采用直径较小的旋流器。选矿厂采用的旋流器，其直径一般为 100~600mm。

矿浆的入口压力对旋流器的工作指标影响很大，在其他条件一定时，压力增大则进入旋流器内的切线速度增大，因而颗粒所受的离心力增大，使更细的颗粒被抛向器壁，溢流浓度减小，沉砂浓度增大。

其他条件相同时，给矿粒度大比给矿粒度小时所得沉砂浓度大，但溢流粒度要大。给矿浓度变化时，沉砂及溢流浓度亦变化。给矿浓度小时，分级效率高。

溢流管的直径与旋流器的直径之比一般为 0.1~0.3，与给矿口的直径之比为 1~2。沉砂口直径与溢流管直径之比为 0.4~0.8。旋流器的锥角在分级时一般以 15°~30°为宜。

水力旋流器与其他分级机械相比，其优点为：①没有运动部件，构造简单；②单位容积处理能力强；③矿浆在机器中滞留的量和时间少，停工时容易处理；④分级效率高，有时可高达 80%，其他分级机械的分级效率一般为 60%左右；⑤设备费低。其缺点为：①砂泵的动力消耗大；②机件磨损剧烈；③给矿浓度及粒度的微小波动对工作指标有很大影响。

5.3 破碎筛分过程控制

破碎筛分是一个复杂的物理过程，破碎筛分效果与硬度、强度、韧性、形状、尺寸、湿度、密度、均匀性等物料性质和松散分布情况有关。随着检测技术和手段的发展与进步，能够实时检测块矿尺寸的仪器大量出现。由于破碎过程滞后性强，矿石性质多变，因此采用现有的 PID 控制技术并不能取得很好的效果，随着控制理论的发展，模糊控制技术、专家系统和人工神经网络逐步应用在破碎筛分环节，并取得了较好的效果。

5.3.1 破碎筛分过程检测技术

1. 破碎机机腔料位检测方法

破碎机机腔料位控制的前提在于对料位的实时检测，料位值的准确性、实时性会直接影响料位控制系统的控制效果。因此，需要选择适合的破碎机机腔料位检测的方法，以确保破碎机的出料粒度达到要求。

传统方法手动探尺测得的料位值误差较大，需耗费较大的人力物力，具有安全隐患。自动检测料位的方法能够及时并准确地反映料位情况，降低了人工劳动强度，便于人们对料位及时调节。料位计可分为接触式和非接触式。接触式料位计的稳定性不高、寿命短、设备损耗大、现场维护量大，而非接触式料位计的稳定性好、性价比高，且与被测对象分离，对被测环境的适应性强。几种常见的料位检测仪器包括：重锤料位计，电容式（射频导纳式）料位计，超声波料位变送器，雷达料位计和导波雷达物位计。

2. 粉矿粒度检测方法

采用机器视觉图像分析技术，可在线监测破碎最终产物的粒度。根据检测到的粒度与设定要求的粒度的偏差的系统反馈，可自动调节液压破碎机的排矿口尺寸，从而获得设定要求粒度的粉矿。

目前在国外矿山广泛应用的矿石粒度分析系统有美国的 Split Engineering 公司开发的 Split-Online 矿石粒度分析系统（Split-Online Rock Fragmentation Analysis System）和 KSX 公司研发的 Plant Vision 矿石粒度分析系统。国内有北京矿冶研究总院开发的 BGRIMM-BOSA 矿石粒度图像分析系统，它可按照设定的粒级或用户要求的粒级，对矿石图像进行处理后输出不同粒级矿石所占的百分比。

机器视觉系统的组成结构示意图如图 5-30 所示。它通过数字摄像机将被测对象转换成图像信号，传送给专用的计算机进行图像处理，根据像素分布和亮度、颜色等信息，转化成数字化信号；计算机对这些信号进行各种运算，抽取对象目标的特征，进而根据判别的结果控制现场的设备动作。机器视觉系统可用于生产、装配或包装等工艺过程。利用机器视觉系统代替人眼来做各种测量和判断，在矿物加工工艺过程中已有实际应用。

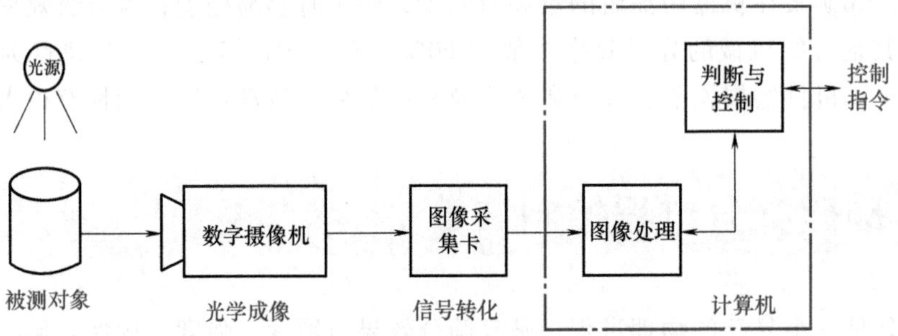

图 5-30　机器视觉系统的组成结构示意图

5.3.2　破碎机给矿系统的控制

目前，我国多数选矿厂的破碎系统结构如图 5-31 所示，STM32 为控制核心，人机界面采用 LCD 触摸屏，功率变送器、温度变送器、位置变送器和压力变送器分别检测破碎机的驱动电动机功率、润滑油的温度、排矿口位置和液压系统的压力，智能控制器根据采集到的实时数据和预先设定的智能控制算法运算并输出相应的控制参数，通过控制变频器来实现给矿电动机转速的实时调整，使驱动电动机功率恒定，实现破碎机稳定的工作负荷的控制目标。

该系统一般只需要操作员在中控室进行监控和上位机操作，系统还配备现场手动控制装置。生产实际中一般要求手动控制顺序启动，但为了安全起见，必须先选择自动与手动操作

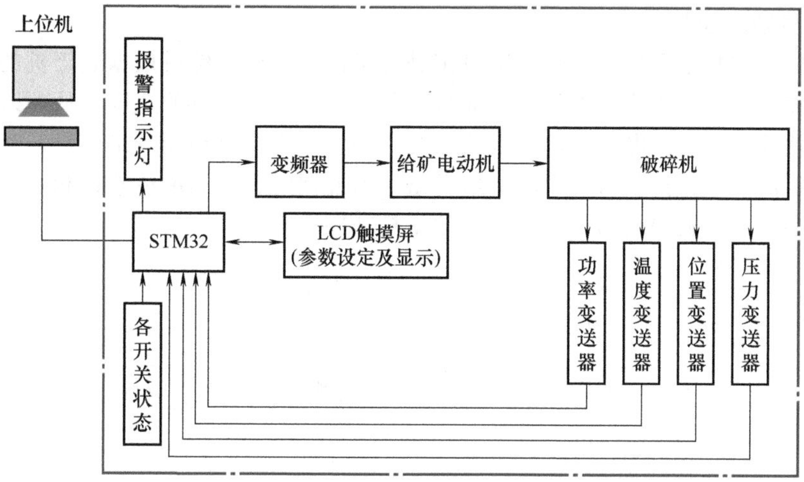

图 5-31　破碎系统的结构

权限。自动生产时利用上位机良好的人机对话界面直接实时监控驱动电动机功率、给矿量、润滑系统供油温度等过程参数，结合实际设备情况及工艺状况要求设置具体控制参数，可以实现矿山生产过程的自动化、智能化。

多数破碎机给料皮带的控制方式是变频器频率开环控制，通过中控室的操作人员，在计算机操作系统中的“破碎机给矿皮带频率”中手动输入给料皮带变频器的频率，给定值完全凭操作人员的经验来定，然后中控室通过岗位人员观察现场给料皮带上矿石粒度大小变化情况以及矿石的潮湿度情况，通知中控室的操作人员来调整给料机的速度。

针对因中控室的操作人员不能及时调整破碎机给料皮带的速度，致使破碎机台时效率低这一问题，目前有以下两种控制方式：

1. 给矿量恒定控制

给矿量恒定控制是采用皮带秤，对给矿量进行实时监控，配上 PID 控制器，可以保证皮带给矿量按照设定值运行。

该控制方式主要是通过皮带秤实时检测给矿量，将矿石量信号传送给计算机，计算出瞬时给矿量，计算公式为

$$D = \sum_{0}^{m} d_i \tag{5-1}$$

式中，D 为某时段的给矿量（t）；d_i 为皮带秤瞬时采样值（t）；m 为皮带秤采样周期（h）。

计算机将 D 值与设定给矿量进行比较，若给矿量大于设定值，则通过变频器减小传送皮带速度，若给矿量小于设定值，则通过变频器增大传送皮带速度，最终使得给矿量稳定在固定值。给矿量恒定控制系统的结构如图 5-32 所示。

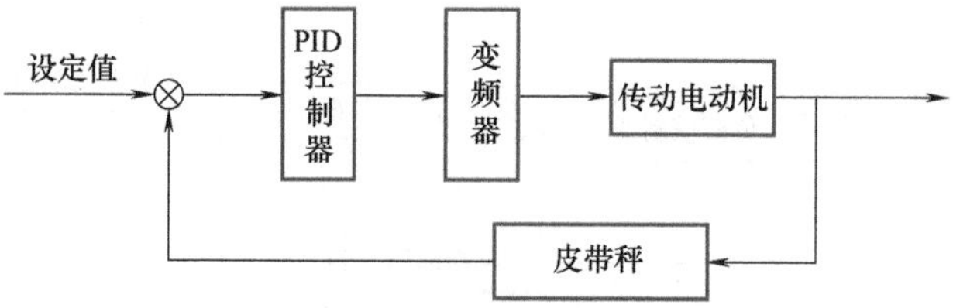

图 5-32　给矿量恒定控制系统的结构

2. 破碎机功耗控制

破碎机功耗控制根据现场实际情况设定破碎机的电流值，然后根据破碎机的电流值变化信号，得到破碎机的电流值偏差信号，通过变频器改变传送皮带的速度，从而改变破碎机的给矿量。当破碎机的实际电流值比设定值大时，控制器就会自动减少给矿量，当破碎机实际电流值比设定值小时，控制器就会增加给矿量。与此同时，用温度传感器和压力传感器进行温度、压力的保护。破碎机功耗控制系统的结构如图 5-33 所示。

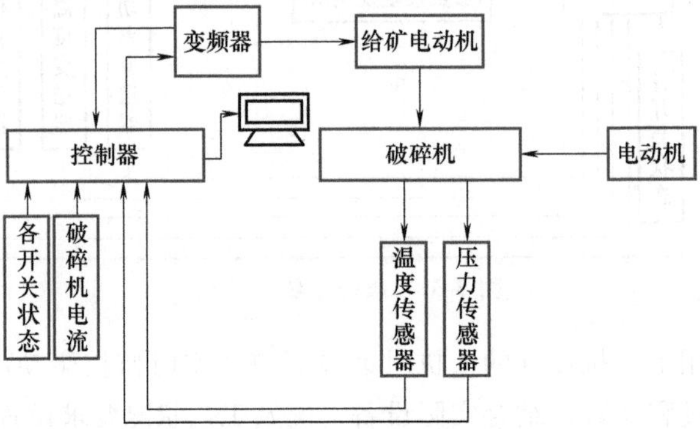

图 5-33　破碎机功耗控制系统的结构

正常情况下，破碎机的空载电流是一个特定值。设定一个空载上限值，超过此上限值时，说明破碎机有故障，程序发出停止命令，破碎机停止运行，岗位和检修人员检查破碎机。破碎机正常空转运行，延时一定时间后允许传送皮带给矿。

5.3.3　破碎机排矿口控制

破碎机排矿口控制主要是恒负荷控制，其目的是实现破碎机效率的最大化，即液压系统的压力和控制驱动电动机的功率维持在较高水平，而影响两者可控的主要因素是破碎机排矿口尺寸。因此，破碎机排矿口控制系统主要通过控制破碎机排矿口尺寸来保证破碎机在高效率的状态下工作，其结构如图 5-34 所示。

该系统通过变送器检测主电动机功率和液压系统压力，通过位移传感器检测主轴位移，将信号送至控制器，控制器将检测的功率和压力值与设定值进行比较，根据其偏差及偏差变化率，通过设计的控制规则，得到一个控制量，由该控制量控制液压泵、改变主轴位置，实现排矿口的控制。

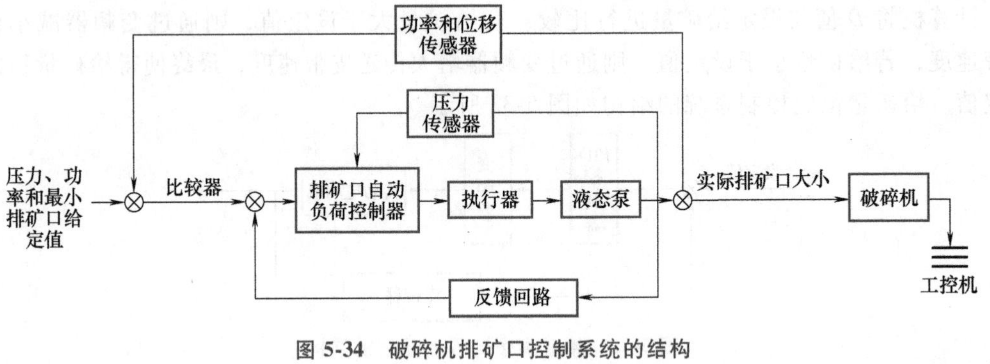

图 5-34　破碎机排矿口控制系统的结构

反馈回路根据破碎机的功率消耗来计算排矿口的最佳开度，此开度为控制破碎机排矿口的辅助值，同时根据破碎机的压力控制活动衬板的升降，从而控制破碎机排矿口大小。

5.3.4　破碎机功率控制

破碎机功率控制的目标是实现破碎机工作负荷稳定，即控制电动机的功率恒定，由给矿量和排矿口参数决定。通常为了保证破碎产品的粒度，排矿口尺寸一般固定，主要通过控制破碎机的给矿量来控制电动机在恒定功率的状态下工作。

破碎系统滞后时间长，矿石性质多变，采用常规的给矿量恒定控制和 PID 控制效果并不是太理想，这就对破碎系统提出了更高的要求。本节主要介绍模糊控制理论对破碎机功耗的控制。

破碎系统恒功率模糊控制的结构如图 5-35 所示。通过功率变送器检测电动机功率，将功率信号送至模糊控制器，将检测的功率值与设定的功率值进行比较，根据其差值及变化率，运用设计的模糊规则，推理得到一控制量，由该控制量控制变频器，改变给矿电动机的转速，即调节给矿量，从而调整破碎机的电动机功率，实现对破碎机恒定功率的控制。

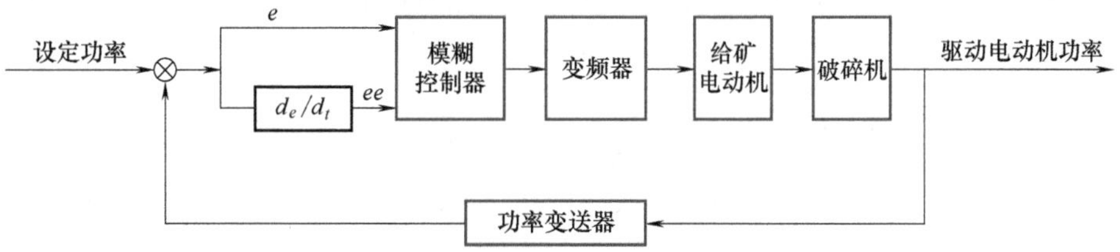

图 5-35　破碎系统恒功率模糊控制的结构

5.3.5　破碎机料位控制

破碎流程是整个选矿工艺的首要环节，也是较为重要的环节，承担将采集到的原始矿料进行破碎加工分离的工作，以使矿石达到后续选矿过程其他工序所需要的粒度要求。而在破碎生产过程中，要想使破碎机的破碎效率最高，控制好破碎机中矿料的料位是整个破碎过程控制系统中最重要的控制点，也是破碎生产过程正常进行的重要保障。过高或过低的破碎机机腔料位都会影响破碎机矿料的产出，进而影响整个破碎生产过程。料位过高，容易造成矿料堆积，也容易堵塞破碎机，不易达到破碎矿石的粒度要求；而料位过低则会造成破碎效率下降，进而影响产量。所以，采用合适的策略进行破碎机机腔料位控制对破碎过程控制是十分重要的。

传统的 PID 控制方法理论易理解、控制效果好，而且结果没有误差，常常被用于各种生产过程中。但是选矿破碎生产过程中有一些参数是会随着时间的推移发生改变的，另外，整个选矿破碎阶段不是线性变化的，而且不会及时对调节量做出反应，会延时。因此破碎过程不宜用传统 PID 控制方法进行控制。一方面，破碎过程的滞后性通过应用自适应 Smith 预估控制来解决；另一方面，控制模型与实际过程对象的偏差的减少则通过模型参考自适应策略来应对，从而能够较好地控制选矿破碎过程。

一般的控制方法不易于有效控制类似于破碎过程这种具有滞后特性的控制对象，滞后越大，也就越不容易控制。目前，人们经常使用PID控制、专家系统控制以及自适应Smith预估控制等策略来对各种不同的生产工序进行控制。然而，这些控制策略常被各种不同因素所限制，能够使用的场合以及实际效果都有所区别。所以，需要针对选矿破碎过程的特点，对控制策略进行适应性分析。

1. PID控制

图5-36所示为基于PID控制器的选矿破碎过程控制原理框图。

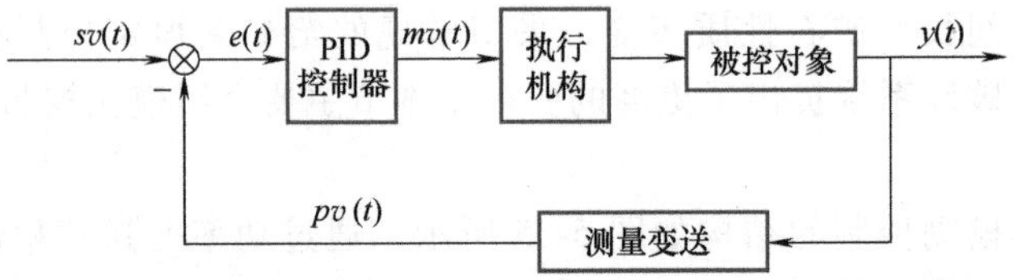

图5-36 基于PID控制器的选矿破碎过程控制原理框图

图5-36中$sv(t)$为破碎机料位的输入量，$pv(t)$为通过传感器实际测得的破碎机机腔料位值，其送回后需要与设定值进行对比，$y(t)$为实际机腔料位，$mv(t)$为PID控制器的控制输出。能够得到数字PID控制器的输入、输出关系为

$$y(t_i)=K_p e(t_i)+K_1\sum_{i=0}^{n}e(t_i)+K_D[e(t_i)-e(t_{i-1})] \tag{5-2}$$

式中，K_p、K_1、K_D分别为比例、积分和微分常数；$e(t)$为误差信号，见式（5-3），即

$$e(t_i)=sv(t_i)-pv(t_{i-1}) \tag{5-3}$$

在破碎过程控制中，使用标准PID算法对矿仓给料量进行调节，以控制破碎机料位。但由于矿石密度不同造成矿仓给料量发生变化，所以系统的反应会出现延时，并且破碎过程中系统并不是完全线性的，实际测得的破碎机料位值不能时刻都与料位输入量的目标值保持一致，甚至与料位输入量的目标值偏离较大，会使控制系统失控。

针对选矿破碎过程不易控制的缺点，通过设计结合神经网络等智能控制方法来应对PID算法的不足。类似的智能PID算法可以在一定程度上把系统控制性能调整到更好的状态，但是控制器输出还是采用误差信号调节得到，使料位值逼近设定值，仍无法弥补已经造成的误差。因此，智能PID算法在破碎过程控制系统中还是不易满足控制系统的精度要求。

2. 专家系统控制

若可以得到较多破碎过程的经验数据，通过设计较为准确的知识库和专家规则，使刷新知识库的能力以及智能在线学习能力相匹配，则可以通过专家系统来控制破碎过程。

专家系统含有其他控制策略所不具备的优点，即其主要通过模拟人的思维规律来完成自我推理以对各种变化做出响应。专家系统主要由料位控制知识库、数据库、推理机以及信息预处理等几部分组成。要想实现专家系统的稳定和高效，需要通过缩小知识库和规则集来简化系统。图5-37所示为选矿破碎过程料位专家系统控制结构图。

相关控制经验通常储存在破碎过程控制的料位知识库中，而系统数据则通常储存在数据库中，对系统的实时状态进行展现。推理机构从料位知识库中选择知识数据并与系统实际数据进行对比分析，从而得到相应的控制结果。

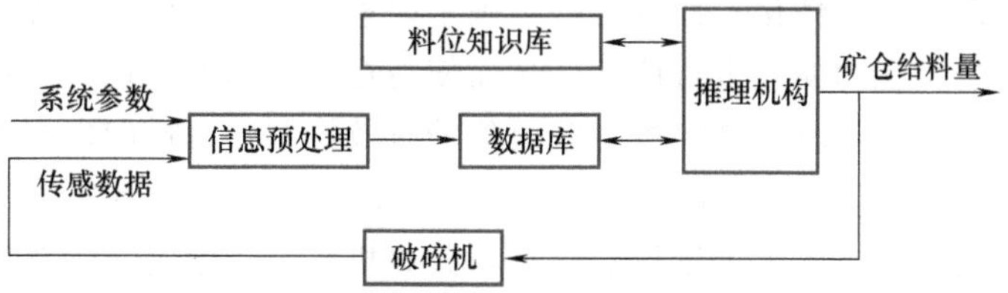

图 5-37　选矿破碎过程料位专家系统控制结构图

与传统控制相比，采用专家系统来实现破碎过程控制能够对不确定性的问题做出解决。因此，专家系统控制不需精确的过程模型就能对系统很好地进行控制，而且通过经验信息和在线信息，它可以进行实时推理决策，不过因为经验、规则并不充分，所以在定量分析前还需定性分析，这导致计算时间大大增加，使得控制实时性不好。

3. 自适应 Smith 预估控制

Smith 预估器常在各种有时滞特性的工业系统中被广泛采用，而选矿破碎过程控制系统也有时滞特性，因此，选矿破碎过程的系统动态特性在 Smith 预估器的预判前提下，再用预估模型来补偿系统的时滞特性从而使控制器先一步进行工作，从而减少超调量和调节时间。

当 Smith 预估模型与破碎过程实际模型相匹配时，Smith 预估器能够把破碎料位调节的时滞特性影响基本消除。不过，选矿破碎过程会出现一些意想不到的因素，而且简化后的建模过程会使所建系统模型和实际系统不匹配。当系统实际模型和预估模型不匹配时，Smith 预估器不能起有效的控制效果。所以，考虑到常规 Smith 预估器的不足，可以设计结合模型参考自适应来实时调节参考模型，使其能够实时匹配被控对象的动态性。由破碎过程工艺分析能够了解到，矿仓给料速度、皮带传送速度，以及入、出破碎机矿料质量、流量等都会对破碎过程产生影响，其中，受到矿仓给料速度影响的送入破碎机的矿料质量以及破碎后送出破碎机的矿料质量对破碎过程影响比较大。破碎过程 Smith 预估控制系统原理框图如图 5-38 所示。

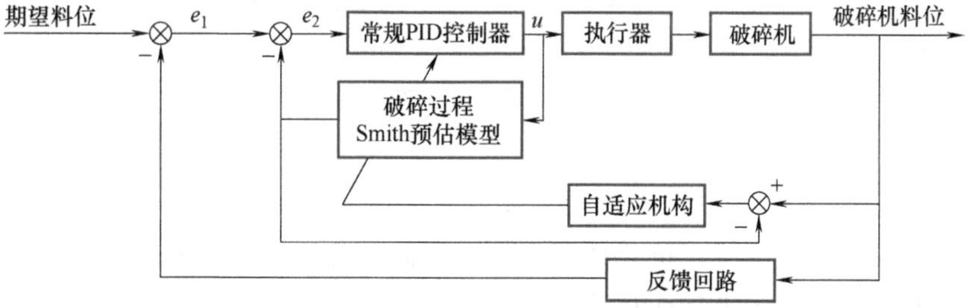

图 5-38　破碎过程 Smith 预估控制系统原理框图

图 5-38 中，e_1 为破碎过程破碎机期望料位和实际料位的差值，e_2 为 e_1 与破碎过程 Smith 预估模型输出的偏差，u 为常规 PID 控制器的控制输出。通过执行器控制矿仓给料机的下料速度，对破碎机料位进行控制。

由图 5-38 可以看出，破碎过程控制系统主要由破碎过程 Smith 预估模型和自适应机构两大部分组成。破碎生产过程容易受到矿仓给料高度、矿料密度和破碎机放料等因素的干扰，系统对破碎过程的控制效果会产生时延，不会瞬间就做出反应，然而破碎过程的动态特性能够使用 Smith 预估系统提前判定出来，从而补偿系统的时延特性。另外，在建模过程中，破碎机放料量进行了简化和线性化，而且各种不确定因素可能会对生产过程产生干扰，自适应机构可以对系统模型出现的偏差进行调节，从而使得在系统模型出现一定偏差的情况下仍能够满足工艺要求，实现破碎过程破碎机机腔料位的有效控制。自适应机构所运用的是模型参考自适应方法，通过实时调整 Smith 预估模型，使得破碎过程实际对象模型的动态性能与参考模型最大限度接近。所以，为了维持破碎过程破碎机料位的稳定，需要把这两种算法综合起来，一方面系统时延特性可以得到弥补，另一方面系统参数仍可以在与实际参数不相符时得到及时调整，使两者保持一致。

5.3.6 圆锥破碎机液压系统的控制

圆锥破碎机液压系统如图 5-39 所示。当减小排矿口时，将液压油从油箱中经过液压泵和手动换向阀、外螺纹截止阀、压力表开关单向节流阀压入液压缸的下方，液压缸的活塞顶起动锥，使排矿口减小。当增大排矿口时，将液压缸活塞下方的部分高压油，通过外螺纹截止阀和手动换向阀放回油箱，动锥降落，使排矿口增大。当过铁时，由于动锥向下的垂直作用力增大，使液压缸活塞下方油压大于 5MPa，液压油进入截止阀蓄能器，将氮气压缩，活塞和动锥一起下落，排矿口增大。铁块被排出后，在氮气的压力作用下，动锥恢复原位，破碎机继续工作，完成过铁保护。

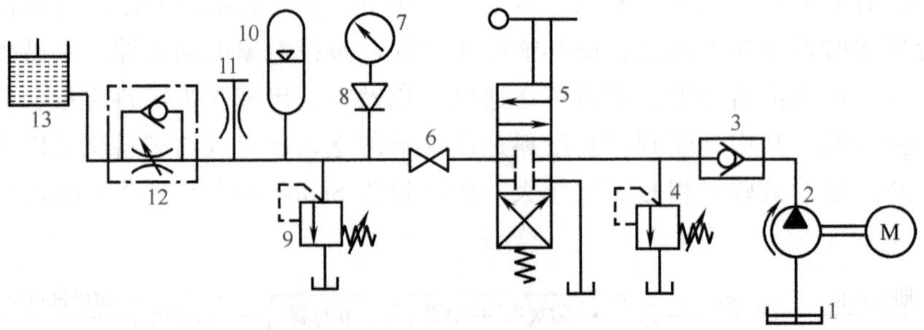

图 5-39 圆锥破碎机液压系统

1—油箱 2—液压泵 3—单向阀 4—高压溢流阀 5—手动换向阀 6—外螺纹截止阀 7—压力表
8—压力开关 9—安全阀 10—截止阀蓄能器 11—放气阀 12—压力表开关单向节流阀 13—液压缸

当破碎机发生堵矿现象时，可使动锥上升、下降，如此反复进行几次，便能排出堵矿，使破碎机油箱和液压缸的水平截面相等。液压系统中，从油箱向液压缸注油时，油箱的油面下降等于液压缸油面的上升，反之亦然。

液压系统在工作前，油箱内应注有一定数量的液压油，蓄能器内充入 5MPa 压力的氮气。当首次（或系统放油后重新开始）往液压系统压油时，应先将放气阀打开，手动换向阀位于给油位置，然后再起动液压泵向系统压油。这是为了排除系统中残存的空气，因为液压系统存有空气，将导致机器在工作时动锥上下振动，使排矿口大小产生波动、相关零件产生磨损。当排气阀冒油时，说明空气已经排尽，即可关闭排气阀并继续向系统压油。动锥在一定压力（一般小于 1MPa）作用下慢慢升起，而油箱的油位则缓慢下降。当动锥升到与定锥接触时，应立即停止给油，使手动换向阀处于中间位置。这时油箱的油位可作排矿口标尺的零位。然后使手动换向阀处于回油位置，系统中的液压油在动锥重力作用下返回油箱，油箱内的油位上升，动锥下降。排矿口尺寸可根据油箱内油位变化量，在排矿口标尺上直接读出。

根据产品的粒度，调整好排矿口后，关闭截止阀，液压油就封闭在该截止阀与液压缸之间。机器在运转时也可调整排矿口，但要停止给矿。

液压系统中高压溢流阀的作用是控制液压泵工作时系统的压力。安全阀的作用是当破碎机中进入过大的非破碎物而不能排出，引起系统压力过高、破碎机超载过大时放油，以避免主机损坏。单向节流阀的作用是控制液压油从蓄能器向液压缸返回的速度，使其不至于过快。这样可使破碎机过铁后，动锥在液压油返回时缓慢复位，避免产生冲击，但是过铁时，液压油能够迅速通过单向节流阀进入蓄能器，及时进行安全保护。

5.4 磨矿分级过程控制

磨矿分级作业是选矿流程中最为重要的环节之一，它的能耗、钢耗和生产费用在整个选矿生产费用中占 70% 以上，并且产品的质量（浓度、溢流粒度等）直接影响后续流程的技术经济指标。磨矿分级流程如图 5-40 所示。

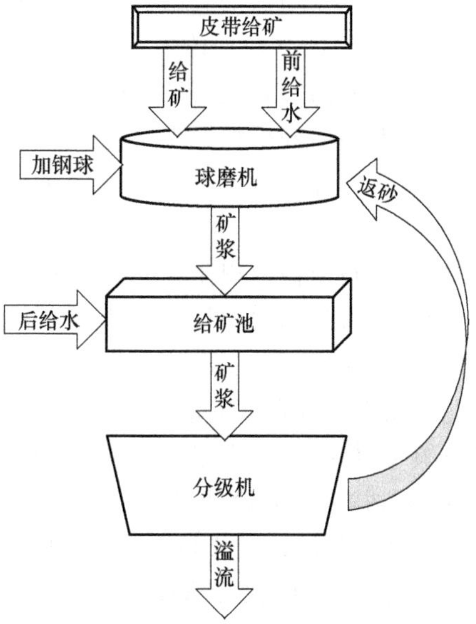

图 5-40　磨矿分级流程

磨矿分级过程的主要技术经济控制目标是在保证产品质量合格的前提下，最大限度地提高球磨机的处理能力，并降低能耗、电耗和水耗。其难点如下：

1）控制环境复杂。磨矿分级过程是一个动态过程，且滞后时间较长。例如，原矿从进入球磨机到最后从分级机到下一作业工序大约需要 30min，而针对给矿压力做出的调整，需要 25min 后才能反映出产品质量的变化，分级机的旋流浓度和粒度受到液压泵压力和矿石性质的影响，而水压和矿石的性质也随着采矿作业的不同而有所差异。

2）整体优化难度大。对于控制系统的要求不仅是准确、及时地调节生产设备，以满足稳定生产的需要，还要求在宏观上对整个生产系统进行监控、诊断、规划、调度、决策、优化等。控制系统必须完成对多个目标、多个层次的控制，而不单局限在数值计算上。

5.4.1 磨矿分级过程检测技术

1. 磨矿粒度检测

选矿工艺中，矿石的磨矿细度决定了该入选物料的单体解离度，亦决定性地影响了选矿指标。

磨矿细度表示磨矿产品粒度的大小。常用磨矿产品中小于0.074mm（200目）粒级的质量分数，或小于0.043mm（325目）粒级的质量分数来表示。

$$\gamma_{-0.074}=\frac{m_{-0.074}}{m}\times 100\% \tag{5-4}$$

式中，$\gamma_{-0.074}$为磨矿产品中小于0.074mm（200目）粒级的质量分数（%）；$m_{-0.074}$为磨矿产品中小于0.074mm粒级的质量（kg）；m为磨矿产品的质量（kg）。

对于某一特定矿石，其单体解离度与磨矿细度存在对应关系，可通过工艺矿物学研究和磨矿试验产品检测得出。实际选矿生产中对于某一特定矿石物料，其磨矿细度大小设定的工艺参数要求是分级溢流产品中有用矿物达到基本单体解离，而又不能过细，以免造成成本浪费和后续分选过程困难。因此，需要经常对选矿生产过程的给料和产物，如入选给矿、精矿和尾矿等，进行单体解离度测定分析，以指导生产、提高技术指标。

2. 物料解离度检测

物料单体解离度的人工检测方法复杂烦琐，很难经常进行，因而需要用分析系统进行检测。常用的分析系统有以下两种。

（1）图像颗粒分析系统　图像颗粒分析系统的基本工作流程包括：

1）通过专用数字摄像机将显微镜中的图像拍摄下来。

2）通过USB数据传输方式将颗粒图像传输到计算机中。

3）用专门的颗粒图像分析软件对图像进行处理与分析，观察颗粒形貌、粒度。

4）利用不同矿物反光颜色、灰度不同，识别出不同矿物。

5）汇总计算单体颗粒中某一矿物的投影截面积、连生体颗粒中某一矿物的投影截面积。

6）用投影截面积比较法计算出某一矿物的总单体解离度L。

7）通过显示器和打印机输出分析结果。

（2）MLA矿物参数自动定量分析系统　MLA矿物参数自动定量分析系统是一种先进的工艺矿物学参数自动定量分析测试系统，由澳大利亚昆士兰大学矿物学研究中心开发研制。MLA矿物参数自动定量分析系统由FEI Quanta 200扫描电镜、EDAX射线能谱仪和MLA Suite软件构成。其设计思路为利用背散射电子图像区分不同物相并利用微区X射线衍射技术进行多点分析，充分利用现代图像分析技术获取矿石样品的工艺矿物学参数。

3. 磨矿细度在线检测技术

选矿厂在生产中，需要对湿式磨矿作业产物矿浆的粒度组成进行在线检测。目前在选矿工艺中应用得比较好的是超声波粒度仪。超声波粒度仪是在磨矿作业中用于测量矿浆粒度分布（简称粒度）和固体含量质量分数（简称矿浆浓度）的仪器，是保证磨矿产品质量和实现磨矿系统自动控制的关键。常用的超声波粒度仪的型号如下：

（1）OPUS型超声波粒度仪　德国新帕泰克公司（Sympatec GmbH）研发的在线粒度和固含量监测仪器OPUS型超声波粒度仪，能够实时地反映出在磨矿分级作业过程中旋流器溢流和沉砂产物的粒度和矿浆浓度的变化情况，该仪器已在我国金川有色金属公司等选矿厂中被成功应用。

针对不同颗粒粒径有不同的适合测量的超声波频率，为保证测量精度，OPUS型超声波粒度仪在每次测量时同时采用31个超声波频率连续测量，并将不同频率的测量结果在配套电子处理装置中进行汇总计算，得出精度良好的最终测量结果。所获得的粒度和矿浆浓度结果通过显示记录装置显示出来。OPUS 型超声波粒度仪的技术性能参数见表 5-1。

表 5-1　OPUS 型超声波粒度仪的技术性能参数

浓度范围(%)	1~70	粒度范围/mm	0.01~3.00
测量精度(%)	<1	温度范围/℃	0~150
测量时间/min	<1	保护等级	IP65

（2）PSM-400 型超声波粒度仪　PSM-400 型超声波粒度仪由美国 DENVER 自动化公司生产，PSM 系列粒度仪主要由取样装置、空气消除器、传感器（高、低频双探头）、电子处理装置以及现场指示器记录仪等部分组成。它实现了对磨矿分级过程粒度和浓度的检测及显示，对稳定磨矿分级过程的操作、充分提高磨矿分级效率起了很大的作用。PSM-400 型超声波粒度仪的技术性能参数见表 5-2。

表 5-2　PSM-400 型超声波粒度仪的技术性能参数

工作方式	粒度范围/mm	粒度检测精度(%)	浓度范围(%)	浓度检测精度(%)	输出信号/mA
载流、间断	0.03~0.60	1~2	0~60	2	4~20

（3）DF-PSM 型超声波在线粒度仪　DF-PSM 型超声波在线粒度仪由我国丹东东方测控技术股份有限公司生产，可实现在线、实时测量矿浆粒度和浓度。该仪器利用真空（负压）吸入流量相对稳定并具有代表性的矿浆，采用高速旋转的涡轮加速矿浆中微小气泡的逸出，矿浆除气后的测量方法为多频率超声衰减法。该仪器的技术性能参数见表 5-3。

表 5-3　DF-PSM 型超声波在线粒度仪的技术性能参数

工作方式	粒度范围/mm	粒度检测精度(%)	浓度范围(%)	浓度检测精度(%)	输出信号/mA
载流、间断	0.025~1.00	1	4~60	1	4~20

4. 磨矿装球负荷和给矿负荷检测

磨机（磨矿机的简称）运行中一个很重要的参数就是磨机负荷量。目前，磨机负荷量（包括给矿负荷和装球负荷）的检测方法主要有电流法、振动法、有功功率法、电耳法等。

加拿大矿业技术研究组织与加拿大麦吉尔大学（McGill University）一直致力于磨机装载率及装载特征的研究，开发了磨机装载特征在线监测系统 SAG-Tools，并在 Brunswick 选矿厂的 8.5 m×4.3 m 的半自磨机上进行了试验。试验结果表明，该系统能够实时监测出磨机内部 14 个变量，包括磨机被填充的体积，以及物料底部和肩部所在角度等，可以用于对磨机运行状态的监测和控制，并研制了一种仪器化专用检测螺栓，用于分析磨机的负荷特征等。

通过观察以及对大量的生产实时数据的分析，磨机负荷监测系统可以有效地反映其工作状态，在保证产品质量的前提下，有助于提高磨机的平均处理量。系统还可以有效预报磨机的“胀肚”或“空砸”趋势，保证设备的安全稳定生产，减少工人的巡检次数，降低劳动强度。

5.4.2　磨机分级的系统控制

1. 磨机给矿控制

在选矿过程中，流程的稳定相当重要。对给矿量进行长期有效的控制，能使回路对矿石

性质的变化做出令人满意的处理，同时提高磨矿系统处理量。基于这种思想，给矿量一般为

$$Q=Q_0+\Delta Q \tag{5-5}$$

式中，Q 为给矿量（kg）；Q_0 为恒定给矿量（kg）；ΔQ 为时变给矿量（kg）。

磨机给矿控制系统总体框图如图 5-41 所示。

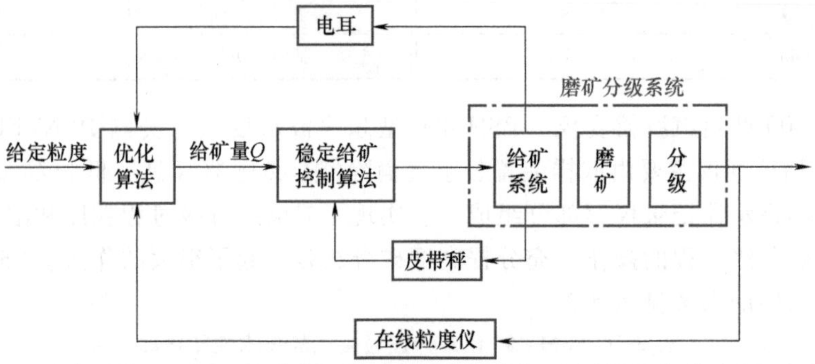

图 5-41　磨机给矿控制系统总体框图

ΔQ 根据磨机负荷和二次溢流产品的粒度通过闭环优化算法得到。当矿石可磨性好时，磨机负荷减小，或者在粒度满足要求的前提下，磨机并没满负荷，这时可以增加磨机给矿量。当矿石可磨性变差时，磨机负荷将增大，或粒度不能满足要求，通过其他方式又不能调节，这时可以减少给矿量。当通过优化得到给矿量 Q 后，主要考虑的问题就是设计稳定的给矿系统。稳定给矿控制的目标是通过改变给矿机的给矿电动机频率，使入磨台时量按设定值的要求变化。由于磨矿系统整体闭环优化周期远大于稳定给矿控制串级子系统的控制周期，因此，在每个闭环优化周期内保证恒定的给矿控制是可行的。

给矿到集控皮带后，再由集控皮带送至给矿皮带，最后由给矿皮带送到磨机进行处理。给矿量大小由给矿机运行台数及频率大小决定。恒定给矿自动控制系统的结构如图 5-42 所示。对每台摆式给矿机进行变频调节，正常情况下，开启两台摆式给矿机以同一频率运行，工作频率大约在 25Hz。根据皮带秤反馈矿量进行频率调节，保持矿量稳定在给定值。

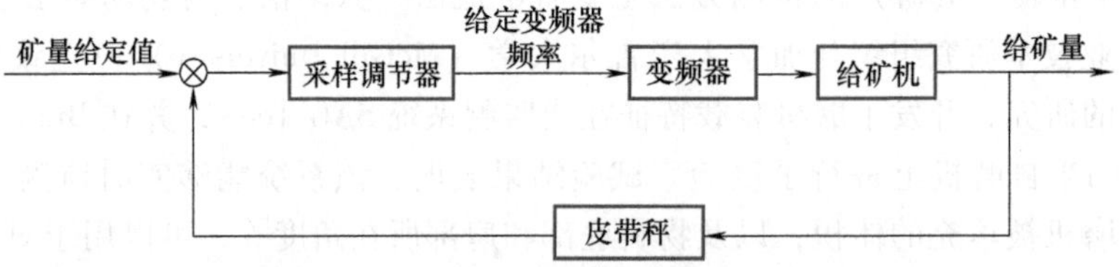

图 5-42　恒定给矿自动控制系统的结构

恒定给矿可以通过给矿机间逻辑切换或矿量采样控制算法实现控制。

（1）给矿机间逻辑切换　集控皮带运行后，起动给矿机。

当发生变频故障、给矿机机械故障、人为禁止等非正常情况时，在有备用给矿机的情况下，则自动起动另一台给矿机。

在给矿过程中，若两台或两台以上给矿机运行、给矿频率均达 50Hz 以上，而矿量不足目标矿量的 85%，这种状况维持 3min，则为“断矿”，此时系统发出报警，系统自动起动一台备用给矿机，“断矿”消失后停止报警。

在没有发生“断矿”的条件下，若存在可切换的备用机，当给矿机运行达到 4h（该时间可以通过上位机自由设定），自动切换到备用机，以保证设备运行稳定。

（2）矿量采样控制算法　为使给矿量稳定，需对给矿量进行自动控制。据现场测算，从开始调节频率到检测到矿量变化需 1.5min，系统滞后时间较长，若采用常规 PID 算法，由于被控量在一段时间后才有反应，而调节器对被控参数偏差的控制作用又不能实时反映出来，导致控制超调，甚至发生振荡，故采用采样控制方式，即按偏差进行周期性断续控制方式。

采样控制方式的基本控制思路：当调节器输出一值后，保持该值不变，直至经滞后时间后控制作用在被控量变化中反映出来，然后根据偏差大小决定下一步动作。

当给矿量出现偏差时，在控制周期内，输出保持不变，只变化采样调节器输出值。按照这种方式减小甚至消除偏差。

2. 磨矿浓度控制

磨矿浓度直接决定了磨机的工作效率：磨矿浓度增大会导致矿石在机内停留时间增长，出现过磨现象，磨矿浓度过大，矿浆不流动，钢球失去对矿石的研磨作用；磨矿浓度过小则会导致矿石在磨机内的停留时间缩短，矿石还没被磨细就被排出，出现欠磨现象，且磨矿浓度过低，矿浆流速过大，易造成钢球直接砸在衬板上的情况。

目前，磨矿浓度主要由磨机给矿量、前给水量和返砂量所决定，目前能够实现的在线检测有给水流量检测和给矿量检测，尚未实现返砂量的检测。

传统磨机的磨矿浓度控制系统采用比值控制，即给矿量和给水量按照设定好的比例送入磨机。通过对给矿量进行实时检测，并根据该检测值调节水管电磁阀，以控制水量与矿量满足定比例关系。

这种控制方式在所有设备平稳运行时基本可以满足磨矿浓度的控制要求，然而一旦给矿量出现波动甚至是异常，该控制方式将会导致磨机的生产事故。

在磨矿开始初期，磨机给矿量随着装载量的增加而增加，但在磨矿后期，给矿量随着装载量的增加反而减小。因此最大给矿量对应一个最佳装载量。

通过磨机装载量的优化可使生产能力和能源效率得到显著提高。利用功率变送器，通过检测磨机的有效功率来反映磨机的装载量。工作初期，随着装载量的增大，有效功率也随之增加，当磨机装载量增大到一定程度时，有效功率出现最大值，超过这个最大值后，随着磨机装载量的增加，有效功率反而减小。根据实践证明，磨机装载量与有效功率之间的关系如图 5-43 所示。

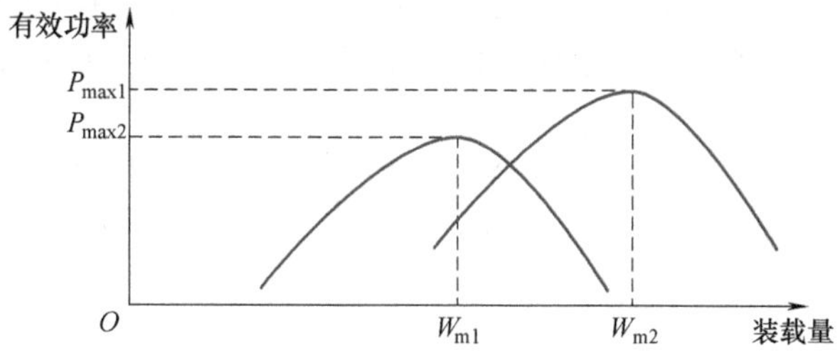

图 5-43　磨机装载量与有效功率之间的关系

图 5-43 中的 W_{m1} 和 W_{m2} 表示最佳装载量，P_{max1} 和 P_{max2} 表示与之对应的有效功率。

磨矿浓度对磨机发出的声响具有很大的影响。磨矿浓度发生改变，磨机中的固体颗粒在分布和流动上也会相应地发生变化，它们之间产生的摩擦也会发生改变，从而发出不同的声响，特别是在磨矿浓度过高或者过低时，会对频谱分布产生较大的影响，而磨矿浓度在 70%～80%之间时，对频谱分布产生较小的影响。

因为磨矿浓度较高的矿浆内壁对于介质冲击所起到的是衬垫作用，浓度较高的矿浆对于介质活动所起到的阻力功效以及矿浆对于高频声响所起到的是吸收作用，所以磨矿的浓度处在 90%和 50%时，中心频率超过 1000Hz 的声级值会快速减小，当磨矿浓度为 60%~80%时，中心频率中的声级值越高，则其降幅就越大。在磨矿浓度相同的情况下，球料比越高，中心频率对应的声级值也就越低。中心频率较高的声级值的降幅要远高于中心频率较低的声级值，因此让人感到磨机的噪声变小。在生产过程中，操作人员一般会利用磨机内产生的噪声来对磨机工作是否正常进行判断。由此分析可以看出，磨机声响谱的分布与磨矿浓度之间存在着对应关系，通过测定中心频率的声级强度能够很好地对磨矿浓度的改变进行判断。

电耳控制系统的结构如图 5-44 所示。该控制系统利用人工神经网络对磨机噪声进行分析，将噪声信号转变成对应的磨矿浓度值，随后与设定的浓度值进行比较，利用模糊控制器来控制水阀的开度，从而调节磨矿浓度。

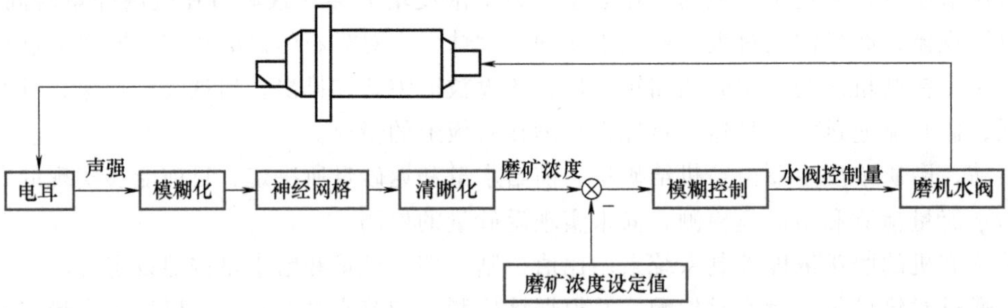

图 5-44 电耳控制系统的结构

3. 磨机负荷控制

磨机负荷很难直接检测，磨音可以间接反映磨机的负荷量，但是考虑到工作现场的噪声干扰，将磨机电流也引入其中，通过二者的综合判断，可以快速准确地判断出当前的磨机负荷。一般采用基于模糊控制的专家控制系统来对磨机负荷进行控制。

将模糊控制、自寻优控制和常规 PID 控制集成于专家控制系统，不仅具有 PID 控制稳定性好、可靠性高的优势，同时还发挥了模糊控制鲁棒性强的优点，而自寻优控制则很好地解决了磨机负荷最佳工作点实时漂移的问题。专家控制系统的总体控制原理如图 5-45 所示。

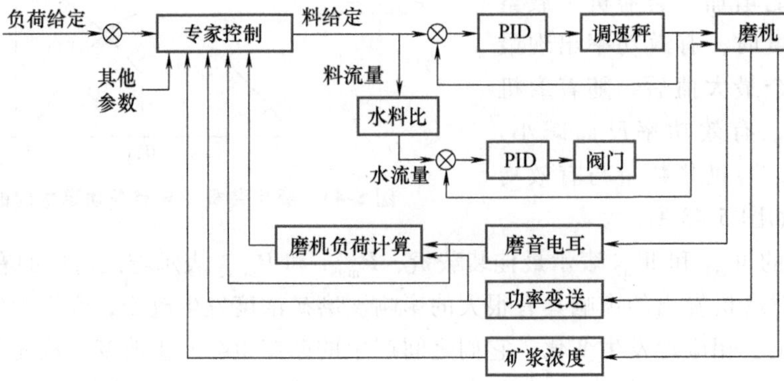

图 5-45 专家控制系统的总体控制原理

现场操作人员通过监控界面将负荷量的期望值输入，系统通过专家控制进行优化计算，计算出合适的给矿量、给水量和加球个数等，然后通过对磨机声音和电流的监测来计算推理出当前的磨机负荷，并将结果反馈，同时超声波矿浆浓度计也将测量到的矿浆浓度信息进行实时反馈，以使专家控制系统做出判断并给出相应的控制策略，从而对给矿量、给水量和加球个数等进行合理调整，如此循环，以保持磨矿过程的整体稳定和高效。

4. 磨机钢球补加控制

磨机中钢球的质量和尺寸分布是影响磨矿产品质量的重要因素。磨矿作业是矿物加工过程中关键的作业之一，其产品质量影响分选的好坏。在磨机里及时、合理地添加一定种类、比例及数量的钢球显得至关重要。

（1）磨机钢球填充率的检测　目前，普遍采用能测定磨机载荷变化的压电式传感器来检测磨机钢球填充率，测量中将压电式传感器安装在磨机两端机座的两侧，通过试验，调试出能精确反映与磨机载荷成正比的压电式传感器的变化规律，进而获得磨机载荷。压电式传感器将检测到的反映磨机载荷变化的信息转换为电压信号，经干扰抑制及前期信号处理后，电压信号转换成频率信号，经线性化及 A/D（V/F）转换和信号放大后送至计算机进行数据处理，如图 5-46 所示，显示结果设计为磨机载荷数值。

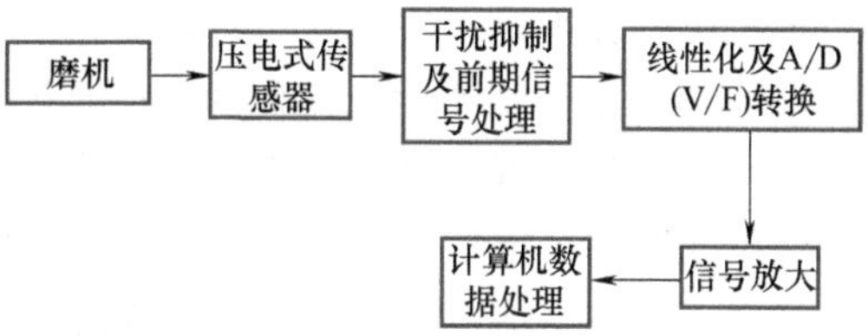

图 5-46　磨机钢球填充率的检测

（2）磨机钢球自动补加装置　磨机钢球自动补加装置较为简单，但磨机钢球补加规律及相应的数学模型建立较为困难。建立数学模型后按照设定好的时间程序，由简易的钢球分装装置即可实现钢球自动补加，钢球的补加规律可以从钢球球径的计算、初装球量的分析和量化、补加球分析等方面研究。

5. 分级机溢流浓度控制

稳定的磨矿分级系统可以节能降耗，为提高选矿厂的效益创造有利条件，但由于溢流浓度和磨矿给矿量、返砂量、磨矿充填率、排矿浓度之间存在非线性的不确定关系，因此对其进行准确控制十分困难。一般利用模糊控制技术，结合现场操作人员的经验来对溢流浓度进行控制。磨矿分级系统如图 5-47 所示。

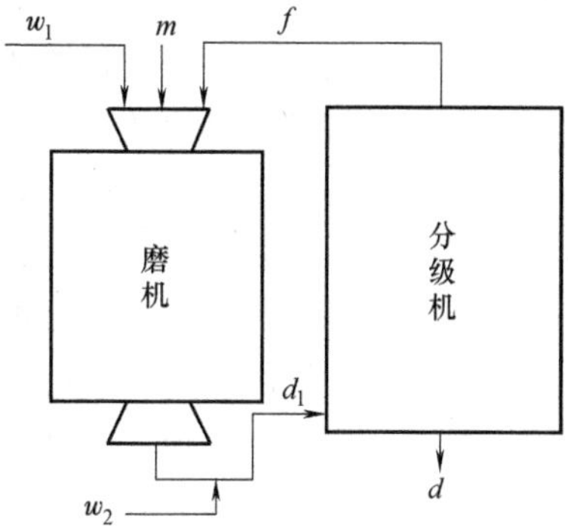

图 5-47　磨矿分级系统

溢流浓度 $d=f(w_1, w_2, m, f, d)$，其中，w_1 是磨机给水流量，w_2 是排矿给水流量，m 是给矿量，f 是返砂量，d 是排矿浓度。浓度检测采用核子浓度计，采用电磁流量计实时检测水管中的流量，以电动调节阀实现水流量调节。

6. 水力旋流器控制

水力旋流器控制系统主要的控制参数是给矿浓度、入口压力、泵池液位，这三个参数是能够在线检测的。

（1）给矿浓度　在水力旋流器中，矿浆浓度随着给矿含固量的增加而增加，这导致固体粒子径向运动速度减小。于是自由离心沉降规律变为干涉沉降规律。在接近排矿嘴的锥体顶部，矿浆的固相粗粒子形成料较厚的紧密床层。因此，给矿含固量的波动会引起水力旋流器溢流含固量、沉砂含固量、溢流粒度以及沉砂中细粒矿泥混入量的变化。溢流粒度随着给矿中含固量的增加而增大，不仅发生在由于排矿嘴过负荷而使部分沉砂进入溢流时，而且也发生在矿浆黏度和浓度被提高时。

当其他操作条件不变时，合适的给矿浓度是水力旋流器正常工作的重要条件。当给矿浓度高时，矿浆黏度和密度将增大，矿粒在矿浆中运行的阻力增大，而使分离粒度变粗，分级效率将降低。反之，当给矿浓度低时，阻力变小，分离粒度变细，分级效率提高。为了保证水力旋流器有合适的给矿浓度，需要利用浓度计随时检测，以保证给矿浓度的基本稳定。

(2) 入口压力　为了在水力旋流器中得到满意的分级指标，必须使入口压力保持在一个恒定水平，入口压力的任何变化都会影响分级效率，而在入口压力急剧波动时，沉砂组成或溢流组成能瞬时接近原矿。在闭路磨矿回路中，这种压力变化随时影响沉砂和溢流产率，相应地也影响分级效率和磨机磨矿效率。

(3) 泵池液位　水力旋流器的给矿泵池对磨矿回路矿浆流量的波动起到一定缓冲作用，但在扰动较大时，可能出现泵池冒矿、抽空或泵喘振，为了避免这种情况的发生，必须将泵池的液位控制在一定范围内，以保证向旋流器输送连续平稳的矿浆流，并使旋流器入口的压力保持在工艺要求的范围内，以利于旋流器的分级。

7. 磨矿分级系统的优化控制

磨矿分级过程是一个复杂、影响因素多、大滞后、非线性的时变系统，并且很多因素之间的关系只是定性的，目前还很难建立包含所有控制参数的数学模型。由研究可知，磨矿分级的主要技术经济指标有处理量、磨矿效率、钢耗、能耗、产品粒度等。优化控制目标就是在保证产品合格的前提下，最大限度地提高磨机的处理能力（给矿量）。磨矿分级作业能够在线检测和控制的变量有给矿量、前补加水量、后补加水量和溢流粒度。整个磨矿过程分为磨机、给矿池和旋流器三个小闭环，这样的处理方式利于现场控制，也可以减少各种参数之间的不利影响。

在磨机控制闭环中，磨机给矿量、循环负载量、磨机前给水量和矿石性质影响着控制效果。磨机的运行功率和电流，主要是监控磨机的工作状态，防止磨机产生“胀肚”和空转现象。在正常的稳定生产状态下，产生的控制波动主要由给矿量控制。给矿量和前给水量之间存在一定比例关系，所以通过控制给矿量，就能间接地控制前给水量。而循环负载量在磨机闭环中，只起到显示生产状态的作用，不起到直接控制的作用。

在给矿池控制闭环中，参与控制的变量是补加水量和矿池液位。矿池液位在满足生产要求的情况下，保持一定值。补加水量根据液位的高低决定，液位低于标准值时，补加水量增大，液位高于标准值时，补加水量减小。

旋流器控制闭环是整个系统中最重要的控制部分。系统的最终控制目标溢流粒度就是在这个闭环中参与控制的。溢流粒度值是由旋给压力和旋给浓度决定的。溢流粒度值决定旋给泵的转速高低，也就是旋给压力的大小，旋给浓度是通过矿浆池来调整的。这三个控制闭环表面上是独立的，实际上是相互影响、相互作用的。在旋流器闭环中的循环负载量直接影响给矿量的大小，而旋给压力和旋给浓度又受矿池液位高低的影响。因此各个闭环之间有着千丝万缕的联系。

由于磨矿分级过程影响因素多，各参数之间耦合性比较强，适合采用专家系统结合模糊控制来对整个磨矿过程进行智能控制，即磨矿分级专家系统，其规则是由现场控制人员根据多年的控制经验制订的。

思考题

5-1　颚式破碎机、旋回破碎机、圆锥破碎机各自的优缺点有哪些？在选用时应该考虑哪些因素？

5-2　简摆颚式破碎机和复摆颚式破碎机在结构上有哪些不同？这两种破碎机在运动特征和工作性能上有何差异？

5-3　如何确定磨矿机的最佳转速？

5-4　简述钢球在筒体内的运动状态有哪些？及其对磨矿效果的影响。

5-5　装球量对磨矿机的处理能力及磨矿效率的影响有哪些？

5-6　破碎机腔料位检测方法有哪些？

5-7　磨矿粒度的检测方法有哪些？

5-8　破碎机料位如何检测？排矿口如何控制？

5-9　磨矿分级过程的自动控制原理是什么？

5-10　水力旋流器控制通过哪几方面实现？

章节知识点
讲解视频

第 6 章 选别作业机械及其智能化技术

矿石破碎到一定大小的粒度以后，虽然有用矿物呈单体分离状态，但仍与脉石混在一起，所以，必须根据矿石的性质，用适当的方法选出矿石中的有用矿物，即选别作业，它是选矿过程的关键作业（或是主要作业）。选别作业机械是在所采集的矿物原料中，根据各种矿物的物理化学性质及其差异选出有用矿物的机械设备。选别作业机械主要有浮选机，重力选矿机械、磁选机和电选机。

6.1 浮选机

6.1.1 浮选机概述

浮游选矿（简称浮选）是根据各种矿物表面不同的物理化学性质来选别有用矿物的一种方法。各种矿物表面对水具有不同的润湿性，能被水润湿表面的矿物称为亲水性矿物；反之，表面不能被水润湿的矿物称为疏水性矿物。在易于被水润湿的表面上，水能够迅速而容易地排挤空气，然而，在不易被水润湿的表面上，空气将排挤水。

矿物的表面性质（亲水性或疏水性）是可以改变的，可以用某种药剂与矿物表面发生作用而变为亲水性或疏水性的矿物。所以，矿物的浮游度是可以控制的。

浮选前，矿石要磨碎到一定的细度，使有用矿物与脉石达到单体分离，以便分选。在进行浮选时，将捕集剂加入磨碎后的矿浆中，由于这些药剂使矿粒表面具备疏水性，因此，促使颗粒附着在气泡上。为了使捕集剂与矿浆中的矿粒更好地接触，就要进行搅拌。矿浆是依靠抽吸和弥散空气用的叶轮来进行搅拌的，或依靠压缩空气来进行搅拌。搅拌的同时导入空气形成气泡，并加入起泡剂。浮选时用了起泡剂，就能更好地把空气弥散，并形成坚韧的、能把有用矿粒带到液面上来的浮选泡沫。

在不断搅拌矿浆的过程中，有用矿物颗粒表面具有疏水性，在制造出坚韧泡沫以后，矿粒与气泡相遇，附着在气泡上而被带到液面上，构成一层矿化泡沫，然后把这层泡沫刮下来，这种泡沫就是精矿。不附着在气泡上的其他矿物留在矿浆里，也就是尾矿。这种尾矿中若含有有用矿物，则需送去继续处理；反之，就把它输送到尾矿场去。

浮选机是直接完成浮选过程的设备，如图 6-1 所示。在浮选过程中，浮选机通过对预先准备好的矿浆进行充气、搅拌，使矿粒选择性地向气泡附着，从而达到目标矿物与脉石的分离。

图 6-1　浮选机

根据浮选工业实践经验、气泡矿化理论及对浮选机流体动力学特性的研究，对浮选机有以下基本要求：

1）具有良好的充气性能。在浮选过程中，气泡既是各种矿物选择性黏附的分选界面，又是疏水性目标矿物的载体和运载工具，所以浮选机必须能够向矿浆中吸入或压入足量的空气并产生大量大小适中的气泡，还应使气泡均匀地分散在整个浮选槽内，以便提供足够的液气分选界面，并使气泡具有适宜的升浮速率。充气性能越好，空气弥散越好，气泡分布越均匀，则矿粒与气泡接触的机会越多，浮选机的工艺性能也就越好。

2）具有足够的搅拌强度。对矿浆进行搅拌，可以促使矿粒在矿浆中呈悬浮状态以及能均匀分布于浮选槽内，特别是能克服和消除较粗颗粒的分层和沉淀，使矿粒和气泡有充分的接触机会。同时也能促使吸入或压入的空气流分割成单个的细小气泡，并使气泡在浮选槽内均匀分布，还能促使难溶药剂的溶解和分散。搅拌强度要适中，若搅拌强度不够，则矿粒不能有效地悬浮，粗粒矿粒易沉淀或分层，降低了粗粒向气泡黏附的概率，影响分选指标。反之，若搅拌强度太大，则在矿浆液面又不容易形成比较平稳的泡沫层，不利于矿物的分离，或加剧脆性矿物的泥化或使矿粒从气泡上脱落等。

3）使气泡有适当的矿化路程并能形成比较平稳的泡沫区。为使气泡得到比较充分的矿化，气泡在矿浆中的运动应有适当的矿化路程或停留时间，以便增加矿粒与气泡选择性黏附的机会，提高气泡的有效利用率。为使疏水性目标矿物能比较顺利地浮出，在矿浆表面形成有一定厚度的、较平稳的矿化泡沫层很必要。矿化泡沫层既能滞留目标矿物，又能使一部分夹杂的脉石从泡沫中脱落，有利于二次富集作用。这可以通过调节矿浆水平面，控制矿浆在浮选机内的流量及泡沫层厚度来实现。

4）能连续工作及便于调节。工业上使用的浮选机必须有能连续给矿、刮泡和排矿的机构，使生产过程保持连续性，以保证连续工作。另外为了调节生产过程及控制浮选指标，浮选机还应有调节矿浆水平面、泡沫层厚度及矿浆流动速度的机构。

除此之外，浮选机还要具有生产能力大、消耗电能少、耐磨、结构简单、易于维修、造价低廉等优点，并能较好地实现自动化，能适应粗粒矿物的浮选。浮选机操纵装置必须有程序模拟和远距离控制能力。

浮选机种类繁多，它们的差别，主要集中在六个方面：①充气方式不同；②搅拌方式不同；③转子和定子结构不同；④槽体形状和深度不同；⑤矿浆在槽体内的运动方式、循环方式以及由前一个浮选槽进入后一个浮选槽的方式不同；⑥泡沫产品的排除方式不同。据此对浮选机存在不同的分类方法。一般认为充气和搅拌是浮选机的主要特点，据此可将目前的浮选机分为四类：

1）机械搅拌式浮选机。这类浮选机的特点是矿浆的充气和搅拌都是由叶轮和定子组成的搅拌装置来实现的，属于外气自吸式浮选机，即在浮选槽下部的机械搅拌装置附近吸入空气。根据机械搅拌装置的型式，可将这类浮选机分为不同的型号，如 XJK 型（又称为

A 型)、XJB 型、GF 型、SF 型以及棒型等。

这类浮选机除了能自吸空气外，一般还能自吸矿浆，因而在浮选生产流程中，其中间产品的返回容易实现自流，一般不需砂泵扬送。因此，这种浮选机在流程配置方面可显示出明显的优越性和灵活性。由于它能自行吸入空气，因此不需要外部特设风机对矿浆充气。

2) 充气搅拌式浮选机。这类浮选机与机械搅拌式浮选机的主要区别在于它属于外部供气式。它的搅拌装置只起搅拌矿浆和分散气流的作用，空气要靠外部风机压入，矿浆充气与搅拌是分开的。因此，这类浮选机与一般机械搅拌式浮选机相比，其优点为①由于是通过外部鼓风机供气，充气量可以根据需要增减并易于调节，保持恒定，因而有利于提高浮选机的处理能力和选别指标；②由于叶轮只起搅拌作用而不起吸气作用，故转速较低，且脆性矿物的浮选不易产生泥化现象。矿浆面比较平稳，易形成稳定的泡沫层，有利于提高选别指标；③由于叶轮转速较低，矿浆靠重力流动，故单位处理矿量电耗低，且使用期限较长，设备维护费用也低。

这类浮选机的不足之处在于，它不能自行吸入矿浆，所以中间产品返回需要砂泵扬送。另外还要有专门的送风设备，管理起来比较麻烦。据此，这种浮选机常用于处理简单矿石的粗选、扫选作业。这类浮选机有 CHF-X 型、XJC 型、BS-X 型、KYF 型、BS-K 型、LCH-X 型、CLF 型以及 J 型等。

3) 充气（压气）式浮选机。这类浮选机的特点是没有机械搅拌器，也没有传动部件，有专门设置的压风机提供充气用的空气。浮选柱即属于此种类型的浮选机。其优点是结构简单、容易制造、耗电较低、易磨损部件少、便于操作管理。缺点是没有搅拌器，使浮选效果受到一定的影响，在碱性矿浆中充气器容易结钙，不利于空气弥散。但目前研制的新型浮选柱，如旋流静态浮选柱，采用新型文丘里喷射管吸入空气并弥散，已完全解决了浮选柱的充气和搅拌问题。实践证明，浮选柱比较适合于处理组成比较简单和品位较高的易选矿石的粗选、扫选作业。但目前在辉钼矿、萤石矿的精选作业中，用 1~2 台浮选柱可以完全取代浮选机进行多次精选。

4) 气体析出式浮选机。这类浮选机的主要特点是能从溶液中析出大量微泡，故称之为气体析出式浮选机，也可称为变压式或降压式浮选机。属于这类浮选机的有真空浮选机和一些喷射、旋流式浮选机。我国生产的 XPM 型喷射浮选机以及国外的维达格旋流浮选机等即属于此类。

6.1.2 机械搅拌式浮选机

机械搅拌式浮选机的优点：通过转子高速旋转，在高速搅拌区内形成负压，实现自吸空气和矿浆。因此不需要外加充气装置；浮选机在生产操作时可调节进入叶轮的循环矿浆量，因而不论给入槽内矿浆量的波动如何，均可达到调节操作条件的目的。其缺点：空气弥散不佳，泡沫不够稳定，易产生翻花现象不易实现页面自动控制；浮选槽为间隔式，矿浆流速受闸门限制，致使流通压力降低，浮选速度减慢，粗而重的矿粒容易沉淀；叶轮与盖板磨损较快，造成充气量减小且不易调节，难以适应矿石性质的变化，分选指标不稳定。

在机械搅拌式浮选机工作时，矿浆由进浆管给入到盖板中心处，叶轮旋转产生的离心力将矿浆抛向槽中，于是在盖板与叶轮间形成负压，外界空气经由进气管自动被吸入。吸入的空气和给进的矿浆在叶轮上部混合又被抛向槽中，于是又产生负压，又吸入空气，如此反复进行。经过药物作用的矿浆中，欲浮矿物被气泡带至表面形成矿化泡沫层，并被刮板刮出得到精矿。而不上浮的矿物和脉石则经槽子侧壁上的闸门进入中间室并给入下一浮选槽内，每个或几个槽内矿浆水平的调节，可通过调节闸门上下来完成。

XJK 型机械搅拌式浮选机又称为矿用机械搅拌式浮选机，X 代表浮选机，J 代表机械搅拌式，K 代表矿用，若后面有数字，则数字代表该浮选机的容积。它属于一种带辐射叶轮的空气自吸式机械搅拌式浮选机，其结构如图 6-2 所示。

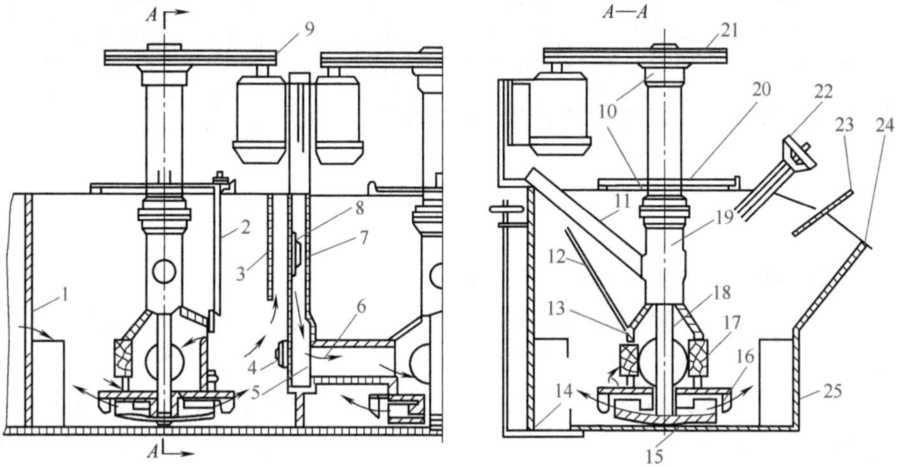

图 6-2　XJK 型机械搅拌式浮选机的结构

1—直流槽前溢流唇　2—循环孔调节杆　3—闸门壳（中间室外壁）　4—砂孔闸门　5—砂孔　6—给矿管（吸浆管）　7—溢流堰　8—溢流闸门　9—电动机及带轮　10—轴承　11—进气管　12—砂孔闸门丝杆　13—连接管　14—放砂闸门　15—叶轮　16—盖板　17—中矿返回孔　18—主轴　19—空气筒　20—座板　21—带轮　22—溢流闸门手轮及丝杆　23—刮板　24—泡沫溢流唇　25—槽体

盖板上装有 18~20 个导向叶片（又称为定子）。这些叶片倾斜排列，与半径成 55°~65° 倾角，对叶轮甩出的矿浆流具有导向作用。在盖板上的两导向叶片之间开有 10~20 个循环孔，供矿浆循环用，可以增大充气量。

叶轮与盖板向导叶片的间隙一般应为 5~8mm，过大会对吸气量和电耗造成不利影响。通常，将叶轮、盖板、主轴、进气管和空气筒等充气搅拌零件组装成一个整体部件，这样就可使叶轮和盖板同心装配，以保证叶轮与盖板导向叶片之间的间隙符合要求，而且便于检修和更换。

在空气筒下部，有一个调节矿浆循环量的循环孔，并且用闸板控制循环量，因此，通过叶轮中心的矿浆量，可以随外界矿量的变化加以调节。在直流槽中，也可使内部矿浆循环，以满足在最大充气量时所需要的叶轮中心给矿量。

棒形浮选机（简称为 XJB 型棒形浮选机），X 代表浮选机，J 代表机械搅拌式，B 代表棒形。棒形浮选机的结构如图 6-3 所示。棒形浮选机有直流槽和吸入槽两种。在直流槽内装有主轴（空气轴）、棒形叶轮、凸台和弧形稳流板等主要部件。直流槽不能从底部抽吸矿浆，只起浮选作用，又称为浮选槽。吸入槽与直流槽的主要区别是，在斜棒轮下部装有一个吸浆轮，它具有离心泵的作用，除了起浮选作用外，还有吸浆能力，作中矿返回之用。在粗

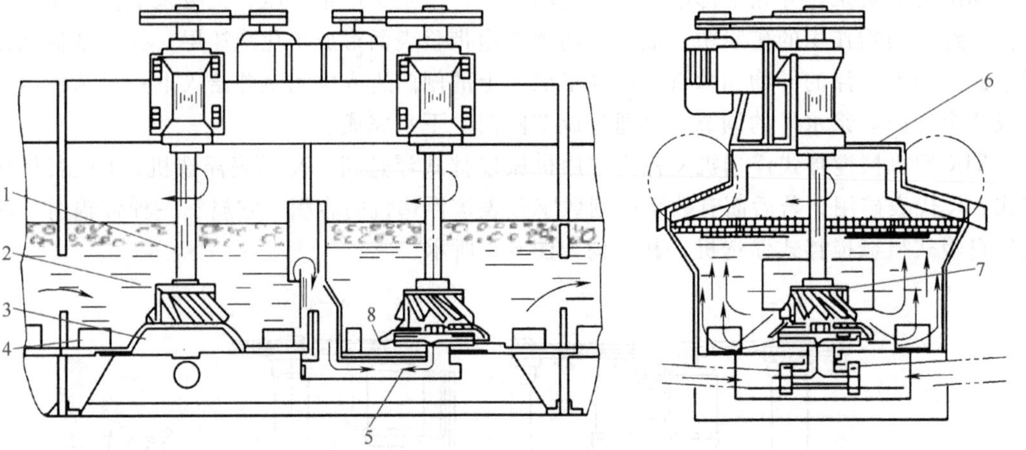

图 6-3　棒形浮选机的结构

1—主轴　2—斜棒轮　3—凸台　4—稳流器　5—导浆管　6—盖板　7—吸浆轮　8—底盘

选、精选和扫选作业的进浆点，都要装吸入槽。

当棒形浮选机借助于电动机、带轮带动中空轴下部安装的斜棒轮高速旋转时，在浮选轮内产生负压。空气经中空主轴被吸入并由浮选轮加以分割，而弥散成微小气泡。浮选轮的强烈搅拌与抛射作用，使矿浆与空气充分混合，这种浆气混合物在浮选轮的斜棒轮作用下，首先向前方推进，然后凸台（压盖）与弧形板稳流器的导流作用，使之连续均匀地分布于槽内，最后在槽底、槽壁的反射作用与弧形板的稳流作用下，自搅拌区经分选区向矿液面上升。浆气混合物的流动轨迹，从槽子的纵断面上看，成 W 形。这种流动特性使搅拌区范围相对扩大，分选区范围相对减小，再加上槽子浅，范围就更窄。前者增加了矿粒与气泡的接触机会，对于泡沫的矿化是有利的，矿化泡沫上升到泡沫区被刮板刮出成为泡沫产品。吸入槽的工作原理与立式砂泵的原理相同，即借助于回转的提升轮产生压头，矿浆从槽底导流管被吸入并提升到需要的高度。

棒形浮选机与其他机械搅拌式浮选机比较，具有结构简单、吸气量大、搅拌力强、浮选速度快、效率高等优点。

6.1.3　浮选柱

浮选柱的设计思想源于 1915 年的石墨浮选的设备，该设备是把矿浆从浮选柱的中部给入，而从浮选柱底部充气的圆柱体容器。1919 年，美国的 Town 和 Flynn 制造了一种圆柱形浮选槽，把预先用药剂处理过的矿浆从中部给入，空气通过安装在底部的充气器被引入。该设备通过安装在底部的管道阀门自动调节尾矿排放量来保持稳定的矿浆面。直到 1961 年，加拿大工程师才申请了带泡沫冲洗水装置的浮选柱专利，标志着具有现代意义的第一台浮选柱诞生。浮选柱在设计、安装、操作和控制等方面日趋成熟，应用领域不断扩大。特别是在改进了柱体和发泡器结构之后，浮选柱已成为今后新型、高效浮选设备发展的重要趋势之一。

浮选柱是一种逆向流设备，是一种无搅拌机构的空气压入式浮选机。加药搅拌后的矿浆从浮选柱中上部给入柱内，空气从柱底经气泡发生器分散成微小的气泡后进入柱内，气泡分布于柱体的整个断面并沿柱体上升，上升的气泡和下降的矿粒发生碰撞并矿化。疏水矿粒黏附于气泡上，并随气泡一同升至泡沫层，经由精矿槽排出。亲水矿粒在重力作用下随底流作为尾矿排出。

浮选柱的结构如图 6-4 所示。浮选柱为细长筒型构造，一般柱高为 9～15m，直径为 0.5～3.0m，断面为矩形或圆形。直径为 2m 以上的浮选柱，在柱体内沿轴向多安装整流板。矿浆从上部约 1/3 处进入柱内，通过在柱体内设置的气泡发生器，从底部导入空气，进而产生气泡。为了提高泡沫产品的品位，在泡沫槽上部设置冲洗水装置。

与传统浮选设备相比，浮选柱在结构原理、工艺操作及分选效果等方面具有很多优点，概括起来主要有：①泡沫层厚度、气泡大小和数量等调节方便；②浮选效率高，作业次数和循环中矿量少，流程被简化；③矿粒与气泡逆流接触，降低了气泡群的上升速度，有利于细粒矿物的回收；④设备简单，占地面积小，节省了基建投资；⑤能耗低，药剂用量比传统浮选机低，节省了生产成本。

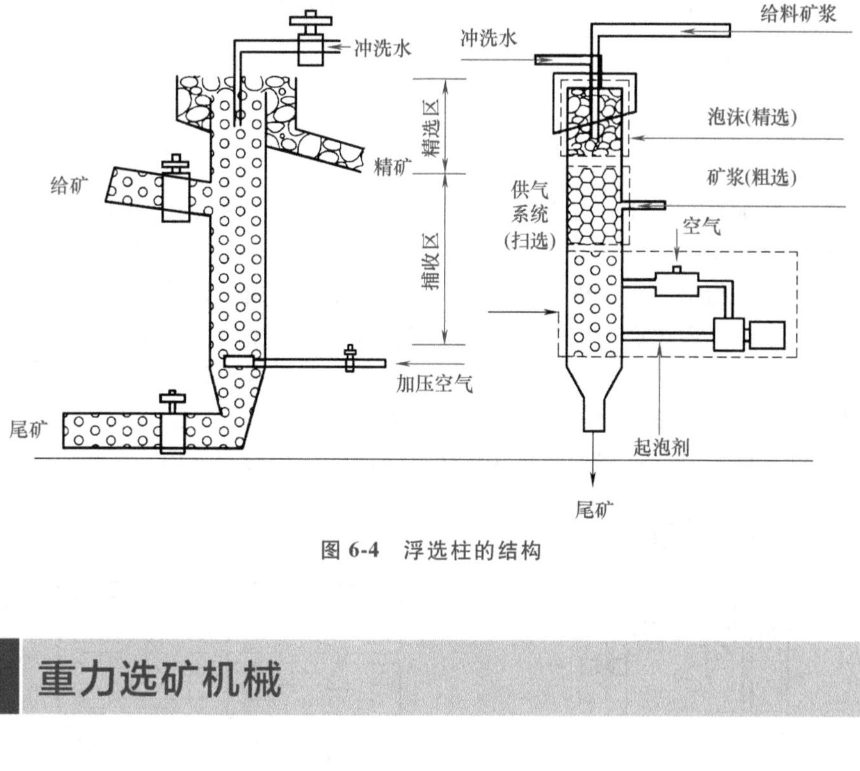

图 6-4　浮选柱的结构

6.2　重力选矿机械

6.2.1　重力选矿机械概述

重力分选是根据固体废物中不同物质间的密度差异，以及它们在运动介质中所受的重力、介质动力和机械力的作用，使颗粒群松散分层和迁移分离，从而得到不同密度产品的分选过程。选分介质有水、空气、重液（比重大于水）和悬浮液。在空气中进行的重力选矿过程称为风力重力选矿，在液体中进行的称为水力重力选矿。目前，在选矿厂和选煤厂中广泛采用水力重力选矿。

各种重力分选过程具有的共同工艺条件：①固体废物中颗粒间必须存在密度差异；②分选过程都是在运动介质中进行的；③在重力、介质动力及机械力的综合作用下，使颗粒群松散并按密度分层；④分好层的物料在运动介质流的推动下互相迁移、彼此分离，获得不同密度的最终产品。

矿粒在介质中的分离，除受本身比重和介质性质（密度和黏度）的影响以外，还受矿粒粒度和形状的影响。随着粒度的减小，按比重分层的困难程度增大。为了提高选矿效率，使矿粒尽可能按比重分离，在入选前应脱除泥质部分，或分成粒度范围较窄的若干级别。

对于微细颗粒，因其自重很小，所以在重力场中按比重或粒度分离的速度和精确性大大降低。为了解决这一问题，可以使微细颗粒的分离在离心力场内进行。在离心力场中，由于可以获得比重力加速度大得多的离心加速度，所以按比重分选要比在重力场中有效得多。

重力选矿法广泛地用于处理煤、稀有金属矿石（钨、锡、钍、钛、锆等）和贵金属矿石（金、铂）。重力选矿法根据作用原理可以分为跳汰选矿、摇床选矿、重介质选矿、斜槽选矿和离心力选矿等。重力选矿所使用的主要机械有跳汰机、摇床、重介质分选机和离心选矿机等。

6.2.2 跳汰机

跳汰分选是在垂直变速介质流中按密度分选固体废物的一种方法。因分选介质是水，所以又被称为水力跳汰。水力跳汰分选设备称为跳汰机。跳汰机分选示意图如图 6-5 所示。跳汰分选时，将固体废物给入跳汰机的筛板上，形成密集的物料层，从下面透过筛板周期性地给入上下交变的水流，使床层松散并按密度分层。分层后，密度大的颗粒群集中到底层，密度小的颗粒群进入上层。上层的轻物料被水平水流带到机外成为轻产物，下层的重物料透过筛板或通过特殊的排料装置排出成为重产物。随着固体废物的不断给入和轻、重产物的不断排出，形成连续不断的分选过程。颗粒在跳汰分选时的分层过程如图 6-6 所示。

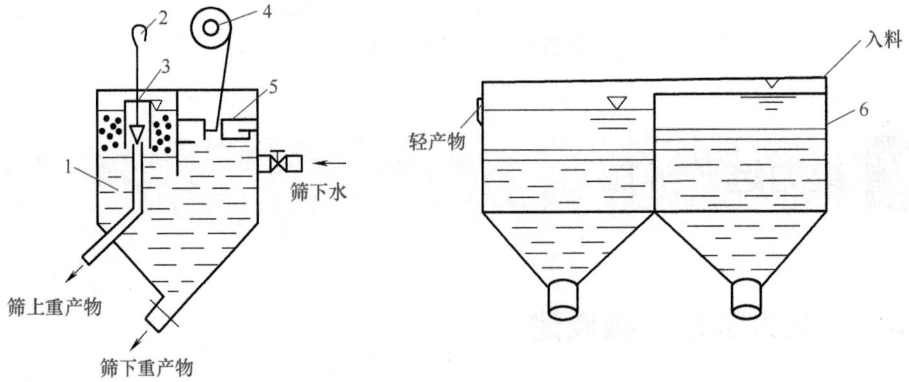

图 6-5 跳汰机分选示意图

1—内套筒 2—锥形阀 3—外套筒 4—偏心机构 5—隔膜 6—筛板

跳汰机按推动水流运动方式分为隔膜跳汰机和无活塞跳汰机两种。隔膜跳汰机是利用偏心连杆机构带动橡胶隔膜做往复运动，借以推动水流在跳汰室内做脉冲运动，如图 6-7a 所

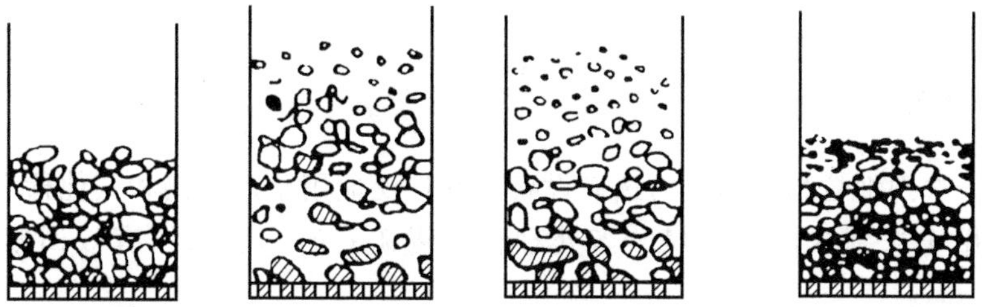
分层前颗
粒混杂堆积
上升水流
将床层抬起
颗粒在水流
中沉降分层
下降水流，床层紧
密，重颗粒进入底层

图 6-6　颗粒在跳汰分选时的分层过程

示；无活塞跳汰机采用压缩空气推动水流，如图 6-7b 所示。跳汰选矿的粒度范围一般为 0.1～20mm，而煤的粒度范围为 0.5～100mm。

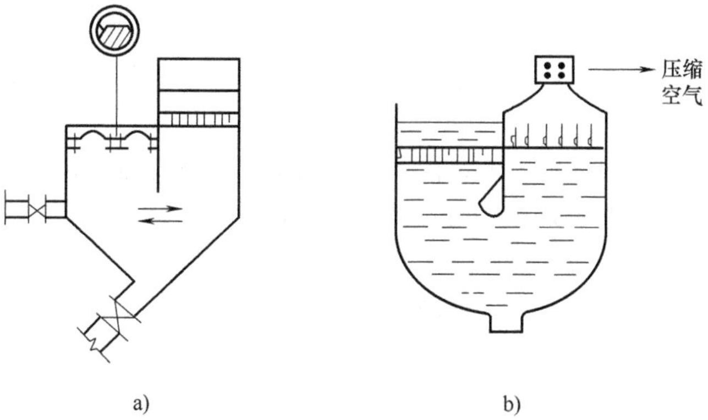
压缩
空气
a)
b)

图 6-7　跳汰机按推动水流运动方式划分

a）隔膜跳汰机　b）无活塞跳汰机

隔膜跳汰机主要由槽体、筛网、隔膜、传动装置和排矿装置等部分组成。当处理细粒矿石或未分级的物料时，为了避免过多的矿粒由筛网漏下，造成精矿质量不佳，可在筛网上铺上一层一定厚度的床石。床石的比重应小于重矿物而大于轻矿物，颗粒尺寸约比选矿产品中最大颗粒的直径大两倍。

在跳汰机的槽体中装满水。曲柄连杆机构的运动使隔膜做往复鼓动时，槽体中的水便透过筛网产生上下交变的水流。入选矿粒群给到床石层上面。当水流向上冲击时，水流通过筛网把床石层稍稍冲起，使矿层松散悬浮。此时，轻重、大小不同的矿粒具有不同的沉降速度，互相移动位置，大比重的粗颗粒沉于下层。当水流下降时，又产生吸入作用。吸入作用促使“钻隙”的产生，即比重大而粒度小的矿粒穿过比重大粒度大的矿粒的间隙进入下层。为了减小下降水流对细而轻的矿粒的吸入作用，以便提高精矿质量，通过筛下水管补加筛下上升水。经过这种跳汰的多次循环，矿粒群按比重进行了分层。分层的结果是大比重的细矿粒位于最下层，其上面是大比重的粗矿粒，再上面是小比重的中等矿粒，最上面是小比重的粗矿粒。小比重的细矿粒，留在粗粒及中等矿粒之间，不能进入下层。床石由于比重和粒度较大，不论何时都位于最下层。

位于下层的大比重粗、细矿粒穿过床石层从筛孔漏下来，并聚集在水箱的底部。根据堆积量周期地由精矿排出口排出。筛上的粗粒精矿也可以通过筛上排矿装置排出。位于上层的轻矿粒，则在横向水流和连续给矿的排挤作用下，移动至跳汰机尾部排出。

6.2.3 摇床

摇床是用于选别细粒物料的重力选矿设备，它广泛应用于选别锡和其他稀有金属和贵金属矿石，也可用于选别铁矿石和煤。当处理钨、锡矿石时，摇床的有效回收粒度范围为0.04~2mm。

摇床的选矿过程是在具有来复条的倾斜床面上进行的摇床上颗粒分带情况示意图如图6-8所示。矿粒群从床面上角的给矿槽送入，同时由给水槽供给横向冲洗水。于是，矿粒在重力、横向水流冲力、床面做往复不对称运动所产生的惯性力和摩擦力的作用下，按比重和粒度分层，并沿床面做纵向运动和沿倾斜床面做横向运动。因此，比重及粒度不同的矿粒沿着各自的运动方向逐渐由A边向B边呈扇形流下，分别从精矿端和尾矿侧的不同区域排出，最后被分成精矿、中矿和尾矿。

摇床的优点是富矿比高，选别效率较高，容易看管，便于调节。它的缺点是单位面积生产率低，占用厂房面积大。

摇床分选是在一个倾斜的床面上，借助床面的不对称往复运动和薄层斜面水流的综合作用，使细粒固体废物按密度差异在床面上呈扇形分布而进行分选的一种方法。摇床分选是在细粒固体物料分选中应用最为广泛的方法之一。该分选法按密度不同分选颗粒，但颗粒的粒度和形状亦影响分选的精确性。为了提高分选指标和精确性，分选之前需将物料分级，各个粒级单独分选。

在摇床分选设备中最常用的是平面摇床。平面摇床主要由床面、床头和传动机构组成。摇床床面近似呈梯形，横向有0.5°~1.5°的倾斜。在倾斜床面的上方设置有给料槽和给水槽，床面上铺有耐磨层（如橡胶等），沿纵向布置有床条。床条高度从传动端向对侧逐渐降低并沿一条斜线逐渐趋向于零。整个床面由机架支承。床面横向坡度由机架上的调坡装置调节。床面由传动装置带动，进行往复不对称运动。

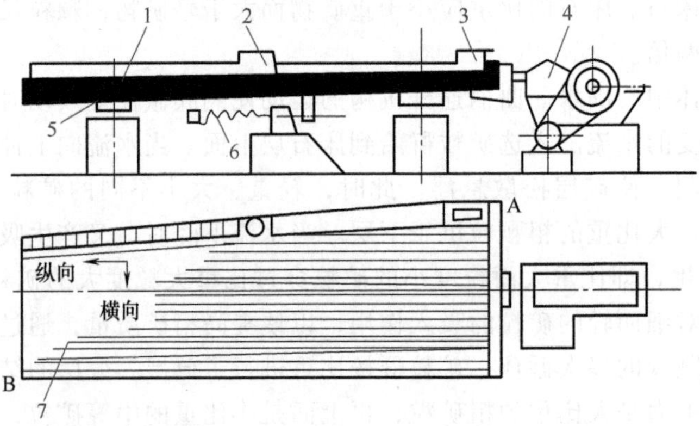

图6-8 摇床上颗粒分带情况示意图

1—给料端 2—轻产物端 3—传动端 4—重产物端 5—调坡机构 6—弹簧 7—来复条

在摇床分选过程中，物料的松散分层及在床面上的分带直接受床面的纵向摇动及横向水流冲洗作用支配。床面摇动及横向水流流经床条所形成的涡流造成水流的脉动，使物料松散并按沉降速度分层。床面的摇动导致细而重的颗粒钻过颗粒的间隙，沉于最底层，这种作用称为析离分层。析离分层是摇床分选的重要特点，它使颗粒按密度分层更趋完善，分层的结果是粗而轻的颗粒在最上层，其下层是细而轻的颗粒，再下层是粗而重的颗粒，最底层是细而重的颗粒。

床面上扇形分带是不同性质颗粒横向运动和纵向运动的综合结果。大密度颗粒具有较大的纵向移动速度和较小的横向移动速度，其合速度方向偏离摇动方向的倾角小，趋向于重产物端；小密度颗粒具有较大的横向移动速度和较小的纵向移动速度，其合速度方向偏离摇动方向的倾角大，趋向于轻产物端。大密度粗粒和小密度细粒则介于上述两者之间。

6.2.4　重介质分选机

重介质分选是在重介质（密度大于水的非均匀介质，包括重液和重悬浮液两种流体）中，使固体废物中的颗粒群按其密度的大小分开以达到分离目的的方法。分选效果的关键是重介质的选择。要求重介质的密度 ρ_C 应介于固体废物中轻物料密度 ρ_L 和重物料密度 ρ_W 之间。

当固体废物浸于重介质的环境中时，颗粒密度大于重介质密度的重料下沉，集中于分选设备的底部成为重产物，而颗粒密度小于重介质密度的轻物料上浮，集中于分选设备的上部成为轻产物。轻、重产物分别排出从而完成分选操作。可见在重介质分选过程中，重介质的性质是影响分选效果的重要因素。

目前常用的重介质分选设备是重介质分选机，其原理示意图如图 6-9 所示。该设备外形为圆筒形转鼓，由四个辊轮支承，通过圆筒形转鼓腰间的大齿轮由传动装置带动旋转（转速 2r/min）。在圆筒形转鼓内壁沿纵向设有扬板，用以提升重产品到溜槽内。圆筒形转鼓水平安装，物料和重介质一起由它的一端给入。在向另一端流动的过程中，密度大于重介质的颗粒沉于槽底，由扬板提升落入溜槽内，被排出槽外成为重产物；密度小于重介质的颗粒随重介质流入溢流口排出成为轻产物。重介质分选机适用于分离较粗（40~60mm）且密度相差较大的物料，具有结构简单、便于操作、分选机内密度分布均匀、动力消耗低等优点，但轻、重产物量调节不方便。

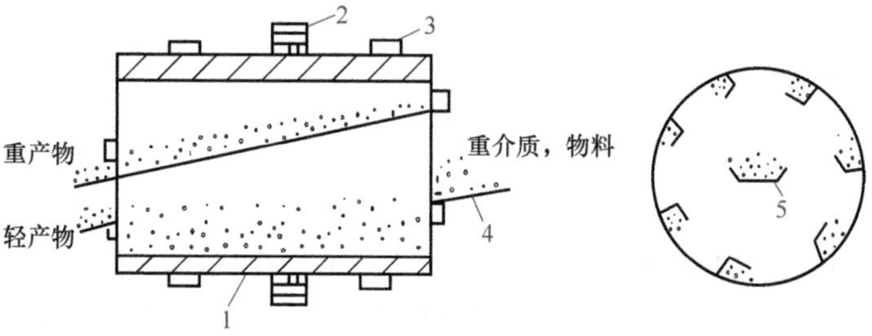

图 6-9　重介质分选机的原理示意图

1—圆筒形转鼓　2—大齿轮　3—辊轮　4—扬板　5—溜槽

6.2.5　离心选矿机

离心选矿机是选别 0.01~0.074mm 的细粒物料的有效设备。它被广泛用作钨、锡矿泥的粗选设备，并可用于选别其他稀有金属矿泥及细粒嵌布的赤铁矿。

离心选矿机是目前应用比较成功的矿泥粗选设备，它与一般矿泥选矿设备比较，其优点有：有效回收粒度下限低，可达10μm，而一般矿泥选矿设备只能回收19μm或更粗的粒度；选别指标高；处理量大。它的缺点是间断作业，结构比较复杂，需要一套执行机构和控制机构。

离心选矿机由主机（包括转鼓、给矿器、冲矿嘴、接矿槽、分矿器等）、控制机构和执行机构三部分组成。主机的作用是选矿。执行机构用于给矿、断矿、冲矿、分矿等。控制机构是控制执行机构各部分的动作，使离心选矿机能按时、准确地进行给矿、断矿、冲矿、分矿等动作。

离心选矿机的选别过程是在旋转着的空心锥形转鼓（锥角为8°~10°）内进行的。当矿浆给入转鼓后，在流膜和离心力的作用下，矿粒按比重分层，重矿粒附着在转鼓的内壁上，成为精矿，轻矿粒位于表层，被流膜冲到转鼓大头而排至尾矿槽中。经过一定时间后，通过控制机构和执行机构，停止给矿，皮膜阀打开，用高压水将紧贴在转鼓内壁上的精矿冲下，流入精矿槽内。待精矿排完，停止冲水，又重新开始给矿。每个工作周期大约3.5min。整个过程由时间继电器和电磁铁（或凸轮）组成的控制-执行机构自动进行。

离心选矿机是在离心力场中实现流膜选矿的设备。它的工作原理与平面溜槽中的流膜选矿是基本相同的，只是由于离心力的引入，强化了流膜选矿过程。给入到转鼓内的矿浆随转鼓转动，并向排矿端鼓壁倾斜的方向流动，从而使矿浆在转鼓内进行螺旋线方向运动。这样就使矿浆流动的距离增长，强化了流膜选矿过程。由于矿浆呈螺旋运动，在给矿端出现较明显的波峰，波峰在向排矿端的运动过程中可以激起较大的涡流，因此能克服较强的离心沉降速度而形成松散的悬浮层，并使混入底层的脉石翻到上层、排入尾矿中，而比重大的细粒在离心力的作用下，通过悬浮的松散层析离到下层。由于离心力的作用，不仅增强了矿粒的沉降能力，而且还增大了流膜的流动速度，从而提高了设备的处理能力。分层和排矿速度的加快，使得离心选矿机能够在较短的转鼓内完成分选过程。

6.3 磁选机

6.3.1 磁选机概述

磁力选矿是根据矿石中各种矿物的磁性差异，在磁选机磁场中进行分选的一种选矿方法。磁选广泛用于黑色金属矿石的选别、有色和稀有金属矿石的精选，以及一些非金属矿石的分选。随着高梯度磁选、磁流体选矿、超导强磁选等技术的发展，磁选的应用已扩大到化工、医药和环保等领域。

磁选分离过程示意图如图6-10所示，当矿浆进入分选空间后，磁性矿粒在不均匀磁场作用下被磁化，从而受到磁场吸引力的作用，使其吸在转筒上，并随之被转筒带至排矿端，排出成为磁性产品。非磁性矿粒由于所受的磁场作用力很小，仍残留在矿浆中，排出成为非磁性产品，这就是磁选分离过程。

矿物颗粒通过磁选机磁场时，同时受到磁力 $F_{磁}$ 和机械力 $F_{机}$（重力、离心力、介质阻力、摩擦力等）的作用。磁性较强的矿粒所受的磁力大于其所受的机械力，而非磁性矿粒所受磁力很小，则以受机械力为主。由于作用在各种矿粒上的磁力和机械力的合力不同，使它们的运动轨迹也不同，从而实现分选。

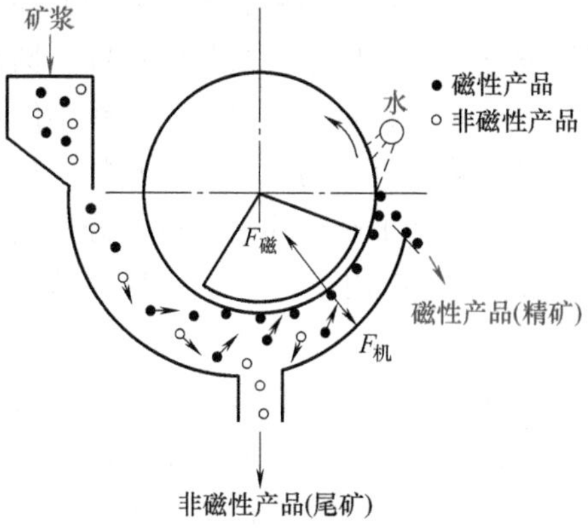

图 6-10　磁选分离过程示意图

目前，国内外生产的磁选机种类很多，其分类方法也各不相同。根据产生磁场的方法不同，磁选机分为电磁磁选机和永磁磁选机；根据选别方式的不同，磁选机分为干式磁选机和湿式磁选机；根据磁场强度的不同，磁选机分为弱磁场磁选机［H<2500Oe（1Oe＝79.58A/m）］和强磁场磁选机（H＝6000～26000Oe）；根据结构的不同，磁选机分为筒式磁选机、盘式磁选机、辊式磁选机、环式磁选机和带式磁选机。

6.3.2　永磁筒式磁选机

我国在 20 世纪 50 年代只有电磁筒式磁选机和电磁带式磁选机。直至 1965 年，才引进瑞典萨拉公司的永磁筒式磁选机，其优点是省电、磁感应强度高、构造简单、造价低、容易操作维护、机器较轻、占地面积小、处理能力大。目前，我国磁铁矿选矿用的湿式弱磁场磁选机一般都是永磁筒式磁选机，电磁筒式磁选机只在个别需要调整磁场强度的情况下才使用。

永磁筒式磁选机是磁选厂广泛应用于选别强磁性矿石的一种磁选设备。根据筒体结构不同，永磁筒式磁选机又分为顺流型、逆流型和半逆流型三种，其适宜的分选粒度依次为 0～6mm、0～2mm、0～0.5mm。现在常用的是半逆流型，下面详细介绍半逆流型永磁筒式磁选机，对顺流型和逆流型永磁筒式磁选机只作简单介绍。

1. 半逆流型永磁筒式磁选机

半逆流型永磁筒式磁选机的结构如图 6-11 所示。

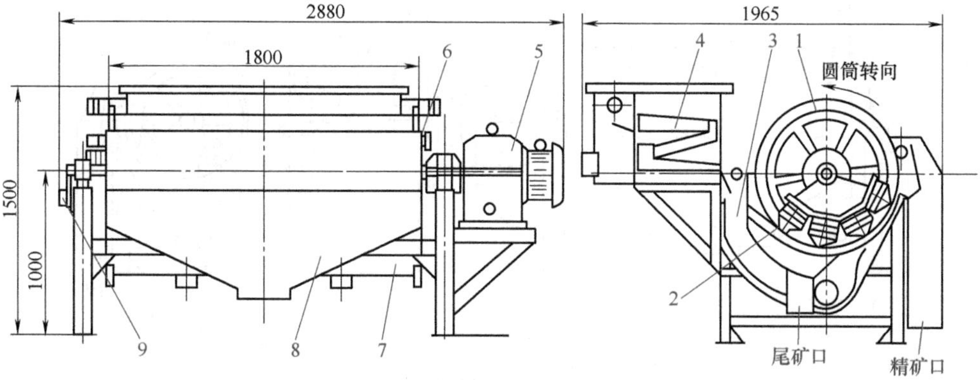

图 6-11　半逆流型永磁筒式磁选机的结构

1—圆筒　2—磁系　3—槽体　4—给矿箱　5—传动装置　6—卸矿水管　7—机架　8—精矿槽　9—磁系调节装置

圆筒是由不锈钢板卷成，筒表面加一层耐磨材料保护筒皮，如加一层薄的橡胶带或绕一层细铜丝，也可以粘一层耐磨橡胶。圆筒的端盖是用铝或铜铸成的，圆筒各部分所使用的材料都应是非导磁材料，以免磁力线不能透过筒体进入分选区，而与筒体形成磁短路。圆筒由电动机经减速机带动，圆筒旋转的线速度与圆筒直径有关，一般为1.0~1.7m/s。

半逆流型永磁筒式磁选机的分选过程。矿浆经给矿箱进入槽体后，在给矿喷水管喷出水（吹散水）的作用下，矿粒呈悬浮状态进入粗选区。磁性矿粒在磁系所产生的磁场力作用下，被吸在圆筒的表面上，随着圆筒一起向上移动。在移动过程中，磁系的极性沿径向交替，使成链的磁性矿粒进行翻动（或称为磁搅拌），在翻动过程中，夹在磁性矿粒中的一部分脉石被清洗出来，这有利于提高磁性产品的质量。磁性矿粒随着圆筒转动离开磁系时，磁力大大降低，在冲洗水的作用下进入精矿槽中。非磁性矿粒和磁性较弱的矿粒在槽体内矿浆流作用下，从底板的尾矿孔流进尾矿管中。由于尾矿流过磁选机具有较高磁场的扫选区，可以使一些在粗选区来不及吸到圆筒上的磁性矿粒，再一次被回收，进而提高了金属回收率。由于矿浆不断给入，精矿和尾矿不断排出，形成一个连续的分选过程。

半逆流型永磁筒式磁选机的特点：给矿矿浆以松散悬浮状态从槽体下方进入分选空间，矿浆运动方向与磁场方向基本相同，所以，矿粒可以到达磁场力很高的圆筒表面上；尾矿从底板上的尾矿孔排出，这样溢流面的高度可以保持槽体中的矿浆水平。这两个特点决定了半逆流型永磁筒式磁选机可得到较高的精矿质量和金属回收率，因此它被广泛用于处理微细粒（小于0.2mm）的强磁性矿石的粗选和精选作业。这种磁选机可以多台串联使用，提高精矿品位。

2. 顺流型永磁筒式磁选机

顺流型永磁筒式磁选机的结构如图6-12所示。矿浆的移动方向与圆筒旋转方向或磁性产品移动的方向一致。矿浆由给矿箱直接进入圆筒磁系的下方，非磁性矿粒和磁性很弱的矿粒由圆筒下方的两底之间的间隙排出。磁性矿粒吸在圆筒表面上，随着圆筒一起旋转到磁系边缘的弱磁场处，由卸矿水管将其卸到精矿槽中。顺流型永磁筒式磁选机的构造简单、处理能力大，也可以多台串联使用，适用于分选粒度为0 ~ 6mm的粗粒强磁性矿石的粗选和精选作业，或用于回收磁性重介质。

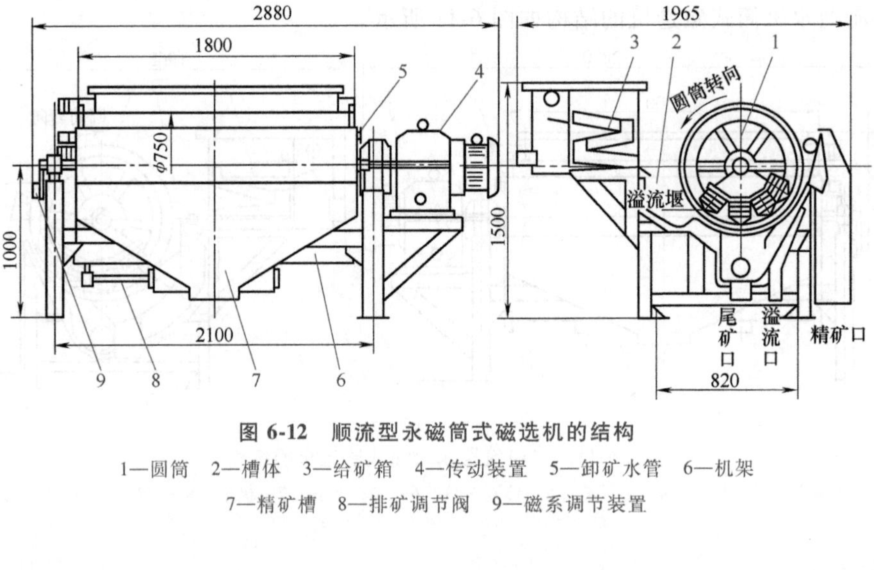

图6-12 顺流型永磁筒式磁选机的结构

1—圆筒 2—槽体 3—给矿箱 4—传动装置 5—卸矿水管 6—机架
7—精矿槽 8—排矿调节阀 9—磁系调节装置

3. 逆流型永磁筒式磁选机

逆流型永磁筒式磁选机的结构如图 6-13 所示。矿浆流动的方向与圆筒旋转的方向或磁性产品移动的方向相反，矿浆由给矿箱直接进入到圆筒磁系的下方。非磁性矿粒和磁性很弱的矿粒由磁系左边下方的底板上的尾矿孔排出。磁性矿粒随圆筒逆着给矿方向被带到精矿端，由卸矿水管卸到精矿槽中。该磁选机适用于分选粒度为 0~0.6mm 的细粒强磁性矿石的粗选和扫选作业。

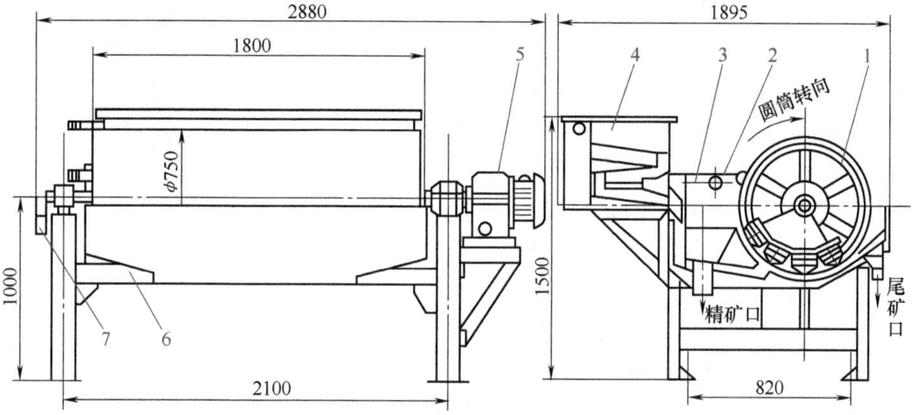

图 6-13　逆流型永磁筒式磁选机的结构

1—圆筒　2—卸矿水管　3—槽体　4—给矿箱　5—传动装置　6—机架　7—磁系调节装置

逆流型永磁筒式磁选机不适用于处理粗粒矿石，因为粒度粗时，矿粒沉积会堵塞选别空间，造成分选指标恶化。

顺流型、逆流型、半逆流型永磁筒式磁选机的比较，如图 6-14 所示，总的来说，顺流型的精矿品位较高，逆流型的回收率较高，而半逆流型兼有顺流型和逆流型的特点，即精矿品位和回收率都比较高。

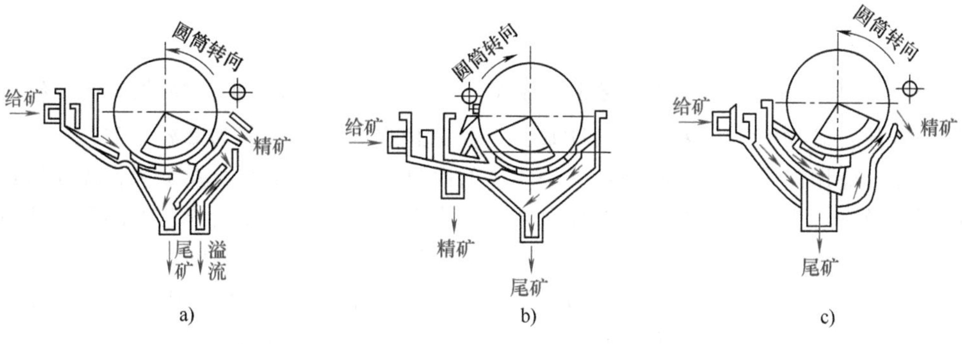

图 6-14　顺流型、逆流型、半逆流型永磁筒式磁选机的比较

a）顺流型　b）逆流型　c）半逆流型

6.3.3　磁力脱水槽

磁力脱水槽（也称为磁力脱泥槽），是一种磁力和重力联合作用的选别设备。广泛地应用于磁选工艺中，用它脱去矿泥和细粒脉石，也可以作为过滤前的浓缩设备使用。目前应用

的磁力脱水槽从磁源上分为永磁脱水槽和电磁脱水槽两种，其中，永磁脱水槽应用较多。

比较常见的永磁脱水槽的结构如图 6-15 所示。它主要由槽体、磁系、给矿筒（或称为拢矿圈）、上升水管和排矿装置（包括手轮、丝杠、排矿胶砣）等部分组成。

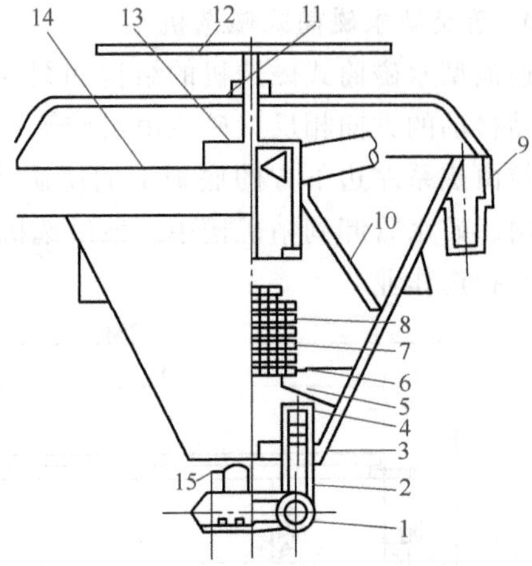

图 6-15　比较常见的永磁脱水槽的结构

1—水圈　2—上升水管　3—排矿胶砣　4—迎水帽　5—支架　6—磁导板　7—硬质塑料管　8—磁系　9—溢流槽　10—支架　11—丝杠　12—手轮　13—给矿筒　14—槽体　15—排矿口胶垫

在磁力脱水槽中，矿粒受重力作用，产生向下沉降的力。磁性矿粒在槽内磁场中受到的磁力，方向垂直于磁场等位线指向磁场强度高的地方。矿粒在脱水槽中所受到的上升水流作用力都是向上的，上升水流速度越快，矿粒所受水流作用力就越大。其中，重力的作用是使矿粒下降，磁力的作用是加速磁性矿粒向下沉降的速度，而上升水流作用力的作用是阻止非磁性的细粒脉石矿泥的沉降，并使它们顺上升水流进入溢流中，从而与磁性矿粒分开。同时上升水流也可以使磁性矿粒呈松散状态，把夹杂在其中的脉石冲洗出来，从而提高了精矿品位。

矿浆由给矿管以切线方向进入给矿筒内，比较均匀地散布在磁系的上方。磁性矿粒在磁力与重力作用下，克服上升水流的向上作用力，沉降到槽体底部，从排矿口（沉砂口）排出；非磁性细粒脉石和矿泥在上升水流的作用下，克服重力等的作用而顺着上升水流进到溢流槽中排出，从而达到分选目的。

磁力脱水槽只适用于处理细粒强磁性矿石，对于粗粒物料并不适用，这是因为它不能排除粗粒脉石。

6.3.4　磁选柱

磁选柱主要用于大、中、小型磁铁矿选矿厂最后一段精选作业，提铁降杂（包括 SiO_2 及其他造岩脉石矿物等）的效果十分明显，产品品位提高幅度一般为 2% ~ 7%。

磁选柱自应用以来不断被改进：一是主体的改进；二是操作上由人工调整操作转向智能化自动调整操作。现在的智能型磁选柱由主机、供电电控柜和自控系统三大部分组成。磁选柱属于一种电磁式弱磁场磁重选矿机，分选过程以磁力为主、重力为辅。

磁选柱由直流电控柜供电励磁，在磁选柱的分选腔内形成循环往复、顺序下移的磁场力，向下拉动多次聚合又多次强烈分散的磁团或磁链，由相对强大的旋转上升水流冲带出以连生体为主并含有一部分单体脉石和矿泥的磁选柱尾矿（中矿）。

6.4　电选机

电选是矿物在高压电场作用下，利用矿物的电性差异达到分选目的的一种选矿方法。

有些矿物由于比重和磁性差别不大，或因无适合的浮选药剂，所以用重选法、磁选法或浮选法不能很好地进行分选，但是利用矿物的电性差别却能有效地分选。特别是对于砂矿和稀有金属脉矿的精选，电选法通常是一种有效的选矿方法。

电选和其他选矿方法不同，电选的分离过程是在高压电场的条件下，主要是通过矿物电性这个内因实现的，矿物的电性主要是矿物的电导率（电导系数）、介电常数和比导电度。根据电导率的大小，矿物可分为三类：导体矿物，半导体矿物和非导体矿物。

电选机是实现不同电性矿物分离的设备。电选机按电场的特性可分为静电场电选机、电晕电场电选机、复合电场（静电场和电晕电场组合）电选机，按结构特征可分为筒式电选机、箱式电选机、板式电选机和带式电选机。

当电选机的高压电极（与高压电源负极相连）通入高压电时，在电晕电极与圆筒之间产生电晕电场，而在偏转电极与圆筒之间形成非均匀静电场。电晕电场是不均匀电场，电晕电极附近的电场强度很强，随着距离的增大，电场强度减弱得很快。在大气压力下，提高两电极间的电位差到某一数值时，由负极发射出大量的电子，这些电子在电场的作用下以很快的速度运动，当和气体（如空气）分子碰撞时便使气体分子电离。被电离出的正离子飞向负极，负离子飞向正极（圆筒接地是正极）。矿物沿导矿板给到圆筒电极上。导电性不同的矿物进入电场后，都获得负电荷。导体矿物由于界面电阻接近于零，故很快把得到的电荷传导给圆筒，因而在电场力和机械力的作用下，离开筒面偏向偏转电极而落入精矿斗中；非导体矿物由于界面电阻很大，故在圆筒上的放电速度比得到电荷的速度慢得多，从而吸附在圆筒表面，然后受毛刷作用而落入尾矿斗中；半导体矿物则介于二者之间，落入中矿斗中。

在分选过程中，矿粒受到几种力的作用。由于受力不同，导体、半导体和非导体矿物在电场中的运动轨迹不同，因而使矿物得到分选。电选机的工作原理及作用在矿粒上的力如图 6-16 所示。

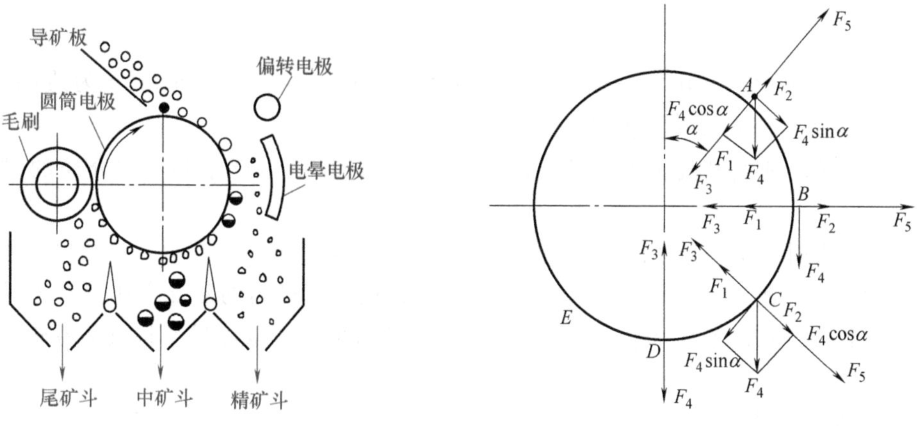

图 6-16　电选机的工作原理及作用在矿粒上的力

高压电选机采用由电晕电场和静电场组合而成的复合电场，其主要组成如下：

（1）给矿装置　给矿装置由给矿斗、加热器和给矿辊等组成。被分选矿物经给矿斗加热后，通过闸门、给矿辊、导矿板均匀地落到圆筒上进行分选。给矿辊由电动机经减速器带动旋转。

（2）圆筒　圆筒在电选机中作为接地正极起分选作用。圆筒用无缝钢管加工后表面镀铬制成，它绕固定的空心轴转动。圆筒由直流电动机经带轮带动旋转并采用无级调速。为了避免空气温度变化对分选过程的影响，在圆筒内装有加热器，使圆筒表面温度保持在80℃左右。

（3）电晕电极与偏转电极　电晕电极采用直径小于0.2mm的电晕丝张紧于铜制弧形支架上，形成弧形的电晕电极组。在电晕丝的旁边安有直径为40mm的铜管作为偏转电极。这些电极能平行地移动，极距可以调节。电晕电极与圆筒表面的距离可在45~150mm范围内调节，以适应矿物粒度和电性等条件的变化。电选机的高压直流电源采用四管桥式全波整流线路，整流电压和电流比较稳定。

6.5 选别作业过程控制

6.5.1 重力选矿过程控制

1. 矿浆磁性物含量测试方法

磁性物含量测试仪是测量重介质悬浮液中磁性物含量的仪器，主要在选煤厂和铁矿选矿厂中使用。它可与密度计配合，用于检测悬浮液中磁铁矿粉和煤泥的含量，以保证生产所需的最佳悬浮液特性、提高分选效果、稳定产品质量。还可用于磁选系统检测尾矿损失、减少磁铁矿损耗，也可以用于检测磁铁矿矿浆品位、控制选矿指标。

均匀分布有磁铁矿粉的悬浮液通过传感器时，线圈的电感量为

$$L=\frac{u_0 u_r n^2 S}{l} \tag{6-1}$$

式中，u_0 为真空磁导率（H/m）；u_r 为线圈内介质相对磁导率（H/m）；n 为线圈匝数；S 为线圈横截面积（m^2）；l 为线圈长度（m）。

当线圈匝数、线圈横截面积、线圈长度确定后，线圈的电感量和其中介质的磁导率成正比。

重介质选煤时，实际悬浮液由磁铁矿粉、煤和水三部分组成。其中，水和煤是非磁性物质，其磁导率接近真空磁导率，相对磁导率约为1，而磁铁矿粉的磁导率比真空磁导率高两个数量级以上。因此，当重介质悬浮液流经一个感应线圈时，其磁导率将仅随着磁性物含量的变化而变化，故线圈的电感量也将与磁铁矿粉的含量成正比。

2. 重介质悬浮液密度检测方法

重介质悬浮液的密度是重介质选矿、选煤工艺过程中最重要的技术参数。用于悬浮液密度检测的仪器主要有接触式的滴水平衡密度计、压差式密度计和非接触式的 γ 射线密度计等。常用的是 γ 射线密度计和压差式密度计。

（1）γ 射线密度计　放射性同位素产生的 γ 射线在穿过物质时，一部分粒子因克服阻力和碰撞而消耗动能被吸收，另一部分粒子则穿透介质，辐射强度被衰减。根据吸收定律，有

$$I=I_0e^{-\mu L\rho} \tag{6-2}$$

可转换为

$$\rho=\frac{1}{\mu L}(\ln I_0-\ln I) \tag{6-3}$$

式中，I_0 为 γ 射线的入射强度（Ci）；I 为 γ 射线的透射强度（Ci）；L 为待测物质的厚度（m）；μ 为待测物质的质量吸收系数；ρ 为待测物质的密度（g/cm^3）。

对于一定的射源，其射线强度随时间呈规律性衰减。当测量期限远小于射源半衰期时，可以认为射线强度是常数，在管壁材质和厚度不变的条件下，最终进入被测悬浮液的射线强度也是常数。在悬浮液化学组成基本一定时，其物质的质量吸收系数 μ 也为常数。当被测物料厚度不变时，式（6-2）可变为

$$I=Ke^{-\rho} \tag{6-4}$$

其中，当 γ 射线的入射强度 I_0、待测物质的厚度 L 和待测物质的质量吸收系数 μ 均不变时，K 为一常数。

可见，穿透被测物质后的射线强度仅随被测物质的密度变化而变化，因此只要测出穿透物质的射线强度，就可以求出介质密度。

透射射线的强度通过射线探测器进行测量。射线探测器有电离室和闪烁计数器两种，其作用都是将接收到的射线强度转换为相应的电脉冲密度，再经过前置放大传送到二次仪表。

二次仪表将射线探测器传送来的电脉冲信号进行放大、整形和变换，得到标准 4～20mA DC 模拟量化信号。二次仪表允许用户对测量系统的相关参数进行设定、修改和标定，对测试结果进行实时显示。

同位素密度计作为一种非接触式测量仪器，具有结构紧凑、体积小、安装方便等优点。但它含有对人体有害的放射源，必须采取适当的防护措施。为保证安全性，应根据不同的物料和穿透厚度，选择不同强度的射源。同位素密度计安装位置通常应选择在楼板下方附近，操作维修人员很少活动的区域。

（2）压差式密度计　压差式密度计依据流体在管道中不同高度的位置产生压差的原理来测量密度。

$$\Delta p=\gamma H=\rho gH \tag{6-5}$$

因此

$$\rho=\frac{\Delta p}{gH} \tag{6-6}$$

式中，ρ 为悬浮液密度（g/cm^3）；g 为重力加速度（m/s^2）；Δp 为压力差（Pa）；H 为测量高度（m）。

压差式密度计由两个压力传感器和差压变送器组成，当两个压力传感器安装在不同高度时，被测介质的高、低压力就会对压力传感器产生不同的压力，介质密度的大小与压力成正比，两个压力传感器将产生的压力传送到差压变送器，差压变送器输出与差压值成线性的电压信号，经过放大转换后送给二次仪表显示。

3. 压强测试方法

工业上的压强检测多采用机械式压强计，也称为压力表。压力表通过表内的敏感元件（波登管、膜盒、波纹管等）的弹性形变，再由表内机芯的转换机构将压力形变传导至指针，引起指针转动来显示压力。

压力表的指针刻度盘一般指示相对压强，正常大气压强标定为 0，常用工作量程为 0~0.3MPa，高压表量程可达 0~2.4MPa，真空表量程为-0.1~0MPa。

量程范围的选用原则：在测量稳定压力时，最大工作压力不应超过满量程的 2/3；最小被测压力的值应不低于仪表测量上限值的 1/3。

4. 跳汰选矿自动控制

跳汰机过程控制主要包括两个方面：一是重产物排出过程的控制，需要在保证床层分层稳定的前提下，达到一定的分离精度；二是床层分层过程的控制，应使选取的风、水操作制度能确保物料按密度进行分层，尽量减少不同密度层间的错配。

在重产物排出过程控制时，一般先由人工设定好重产物床层厚度期望值，用浮标传感器获取重产物层的厚度，与设定值相比后，再通过偏差对排料闸板或排料轮进行控制，一般采用简单的逻辑比较法或 PID 算法。这种控制导致排料闸板动作或迟缓或大起大落，床层或超厚或排空，波动很大。目前，少数选煤厂采用了模糊排料系统，该系统运用模糊控制技术，克服了上述床层不稳定的问题，已取得良好的控制效果。

床层的分层过程控制现状是跳汰周期和频率等参数均通过数控箱的拨码盘由人工设定，操作工人完全依赖于手工探查和自己的经验来做调整。所谓手工探查即工人用探杆（棍）插入动态床层中来感觉重产物层的厚度和床层的松散程度。显然，这样的控制很难实现合理的风、水操作制度，分层效果难以达到最佳状态。这就导致了灰分控制不精确、数量效率低和大量精煤流失。

事实上，床层按密度分层是一个非常复杂的液固两相流相互作用的过程，受到很多因素的影响（如风阀工作制度、脉动水流速度、加速度、风压、顶水量等），加上检测环节不完善，所以控制难度很大。主要集中在两个方面：一方面要实现对床层分层状态的自动控制，首先要检测或估计出床层状态的优劣，但适合跳汰机分层状况检测的传感器的发展很不成熟。检测手段的落后，制约了跳汰机自动控制的发展。另一方面跳汰分选是一个非常复杂的过程，相关因素很多，它们互相关联、互相影响，所以无法建立精确的数学模型，传统控制方法难以实现精确控制。

跳汰机的控制可分为分层和排料的控制，如果一台跳汰机既实现了分层的自动控制又实现了排料的自动控制，则可称为实现了整机控制。分层的控制是给跳汰机以合理的风、水操作制度，使原煤按照密度较好地分开。风、水操作制度有风阀周期、顶水、跳汰频率几个控制变量，其中顶水和跳汰频率在生产过程中变化不大，主要是风阀周期的控制。跳汰机的排料直接决定了产品的质量和洗选效率，排料控制是跳汰机控制的一个重要环节。排料的控制应在分层状态比较好的情况下，根据检测到的物料分层状态的具体情况进行，通过控制系统排料闸门的开度，使物料排出。

跳汰机有五个空气室，分为两段。一段是一、二空气室，二段是三、四、五空气室。每个空气室有两个风阀，共十个风阀。因此，PLC 需要输出十个脉冲序列来控制风阀的动作。数据采集后处理程序、通信程序，以及知识库、数据库、推理机、人机界面等程序都存放在工控机中。为了实现风阀的自动控制，利用 PLC 以及上位工控机，组成了两级控制系统。PLC 完成对风阀的实时控制，上位工控机作为上层控制器主要完成风阀参数的反馈控制、对下层控制器的监控和通信，以及数据的处理、显示、记录以及界面显示等功能。

在自动控制过程中，传感器选用闪烁探测器，通过程序将计数值转变成密度值。采用专家系统的产生式规则算法，预先经过大量试验，将采集的试验数据分析处理后存储到知识库中，作为专家经验对跳汰机的工矿进行检测并做出判断的依据，将调整后的各跳汰室风阀参数和跳汰频率传递到下层 PLC，由其输出并控制风阀动作。

风阀控制系统的组成如图 6-17 所示。

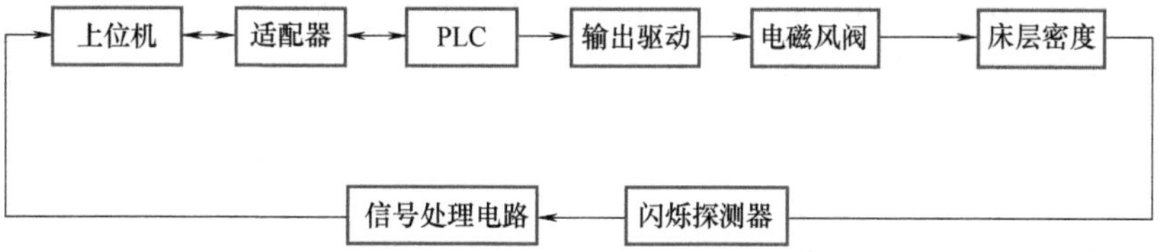

图 6-17　风阀控制系统的组成

5. 重介质选矿自动控制

重介质分选过程中的主要控制对象为合介桶中的重介质悬浮液的密度，而密度的控制涉及密度反馈与灰分反馈：密度反馈用来对合介桶中的悬浮液密度进行闭环调节；灰分反馈用来对分选产品质量进行监控，根据灰分结果对重介质悬浮液密度给定值进行调整，以达到稳定产品质量的目的。

重介质旋流器的分选控制实质是一个双闭环控制系统，内环控制为重介质悬浮液的密度控制，外环控制为精煤的灰分反馈控制。外环通过灰分给定，决定合介桶中重介质悬浮液的密度给定值，当精煤产品灰分与灰分给定值不一致时，改变密度给定值，进而改变重介质旋流器的产品输出灰分；内环密度控制系统采用补水阀对密度进行控制，通过密度计反馈密度值，实现合介桶中悬浮液密度的闭环控制。重介质分选控制系统实际由三个环节构成，即灰分反馈环节、密度给定环节、密度控制环节。

密度控制原理：利用密度计进行密度检测，通过合介桶上的清水阀门与精煤筛下的分流箱，调节合介桶中悬浮液的密度，使其值比理论分选密度值略高一些，再通过合介桶上的加水阀门进行清水补充，使密度下降，达到旋流器所需要的分选密度。当合介桶中悬浮液的密度低时，加大分流或减少补水，密度高时，减小分流或增加补水，加水阀门由合介桶中悬浮液的密度与液位综合控制。若有煤泥重介，则粗粒煤重介系统密度靠补加浓介质提高，煤泥重介系统可以通过加大粗粒煤重介系统中分流箱的开度向细粒系统补充介质。

在选煤厂实际生产中，常用的重介系统控制变量为重介质悬浮液密度、悬浮液入料压力、合介桶液位以及悬浮液中煤泥含量。大部分选煤厂的控制功能有：①合介桶中的密度可以自动调节，也可以手动控制加介与加水执行机构，保证介质密度在给定误差允许范围内；②通过分流使稀介质流向磁选机，实行降煤泥处理完成重介质悬浮液煤泥的监控；③通过手动或自动调节分流箱开度，完成合介桶液位的控制，保证合介桶中的液位稳定；④可以利用 PLC 与变频器控制入料泵的转速，进而控制旋流器的入料压力，实现重介质旋流器的恒压入料控制。

6.5.2　磁力选矿过程控制

1. 强磁选机及磁选工艺的自动控制系统

强磁选过程的控制目标为将精矿品位、尾矿品位稳定控制在目标值范围内。磁选过程的自动化程度在整个选矿流程中相对较低，很多选矿厂的选别过程的关键变量尚未实现自动控制，过程参数检测手段以人工检测为主，精矿品位和尾矿品位的控制通过操作员人工观察决策、手动操作来实现。

磁选工艺流程图如图 6-18 所示。对于强磁选过程的手动控制而言，扫选给矿浓度、粗选漂洗水流量、一扫漂洗水流量、二扫漂洗水流量、粗选励磁电流、扫选励磁电流的调节都通过人工调节手阀开度实现，具体控制方法如下：

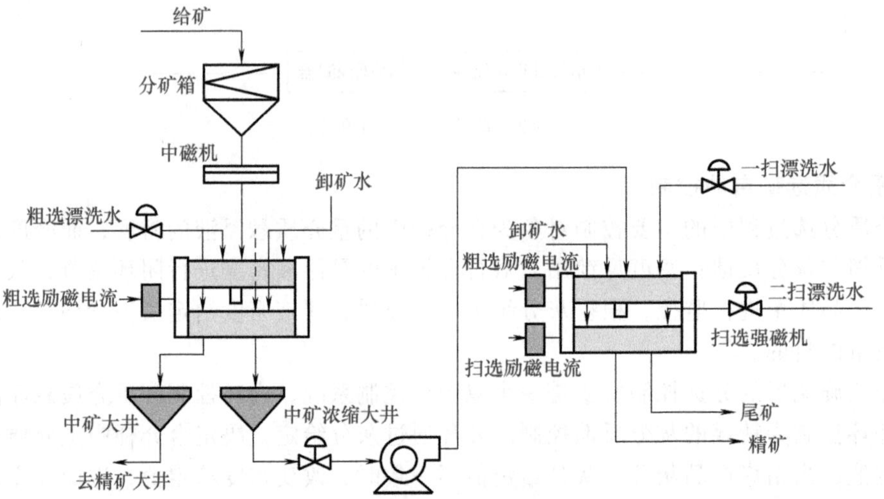

图 6-18 磁选工艺流程图

(1) 漂洗水流量（粗选、一扫、二扫）控制　由于没有水流量检测装置，漂洗水流量（粗选、一扫、二扫）的控制依靠操作员眼睛观察水流来判断，通过手动调节漂洗水阀开度来控制水流量大小，直到得到满意的水量，显然这种方式难以实现漂洗水流量（粗选、一扫、二扫）的精确稳定控制。

(2) 扫选给矿浓度控制　扫选给矿浓度大小依靠人工采样化验得到，操作员根据化验数据来调节扫选给矿浓度调节阀开度，来控制扫选给矿浓度。由于采样化验周期较长，因而扫选给矿浓度的调节滞后时间非常长，同时依靠操作员人工操作，不能实现闭环自动控制，难以使给矿浓度稳定跟踪设定值。

(3) 励磁电流（粗选、扫选）控制　励磁电流（粗选、扫选）的大小对于选别质量至关重要，而实际生产过程中励磁电流（粗选、扫选）检测的控制是通过调整可控硅触发角来实现的，而实际生产中操作员一般不改变励磁电流（粗选、扫选），即不进行调节。在实际生产过程中，强磁选过程以精矿品位和尾矿品位为目标的控制采用人工方式。强磁选过程中精矿品位与尾矿品位不仅与粗选漂洗水流量、一扫漂洗水流量、二扫漂洗水流量、粗选励磁电流、扫选励磁电流、扫选给矿浓度的动态特性具有强非线性关系，而且还受给矿品位、给矿粒度、矿石可选性、给矿量等边界条件的影响，难以用精确的数学模型描述，因而无法实现基于模型的品位指标的开环控制。精矿品位与尾矿品位不能在线连续测量，因此难以采用常规控制方法实现反馈控制。

强磁选机的磁场磁感应强度一般为 0.8～1.8T，主要用于弱磁性的赤铁矿、褐铁矿、镜铁矿、锰矿和钛矿的分选。

连续给料式的强磁选机包括平环式强磁选机、立环式强磁选机和滚筒式强磁选机。平环和立环式强磁选机为湿式，用于分选细粒矿浆状物料；滚筒式强磁选机为干式，主要用于分选粗粒干物料。

典型的平环式强磁选机有长沙矿冶研究院生产的 SHP 强磁选机。SHP 强磁选机安装在一个钢制框架内，由 2 个 U 形磁轭和 2 个转盘构成矩形闭合磁回路。分选过程为电动机带动转环在磁轭之间慢速旋转，矿浆经筛子隔渣后进入齿板分选箱，非磁性颗粒随矿浆流迅速穿过分选齿板间隙流下成为尾矿；磁性颗粒被吸引在齿板的尖端上，在给矿点后 60°位置用压力水清洗出中矿，再转 60°角，即到了磁中性点时，用高压水冲洗出精矿。

典型的立环式强磁选机有赣州金环磁选设备公司生产的 SLon 高梯度强磁选机。其主要特点是能使分选室内料浆产生上下脉动和采用有序排列的 $\phi 2 \sim \phi 3$mm 的圆棒介质，有效地克服了介质被堵塞的问题。SLon 高梯度强磁选机的脉动机构、激磁线圈、铁轭和转环是关键部件。脉动机构由碗形橡皮膜、中心传动杆、冲程箱和电动机组成，脉动冲程和冲次可随意调节。激磁线圈采用空心铜管绕制，工作时以水内冷方式冷却线圈。工作时，转环沿顺时针方向旋转，矿浆从给矿斗给入后，沿着上铁轭的穿孔通道流经转环，经过分选区时，矿浆中的磁性颗粒被磁介质所吸附，并随转环移至上部无磁场区，被冲洗水冲入精矿斗，非磁性颗粒则沿下铁轭穿孔通道进入尾矿斗。

湿式强磁选机的自动监测控制系统主要包括：

1）设备工作电压稳压控制系统。可保证设备分选磁场稳定，由可控硅稳压装置组成。

2）冷却水欠压欠流自动报警系统。由导电指针式水压表组成。

3）激磁线圈温度检测和过热自动报警系统。由热敏电阻传感器组成。

2. 周期式高梯度磁选机及其自动控制系统

周期式高梯度磁选机主要用于高岭土、长石和石英等非金属矿物除铁、增加白度。目前常规的周期式高梯度磁选机的分选磁场为 1.8T。周期式高梯度磁选机主要由铁铠装螺线管线圈、充填有铁磁性介质的分选罐、出口、入口和阀门等部分组成。螺线管由空心扁铜线绕成，通水冷却。外部设备有激磁电源，加压冷却水泵及分选过程全自动控制系统。

周期式高梯度磁选机的分选过程是周期式进行的。接通激磁电流后，经过充分分散的料浆从下部进入分选区，非磁性颗粒随流体从上部出浆管排出成为非磁性产品，磁性颗粒吸附在钢毛表面上，至饱和吸附时，停止给料，从下部给入清洗水，清洗出磁性颗粒中的非磁性夹杂物，然后切断直流电，从上部给入高压冲洗水，反向冲洗出磁性颗粒。激磁给料、清洗、断磁和反向冲洗的全过程称为一个工作周期。一个工作周期结束后，磁选机立即开始下一个工作周期。

周期式高梯度磁选机的自动监测控制系统与湿式强磁选机的基本相同，此外还增加了工作周期的顺序控制机构。

6.5.3　浮选过程控制

1. 煤的灰分在线检测技术

选煤厂的精煤灰分是选煤厂和用户最关心的产品质量指标之一。普通燃烧方法测量煤的灰分，往往需要 1h 左右，远不能满足工业生产中快速测控的要求。

煤中可燃体主要由碳、氢、氧、氮、硫等元素组成，其平均原子序数约为6。煤中成灰物质主要由硅、铝、钙、镁、铁等元素组成，其平均原子序数约为13。理论研究结果表明，低能γ射线与物质的相互作用，主要是光电效应和康普顿效应。其中，光电效应吸收系数与原子序数的4次方成正比，当煤中成灰物质比例增加，即灰分增加时，γ射线的散射强度也增加。

低能γ射线照射煤样时，其射线衰减的大小除了与煤中成灰物质有关外，还和煤样的水分、粒度组成、松散度等因素有关。为了尽可能消除这些影响，一般采用散射法检测煤的灰分。煤的灰分与散射强度的关系为

$$A_d=\frac{N_0-N}{K_0}=A-BN \tag{6-7}$$

式中，A_d 为被照射煤样的灰分（%）；N 为γ射线散射强度（Ci）；N_0 为γ射线入射强度（Ci）；A、B、K_0 分别为与样品性质、测量条件和测量仪表相关的常数。

对于以一定时间脉冲数表示的γ射线散射强度，式（6-7）可以变换为

$$A_d=K(V_0-V_m n\tau) \tag{6-8}$$

式中，n 为单位时间脉冲数；V_0 为仪表的给定值；V_m 为信号脉冲的幅值；τ 为电路时间常数；K 为仪表的量程。

当使用普通γ射线测灰仪检测煤的灰分时，会受到煤中带介量的影响，双射源测灰仪可以消除磁铁矿介质的影响。双γ射线透射法测量灰分，是利用两种可放射不同能量射线的放射源构成的“双透射通道”来进行测量。第一透射通道采用镅源，镅放射源发出的γ射线能量较低。物质的原子序数越大，对镅放射的γ射线的吸收越强，穿透煤后被探测器检测到的γ射线越少。第二透射通道采用放射较高能量γ射线的铯源，其强度损失主要反映煤的厚度、松散度等，与原子序数关系不大。按一定比例对两个通道检测的结果进行差减，就可以修正其他性质变化引起的射线衰减变化，精确求出煤中高原子序数元素的含量，从而得到煤的灰分。

2. 浮选加药

浮选自动加药系统的结构如图6-19所示，由液位报警器、储药箱、恒压箱、电磁阀、流量缓冲器、PLC、浮球阀、流量计、浓度计和工业计算机等部分组成。各部分的功能如下：

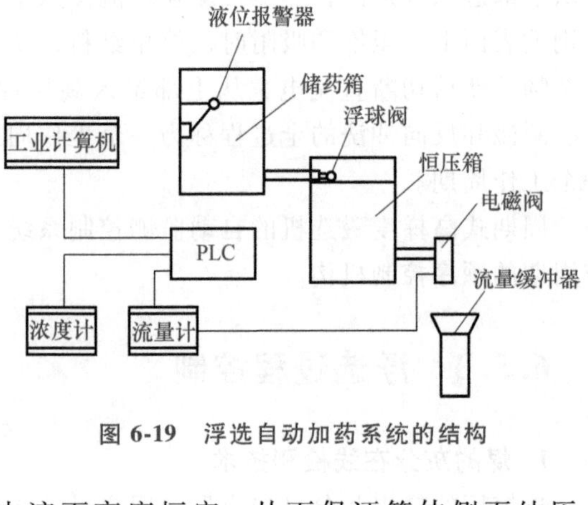

图6-19 浮选自动加药系统的结构

1）液位报警器。液位报警器为浮球式液位报警器，通过内部带有环形磁铁的浮球随着水位的上下浮动来吸引杆子内部的磁簧开关，发出报警信号提醒工作人员储药箱中的药剂不足，及时补充药剂。

2）储药箱。储药箱为药剂的储备装置，工作人员将配制好的药剂加入储药箱储存备用。

3）恒压箱。恒压箱借助浮球阀保持箱内液面高度恒定，从而保证箱体侧面处压力恒定。

4）电磁阀。电磁阀为浮选自动加药系统的执行机构，通过电磁铁来操纵阀芯的移动。通过 PLC 控制电磁阀的通断时间来控制药剂的添加。一般强腐蚀性药剂选用尼龙材质的电磁阀，腐蚀性药剂选用不锈钢材质的电磁阀，无腐蚀性药剂则选用黄铜材质的电磁阀。

5）流量缓冲器。从电磁阀中流出的药剂进入流量缓冲器后，用管道使药剂缓慢流向加药点，起保证加药连续性，改善加药效果的作用。

6）PLC。PLC 通过测得的浓度和流量计算出进入浮选作业的干矿量来确定药剂添加量，以控制电磁阀加药。

7）浮球阀。浮球阀起恒定液位的作用，能够使恒压箱中药剂的液位保持恒定。该装置为浮子式球阀结构。当液面升高时，浮球阀关闭，液体流量减少直至停止；当液面降低时，浮球阀开启，液体流量逐渐增大，从而保证恒压箱内液面高度的恒定。

8）流量计。流量计用于测量进入浮选作业的矿浆流量，以便 PLC 计算矿浆中的干矿量。

9）浓度计。浓度计用于测量进入浮选作业的矿浆浓度，以便 PLC 计算矿浆中的干矿量。

10）工业计算机。工业计算机是工作人员设定药剂添加量、监控加药机工作状态、统计药耗累积量的工作平台。

电磁阀式自动加药系统的工作原理。电磁阀式自动加药系统是基于孔口流的基本原理，采用间断加药方式，在固定周期内将药剂间断地加入流量缓冲器内，之后药剂经过管道连续地流向加药点。使用液面恒定装置控制恒压箱中药剂的液面高度，药剂由控制器控制恒压箱侧面下部的电磁阀添加。在恒压箱内液面高度恒定的条件下，电磁阀在开启固定时间内流出的液体量也是固定的，所以可以通过固定加药周期时间、改变电磁阀开启时间和断开时间的比值实现加药量的调节。电磁阀式自动加药系统可以控制阀门的打开次数，打开次数乘以阀门打开一次时给出的液体药剂量即可得到药剂累计用量。

3. 浮选槽液位检测与控制

（1）液位检测　图 6-20 所示为采用超声波液位传感器测量浮选柱矿浆液位的示意图。在浮选柱上方安装两个超声波液位传感器（传感器 A 和传感器 B）。传感器 A 对准浮选柱泡沫，用以测量泡沫的物位；传感器 B 对准浮球上相连的平板，平板通过连杆、支架与浮球相连，当浮球上、下移动时，连杆带动平板相应移动，故检测出平板位移的变化即为矿浆液位的变化。

超声波液位传感器方法测量矿浆液位可避免测量不稳定和不可靠的问题，同时两个超声波探头所测物位差即为泡沫层厚度。该系统能用于恶劣测量环境中，通过在国内的实践，发现上述结构的超声波液位传感器使用良好、免维护。

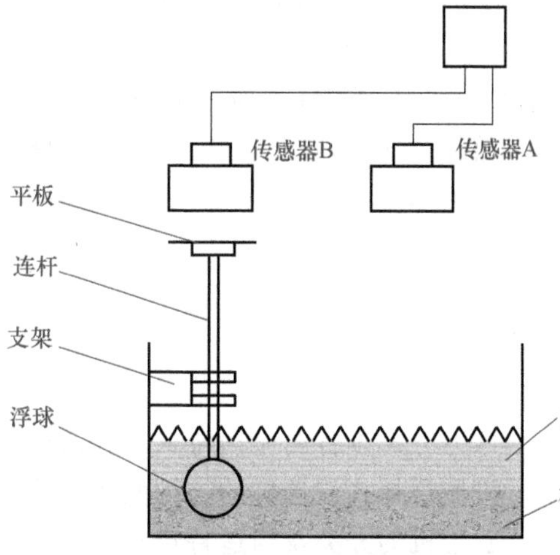

图 6-20　采用超声波液位传感器测量浮选柱矿浆液位的示意图

（2）液位控制　液位控制系统由三大部分组成：测量机构（浮球、角度传感器、压力传感器等）、液位控制器和执行机构（电动或气动）。通过液位控制器将浮选槽矿浆液位数据与目标值进行对比，根据对比结果进行输出，实现液面自动调整。一般液位控制器以测量机构传入的实际液位测量值与操作人员的液位设定值为依据，对液位气动执行机构进行控制，从而实现液位自动调节。当实际液位高于设定液位时，气动执行机构开始运作，即气动执行机构提升，开始放浆；当实际液位低于设定液位时，气动执行机构下降，直至关闭放浆，以此循环。液位控制系统的原理图如图 6-21 所示。

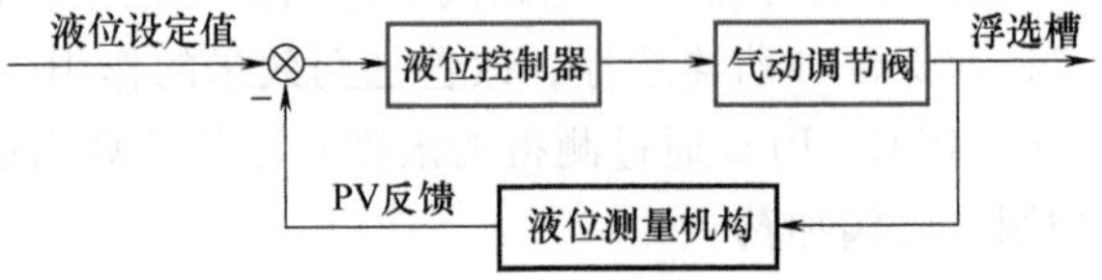

图 6-21　液位控制系统的原理图

浮选液位控制以 PLC 为控制器，浮选液位控制回路的电气仪表设备主要包括两个压力表、显示仪表、气动调节阀和 PLC，压力计将测得的液位值传给 PLC，PLC 将测得液位值与设定值进行比较，若测得的值比设定位大，则 PLC 控制电动调节阀，使其开度减小，反之，则使电动调节阀开度增大。

4. 浮选 pH 值控制

pH 值控制首先进行 pH 值的测量。在浮选流程关键作业中，为了得到精确的连续性的矿浆 pH 值，使用电位分析法。检测到 pH 值后就可以进行 pH 值的控制。例如，浮选铅硫分选、锌硫分选、铅精选作业的 pH 值须控制在 11～12 之间。采用工业酸度计测量 pH 值，超过控制范围时通过调节石灰添加量来控制 pH 值。在铅硫分选、锌硫分选、铅精选作业中安装工业酸度计，石灰输送管道上安装气动调节阀，通过 PLC 实现根据工业酸度计测量到的矿浆实际 pH 值自动调整石灰管道。当矿浆 pH 值大于 12 时，减小石灰的添加量或关闭石灰管道；当矿浆 pH 值小于 11 时，开始添加石灰或加大石灰的添加量，在此循环过程中，每个控制过程必须考虑一定的延时，以确保矿浆 pH 值的稳定。

pH 值控制系统采用 PID 调节。酸度计传感器把测量产生的电位差导出，测量变送器将此电位差根据相应方程转换成对应的 pH 值，不同的 pH 值对应不同的电位差。测量变送器可完成当前值显示，并对 pH 电极进行标定，实施温度补偿与上位机通信、报警、节点的自动控制。

设置控制子站触摸屏，与 PLC 连接，实现对 pH 值控制系统的本地控制。在本地触摸屏上设定 pH 值，本地调整石灰量，PLC 与中控室连接，满足本地触摸屏控制与中控室远程控制均可进行的要求。

思考题

6-1　重力分选设备的应用特点及分选粒度范围？

6-2　机械搅拌式浮选机的结构型式及特点？

6-3　磁选机的分类及构造特点？

6-4　重选悬浮液密度的检测如何实现？

6-5　磁力选矿过程如何实现检测与控制？

6-6　浮选加药的自动控制如何实现？其控制系统由哪些部分组成？

6-7　浮选槽液位如何自动控制？

第 7 章　选后作业机械及其智能化技术

章节知识点
讲解视频

湿式选矿所得之产品，常常含有大量的水分，因此不便于运输，也满足不了冶炼加工的要求。在严寒地区，含有水分的精矿会冻结，使装载和运输发生困难。所以，精矿在送往冶炼或作其他用途之前，必须先进行脱水。从选矿产品中除去水分的过程，称为脱水作业，也称为选后作业。

选矿产品脱水的方法有：自然脱水，浓缩，过滤和干燥。第一种方法用作粗粒物料的脱水，而后面的三种方法，作为矿泥的脱水。在后三种方法中，浓缩和过滤通常是选矿厂不可缺少的方法，干燥在选矿厂内应用较少，通常在冶炼厂内应用。

在选矿厂的脱水作业中，通常采用的脱水设备有浓缩机和真空过滤机。

7.1 浓缩机

浓缩机（又称为浓密机）广泛应用于冶金、矿山、煤炭、化工、建材、环保等部门矿泥、废水、废渣的处理，对提高回水利用率和底流输送浓度以及保护环境具有重要意义。浓缩是颗粒借助重力或离心惯性力从矿浆中沉淀出来的脱水过程，常用于细粒物料的脱水，常用的设备有水力旋流器、倾斜浓密箱和浓密机等。浓密机的工作过程如图 7-1 所示，矿浆从浓密机的中心给入，固体颗粒沉降到池子底部，通过锥形耙子耙动汇集于设备中央并从底部排出，澄清水从池子周围溢出。

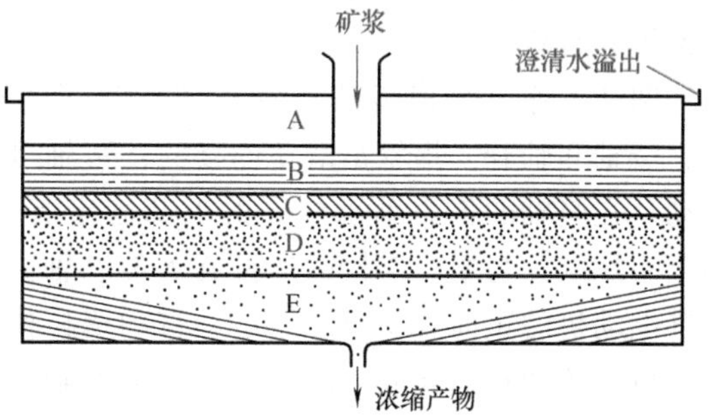

图 7-1　浓密机的工作过程

A—澄清带　B—颗粒自由沉降带　C—沉降过渡带
D—压缩带　E—锥形耙子区

浓缩是在浓缩机中进行的。浓缩机是一个圆形的贮水池，矿浆中的固体颗粒受重力作用下沉，与水分离。固体颗粒沉到池底，并在池底相互紧密地积聚，同时又因刮板的压力，使沉淀物进一步浓缩，然后由底部卸料口排出。在贮水池上部形成的一层澄清水，经池边溢流槽排出。浓缩机一般用于过滤之前的精矿浓缩或尾矿脱水。用于精矿浓缩的浓缩机，它的产品是由底部卸料口排出的精矿，其浓度指标为 75% 以下，同时控制溢流浓度，防止精矿流失。用于尾矿脱水的浓缩机，它的产品是由上部溢流槽排出的溢流水，溢流水的含固量指标小于

0.5%，排泥指标为 20%~30%。在选矿厂中通常使用连续式浓缩机，送入矿浆、排出澄清水和浓缩产物，都是连续进行的。

浓缩机按其传动方式可分为中心传动式和周边传动式两种。

7.1.1 中心传动式浓缩机

中心传动式浓缩机分小型（直径为 1.8~20m）与大型（直径可达 100m 以上）两种。

小型中心传动式浓缩机的圆柱形浓缩池用水泥或钢板制成，池底稍呈圆锥形或是平的。在池底的中心有一个排出浓缩产品的卸料斗。浓缩池上部周边设有环形溢流槽。

为了提高浓缩效率，在浓缩池的澄清区下部的周围装有倾斜板。装设倾斜板后，矿浆流就沿倾斜板的空间向斜上方运动，固体颗粒在两块斜板之间做垂直沉降，沉降的路程缩短、时间减少，沉降到倾斜板上的微细颗粒团聚在一起，沿倾斜板向下滑，沉降速度加快。装设倾斜板后，也增大了浓缩机的自然沉淀面积。

在浓缩池的中间安有一根竖轴，轴的末端固定有一个十字形耙架，耙架的下面装有刮板。耙架与水平面成 8°~15°。竖轴由固定在桁架上的电动机经圆柱齿轮减速器、中间齿轮和蜗轮减速器带动旋转。

当竖轴旋转时，矿浆沿着桁架上的给矿槽流入浓缩池中心的受料筒，并向浓缩池的四周流动。矿浆中的固体颗粒渐渐沉降到浓缩池的底部，并被耙架下面的刮板刮入浓缩池中心的卸料斗，用砂泵排出。上面澄清的水层就从浓缩池上部的环形溢流槽溢出。

在操作过程中，必须注意排料的浓度。浓缩机过负荷或物料非常浓缩，都会使卸料斗淤塞和耙架扭弯。为了防止浓缩机的过负荷，设有信号安全装置和耙架提升装置。

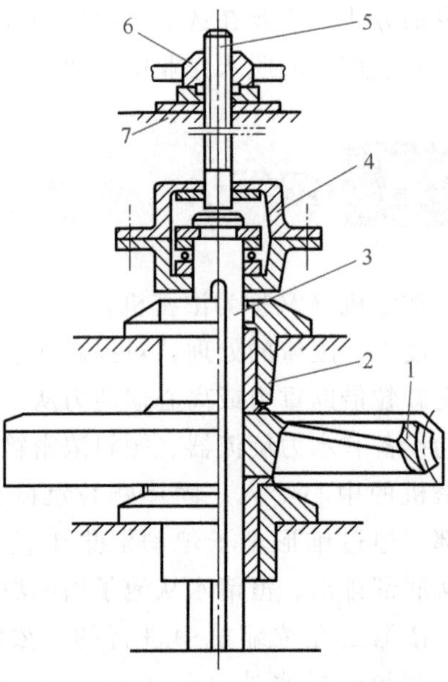

图 7-2　耙架的提升装置

1—蜗轮　2—轴套　3—竖轴　4—推力轴承外壳　5—传动轴　6—螺母　7—提升架

图 7-2 所示为耙架的提升装置。为了将耙架提起，竖轴和轴套、蜗轮是滑动连接的，竖轴可做轴向运动。在竖轴的推力轴承外壳的上部固定有传动轴，轴上有螺纹，与蜗轮连接的螺母旋入传动轴上。利用提升电动机的正向或反向旋转运动带动蜗杆使蜗轮转动，可将传动轴提高或下降，又通过推力轴承外壳将竖轴、耙架提高和下降。将提升电动机连接在控制线路上，就可实现自动提耙。传动轴的螺纹上固定一个挡块，在提升架上固定两个行程开关，控制耙架最高和最低的极限位置。

7.1.2 周边传动式浓缩机

ϕ30m 的周边传动式浓缩机如图 7-3 所示，浓缩池由混凝土制成，其中心有一个钢筋混凝土的支柱。耙架的一端借助特殊的轴承置于浓缩池的中心支柱上，耙架的另一端与传动小车相连接，并由传动小车上的滚轮支承在浓缩池圆周敷设的钢轨轨道上。滚轮由固定在传动小车上的电动机经减速器、齿轮齿条传动装置驱动，在轨道上滚动，带动耙架回转以刮集沉淀物。

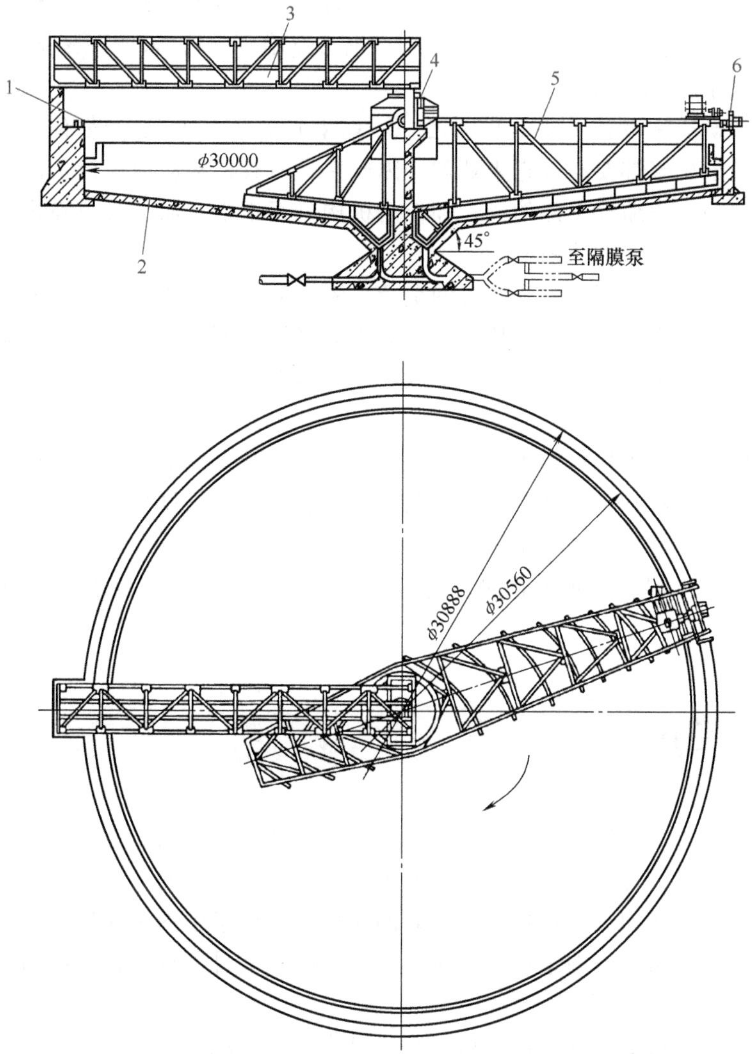

图 7-3　ϕ30m 的周边传动式浓缩机

1—轨道　2—浓缩池　3—给料槽　4—集电装置　5—耙架　6—滚轮

为了对电动机供电，在中心支柱上装有环形接点，而沿环滑动的集电接点则与耙架相连，并由敷设在耙架上的电缆将电流从这些接点引入电动机。

周边传动式浓缩机由于耙架刚性较大，故其直径可以很大，一般为 50m，最大规格可达 100m，甚至 180m。在大型选矿厂中广泛采用这种型式的浓缩机。

周边传动式浓缩机耙架的运动速度取决于浓缩物料的特性。耙架的旋转速度很慢，以避免破坏矿粒的沉淀过程。对矿粒较粗和容易沉降的物料，耙架的转速为 6m/min 左右；对极细矿粒和细粒精矿，耙架的转速应为 3~4m/min。

浓缩机的构造简单、管理容易，因此被广泛用来浓缩各种物料。中心传动式浓缩机和周边传动式浓缩机的缺点是占地面积大，不能用来沉积粒度大于 0.3mm 的产品，因为可能使浓缩机淤塞。

为了减小占地面积，可采用多层浓缩机。这种浓缩机只是将两个或四个浓缩池叠加起来，其结构与一般小型中心传动式浓缩机相同。为了减小占地面积，浓缩机不是向大型化发展，而是改进机器结构，如安置倾斜板、增大有效工作面积、添加凝聚剂，以强化浓缩过程、提高浓缩效率。

浓缩机是选矿厂中极其重要的机器之一。如果它的生产遭到了破坏，就可能使全厂停工，因为全部精矿矿浆都要经过它来处理。因此它的所有机构应当保持正常。在浓缩机开动前，必须检查闸门、浓缩池下部的导管和传动机构是否正常，而且必须确认在浓缩池内没有意外落入的物品，才可开动浓缩机。

当浓缩机工作时，应当注意浓缩机的负荷、溢流的纯度和浓缩产品的浓度。浓缩机的过负荷可能引起严重的事故，如中心传动式浓缩机的竖轴折断、周边传动式浓缩机的耙架滞塞和耙架停止运动。为了避免发生这样的事故，应随时注意浓缩矿浆的浓度变化情况，及时改变浓缩矿浆的排出速度。

排矿斗的堵塞是浓缩机运转中最主要的故障之一，其可能的原因是粗粒物料、木屑、破布等落入浓缩机中，特别是在砂泵运转中断时更可能发生。当排矿斗堵塞时，必须关闭浓缩产品管道上的闸门，并且用高压水压入排矿斗，这样持续几分钟即可消除堵塞现象。若浓缩机的浓缩池内落入木屑、破布等物时，为了彻底排除故障，应当将浓缩池内的矿浆完全排出，再进行清理。

7.2 真空过滤机

浓缩后矿浆的进一步脱水，是采用过滤机过滤的方法进行的。过滤是利用多孔的滤布来使固体颗粒与水分离的方法。真空过滤机的工作原理是在滤布的一面由真空泵抽成负压，于是在滤布的两面形成压力差，在这个压力差的作用下，矿浆中的液体透过滤布成为滤液，矿浆中的固体颗粒被阻留在滤布上形成滤饼。滤液不断地被排出机外，滤饼则用刮板刮下。过滤工作是连续进行的。

真空过滤机按照过滤表面的形状可以分为盘式真空过滤机、筒式真空过滤机和平面真空过滤机，它们的工作原理是相同的。常用的真空过滤机有外滤式圆筒真空过滤机、内滤式圆筒真空过滤机、真空磁力过滤机和折带式真空过滤机。

7.2.1 外滤式圆筒真空过滤机

外滤式圆筒真空过滤机（见图 7-4）是由筒体、主轴承、矿浆槽、传动装置、搅拌器、分配头、刮刀和绕线机构等部分组成的。

过滤机的筒体是用钢板焊接制成的，其结构如图 7-5 所示。筒体的外表面用隔条沿圆周方向分成 24 个独立的轴向贯通的过滤室，每个过滤室都用管子与分配头相通。过滤室里铺设过滤板。滤布覆盖在过滤板上，滤布用胶条嵌在隔条的绳槽内，并借助绕线机构（螺杆传

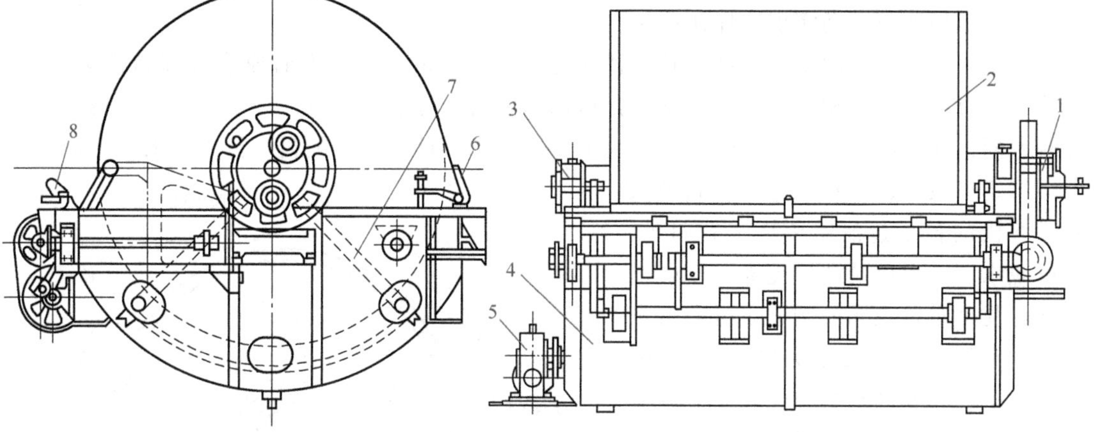

图 7-4　外滤式圆筒真空过滤机

1—分配头　2—筒体　3—主轴承　4—矿浆槽　5—传动装置　6—刮刀　7—搅拌器　8—绕线机构

动）用钢丝连续缠绕住滤布而使其固定在筒体上。

筒体左端的空心轴颈上固定着链轮，用以带动绕线机构运动。绕线机构的传动系统的示意图如图 7-6 所示。筒体左端的链轮带动螺杆链轮，使绕线机构的螺杆转动，从而使螺母（绳轮座）沿螺杆移动，实现用钢丝缠绕滤布的要求。筒体右端的喉管与分配头相连，并在其外径上装有蜗轮。

过滤机的筒体通过主轴承支承在矿浆槽上，并由电动机经蜗轮减速器、链轮、齿轮副和蜗轮传动装置驱动。

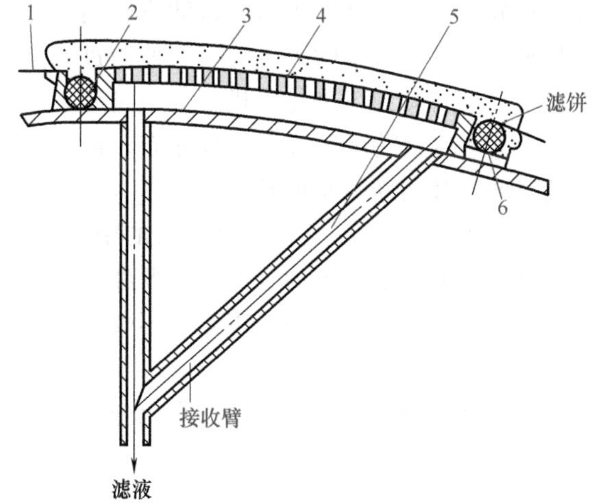

图 7-5　过滤机筒体的结构

1—隔条　2—筒体　3—过滤板　4—管子

5—胶条　6—滤布

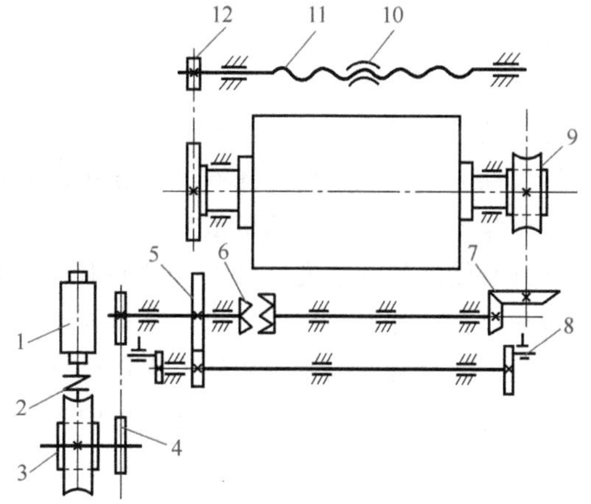

图 7-6　绕线机构的传动系统的示意图

1—电动机　2—联轴器　3—蜗轮减速器　4—链轮

5—直齿齿轮副　6—离合器　7—锥齿轮副　8—曲柄销

9—蜗轮减速器　10—螺母（绳轮座）　11—螺杆　12—链轮

筒体的下部位于矿浆槽内。矿浆槽的底部装有往复摆动的搅拌器，用来搅拌矿浆，使固体颗粒呈悬浮状态，防止其沉积在槽底。搅拌器支承在筒体两端的主轴承座上。搅拌器是由电动机通过弹性联轴器、蜗轮减速器、链轮、直齿齿轮副带动曲柄销运动的，从而使搅拌器绕主轴承座做往复摆动实现搅拌作用。

分配头是过滤机的重要部件，其位置固定不动，它的一面与喉管密合并保持滑动接触。喉管有与过滤室数量相同的孔道，每个孔道都经过管子分别和对应的一个过滤室接通。为了维修方便，在分配头和喉管之间加了一块可以更换的零件——分配盘。分配头的另一面有管子，与真空泵、鼓风机相连。通过它控制过滤机的各个过滤室依次进行过滤、滤饼脱水、卸料以及清洗滤布。分配头内部有几个布置在同一圆周上并且互相隔开的空腔，形成几个分区，如图 7-7 所示。Ⅰ区和Ⅱ区与真空泵接通，工作时里面为负压。与Ⅰ区相对应的筒体部分浸在矿浆中，称为过滤区。Ⅱ区在液面之上，称为脱水区。Ⅳ区和Ⅵ区都与鼓风机相通，工作时里面为正压。Ⅳ区为卸料区，Ⅵ区为滤布清洗区。Ⅲ、Ⅴ、Ⅶ三个区不工作，只是为了把其他几个工作区域隔开。

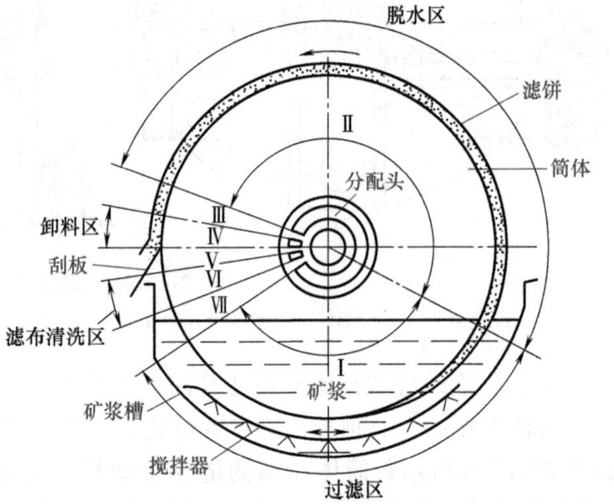

图 7-7　分配头内部分区

过滤机工作时，筒体在矿浆槽内旋转，处于筒体下部位置的过滤室经过管子、喉管与分配头的Ⅰ区接通，室内为负压，水透过滤布进入过滤室，被真空泵抽向机外，滤布表面形成滤饼。当过滤室转到脱离液面的位置以后，过滤室与分配头的脱水区接通，滤饼中所含的水分进一步降低。当这个过滤室转到与分配头Ⅳ区接通时，鼓风机使有压力的空气经过分配头、喉管、管子吹入过滤室，使该过滤室内由负压变成正压，使脱水后的滤饼与滤布脱离，用刮板将其刮下来排出机外。当过滤室继续旋转到滤布清洗区时，继续向过滤室内鼓风（或鼓风与给水相配合），清洗滤布，恢复它的透气性。清洗完毕后过滤室继续旋转，又进入过滤区，开始新一轮循环。

外滤式圆筒真空过滤机依靠真空作为脱水的动力，所以保持过滤室和分配头的密封性，使其具有较高的真空度（450~600mmHg），对提升过滤效果是很重要的。分配头要经常进行润滑和检查，并且要定期修研。滤布要注意清洗，发现破漏须及时修补，否则，不仅会降低真空度，而且会使大量的矿砂进入过滤室，造成过滤机各部分的磨损。

外滤式圆筒真空过滤机在选矿厂中主要用来过滤粒度比较细、不易沉淀的有色金属和非金属精矿。

7.2.2　内滤式圆筒真空过滤机

内滤式圆筒真空过滤机的结构如图 7-8 所示。这种过滤机的滤布装于筒体的内表面。筒体的一端支承在主轴承上，而另一端支承在托辊上，并由传动机构驱动旋转。喉管和分配头的作用与外滤式圆筒真空过滤机相同，结构也与其相似。不同的是分配头内抽真空和鼓风区域的位置不一样。内滤式圆筒真空过滤机在筒体内部形成的滤饼是在顶部位置卸料，并用皮带运输机或溜槽运出机外的。

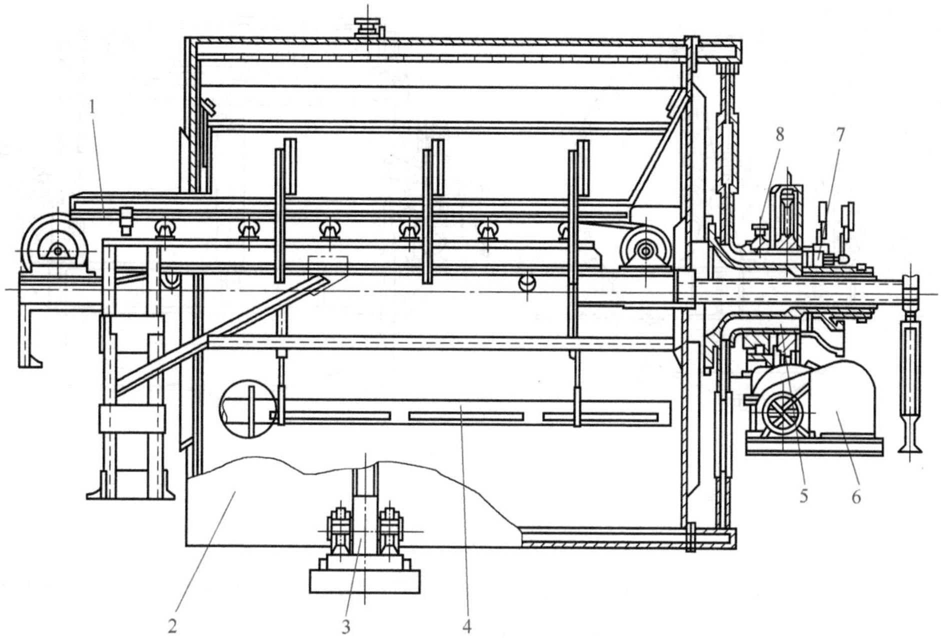

图 7-8　内滤式圆筒真空过滤机的结构

1—皮带运输机　2—圆筒　3—托辊　4—给矿管　5—喉管　6—传动机构　7—分配头　8—主轴承

内滤式圆筒真空过滤机的矿浆装在筒体内部，在形成滤饼时，除了依靠真空的压力以外，由于没有采用搅拌器，所以还可以借助于固体颗粒本身的重力。矿浆中粒度较大的颗粒沉降速度快，先附着在滤布上；粒度较小的颗粒沉降速度慢，后附着于大颗粒的上面，这样形成的滤饼透气性好，还可以减少滤布的堵塞。内滤式圆筒真空过滤机的缺点是不便于观察过滤的操作情况，维修工作不方便。

在选矿厂中，内滤式圆筒真空过滤机主要用来过滤磁选的铁精矿。

7.2.3　真空磁力过滤机和折带式真空过滤机

外滤式和内滤式圆筒真空过滤机都存在着生产能力低和脱水效果较差的缺点，不能适应生产发展的需要。近年来，在筒式真空过滤机的基础上，设计和生产了真空磁力过滤机和折带式真空过滤机。这两种新型过滤机在我国一些选矿厂已经取得了较好的使用效果。

1. 真空磁力过滤机

真空磁力过滤机（见图 7-9）主要适用于粒度较粗的强磁性矿物精矿矿浆的脱水。它的构造类似于外滤式圆筒真空过滤机，不同之处是其给矿槽在筒体的上部，且筒体内部装有钡锶铁氧体永久磁系，促使磁性矿物迅速地被吸引到滤布表面。

上部给料使得滤饼按粒度分层的效果更加明显。当磁性精矿形成滤饼时，颗粒同时受到重力和磁力的作用，粗颗粒精矿向滤布运动得快，粗颗粒首先接触滤布，所以，滤饼的透气性好。其次，滤饼在磁场区形成的过程中，由于磁系极性变化而产生的磁搅动作用也有利于滤饼的脱水。大量的水通过给矿槽的溢流口溢出。在真空脱水区，滤饼中的残存水分透过滤

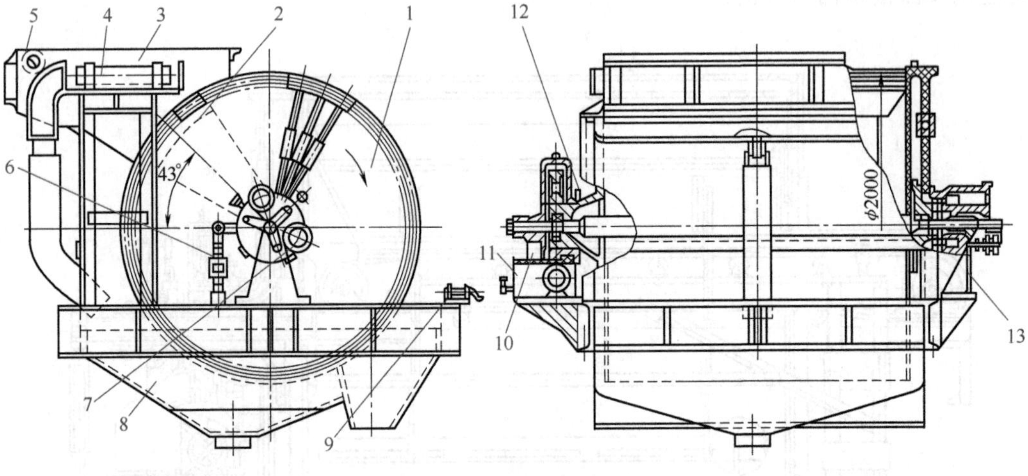

图 7-9　真空磁力过滤机

1—筒体　2—永磁体　3—给料槽　4—溢流堰　5—给料管　6—风区调螺杆　7—分配头　8—溢流槽　9—绕线装置　10—磁系调整螺杆　11—传动装置　12—大轮　13—支架

布并经过滤室和分配头上的两个真空管路被抽出。用压缩空气将滤饼吹落，并借助刮板将其刮下。卸料完毕后滤布就被清洗。清洗是用鼓风和水交替进行的。

真空磁力过滤机较之同规格的内滤式圆筒真空过滤机，其效率提高了 3 倍以上。

2. 折带式真空过滤机

折带式真空过滤机是在外滤式圆筒真空过滤机的基础上研发的一种新式过滤机。它对细、黏物料的过滤效果较好。

外滤式圆筒真空过滤机过滤细、黏物料时，存在卸料困难、透气性差、滤布易堵塞、滤饼水分高、生产能力低等缺点。折带式真空过滤机改变了其卸料方式，又加强了滤布的清洗，所以使细、黏物料的脱水效果得到改善。

折带式真空过滤机的结构和工作示意图如图 7-10 所示。它的滤布布置与外滤式圆筒真空过滤机不同。当滤饼经过真空区以后，滤布就由一套辊子引出筒外进行卸料和清洗，清洗好的滤布再回到筒体上重新工作。

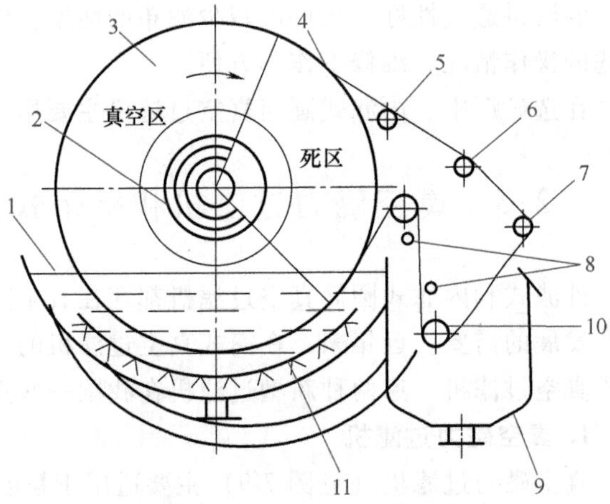

图 7-10　折带式真空过滤机的结构和工作示意图

1—矿浆槽　2—分配头　3—筒体　4—滤布　5—托辊　6—调整辊　7—卸料辊　8—水管　9—清洗槽　10—张紧轮　11—搅拌器

折带式真空过滤机不用鼓风卸料，而是使滤布绕过卸料辊通过变化曲率使滤饼自动下落，也可以用刮板等机构帮助卸料。这种卸料方式不仅使卸料比较完全，提高了过滤机的生产能力，而且不用鼓风，避免了回水造成的滤饼水分增加。外滤式圆筒真空过滤机虽然采用鼓风清洗滤布，但是，因为滤布固定在筒体上，清洗区角度较小，清洗不够彻底。折带式真空过滤机将滤布引出筒体，可以有足够的时间并采取有效的方法清洗滤布。一般用压力水冲洗滤布的两面，根据需要还可以用刷子和打布器等装置进行更彻底的清洗，以保证滤布的透气性。

7.2.4　过滤系统

在选矿厂中，脱水是分两段进行的，即浓缩和过滤。过滤操作需要很多的辅助机械和设备。真空过滤机必须与气水分离器、真空泵、鼓风机、离心泵、自动排液装置等组成一个系统才能正常工作。过滤系统的配置大致可分为三种，如图 7-11 所示。

如图 7-11a 所示，滤液和空气先被真空泵抽到气水分离器中，空气由上部被抽走，滤液从下部自动地流入水池内。因为气水分离器中是负压，所以要使滤液能从中排出，其下底和水池要保持有 9m 的高度差。这种配置方式的最大缺点是过滤机必须安装在很高的位置上，优点是滤液能自动排出，不消耗动力。

如图 7-11b 所示，进入气水分离器中的滤液用离心泵强制抽出。这种过滤系统的优点是过滤机的安装位置可以较低，缺点是需要专门设置离心泵，要消耗动力。

如图 7-11c 所示，用自动排液装置取代了气水分离器和离心泵。这种过滤系统中的滤液既能自动排出，又不需要将过滤机设置在很高的位置上。这是因为自动排液装置是利用过滤系统内部的负压和滤液产生的浮力之间的平衡与不平衡，周期性地自动放出滤液，不需要另外的动力来源。

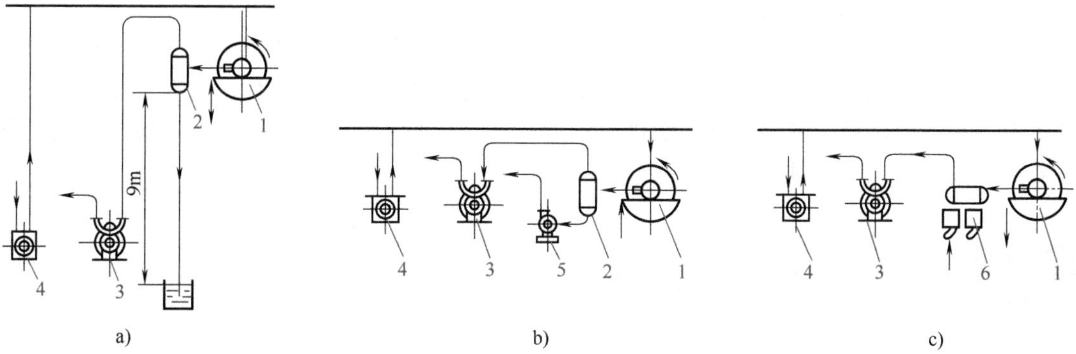

图 7-11　过滤系统的配置

1—过滤机　2—气水分离器　3—真空泵　4—鼓风机　5—离心泵　6—自动排液装置

自动排液装置的结构如图 7-12 所示，右边排液箱与气水分离器的通路被橡胶阀隔绝，空气阀顶起，空气进入排液箱内，箱内形成正压，于是闭死上部的单向阀，箱内积存的滤液靠自重从排液阀流出；与此同时，左边排液箱内的橡胶阀打开，空气阀关闭，箱内形成负压，排液阀靠大气压力关闭，气水分离器中的滤液流入箱内。随着流入滤液的增加，浮筒所受的浮力增大。当左排液箱内浮筒所受的浮力大于右排液箱内浮筒所受的向上压力时，通过杠杆的作用使左浮筒升起，右浮筒下降，左右排液箱的工作状态交替变换。

过滤系统中采用的真空泵，一般为水环式和柱塞式两种。水环式真空泵允许滤液被带入泵中短期运转，其维护较简单，但消耗动力大。柱塞式真空泵需要的功率小，但维护比较麻

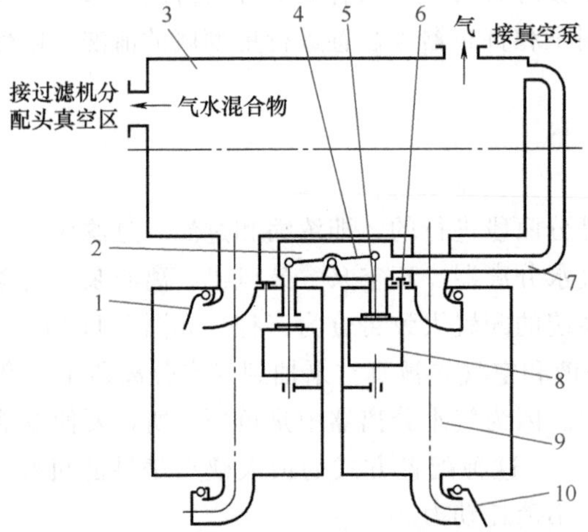

图 7-12 自动排液装置的结构

1、10—单向阀 2—杠杆箱 3—气水分离器 4—杠杆
5—橡胶阀 6—空气阀 7—连通管 8—浮筒 9—排液箱

烦，要求避免滤液被带入真空泵中。在采用柱塞式真空泵的系统中往往设置一个气水分离器，以净化进入真空泵气缸中的空气。过滤机所需要的真空度为 450~600mmHg，每平方米的过滤面积需要的吸气量约为 $0.8\sim1.3\text{m}^3/\text{min}$。

在过滤系统中，一般采用叶式或罗茨鼓风机集中供给鼓风卸料和滤布清洗。一些使用水环式真空泵的选矿厂利用水环式真空泵排出的空气进行卸料和清洗滤布，效果很好，节省了鼓风设备和动力消耗。采用这种方法供给压缩空气，需要在真空泵排气管道中加一个气水分离器，以减少鼓风带入过滤室中的水分。

7.3 选后作业过程控制

7.3.1 浓密机自动控制

浓密机是选矿过程和废水处理必备的工艺设备，主要起着浓缩、澄清的作用，底流浓度（固体物）是衡量其浓密过程的重要指标之一。要实现底流浓度的控制，最主要的是要实时检测浓密机泥层高度，这是底流浓度控制的主要依据。由于技术的限制和现场生产的复杂性，浓密机泥层高度的实时检测通常很难实现，因此提高浓密机的综合检测控制技术有着重要意义。

浓密机自动控制的实现对于劳动强度的减轻、浓缩效率的提高，以及后续工艺要求对底流产物的质量要求等方面都有重大的意义，可以实现底流浓度优于控制指标的目标，从而有效避免压耙等事故的发生。高效浓密机自动控制系统原理图如图 7-13 所示。

浓密机自动控制的主要项目如下：

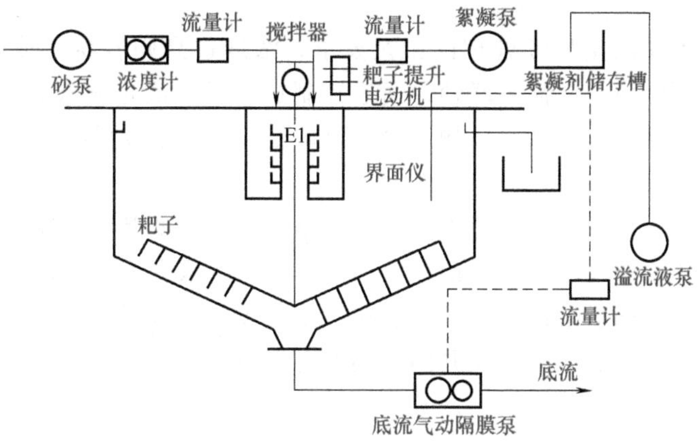

图 7-13　高效浓密机自动控制系统原理图

1. 絮凝剂的投加量

为了保证絮凝剂的加入量适宜，首先需要测量和计算原矿浆流经的浓度和流量，然后通过计算浓密池中的矿浆固体含量，且要求矿浆固体含量与絮凝剂的添加比例不变，以保证适量的絮凝剂参与矿浆的浓缩过程。通常通过控制絮凝泵的转速间接控制絮凝剂的投加量。

絮凝剂投加量的控制可以通过测定溢流槽内的溢流浓度、控制加药泵的转速实现。溢流浓度过高，意味着絮凝效果需要增强，因此要增加絮凝剂的投加量，当溢流中固体浓度符合要求时，根据入料流量和浓度决定投加量。以电动阀的开度和加药泵的转速作为控制输出，构成闭环控制。基于溢流浓度的絮凝剂投加量的控制系统如图 7-14 所示。

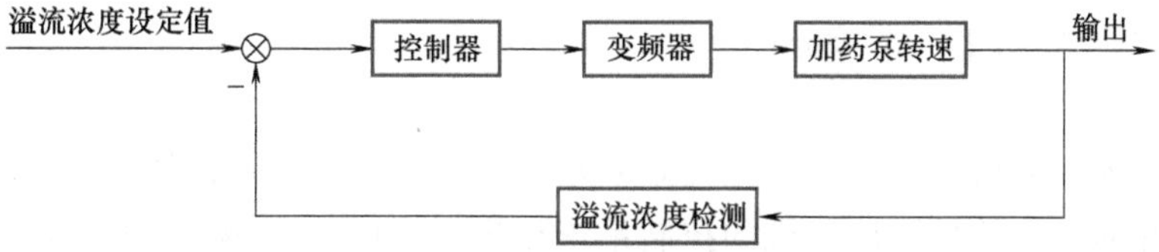

图 7-14　基于溢流浓度的絮凝剂投加量的控制系统

絮凝剂投加量的控制还可以通过测量浓密机耙子的力矩实现，其控制系统如图 7-15 所示。浓密池的耙子力矩增加说明压缩层矿浆浓度增加，减小则说明压缩层矿浆浓度减小，因此力矩大小可以反映矿浆在浓密池内的浓缩状态。耙子力矩在适当的范围，说明矿浆浓缩情况比较好，力矩过大，说明压缩层过高，应该减小絮凝剂投加量，力矩过小则说明矿浆中颗粒絮凝效果差，因此浓缩缓慢，应该适量增加絮凝剂投加量。

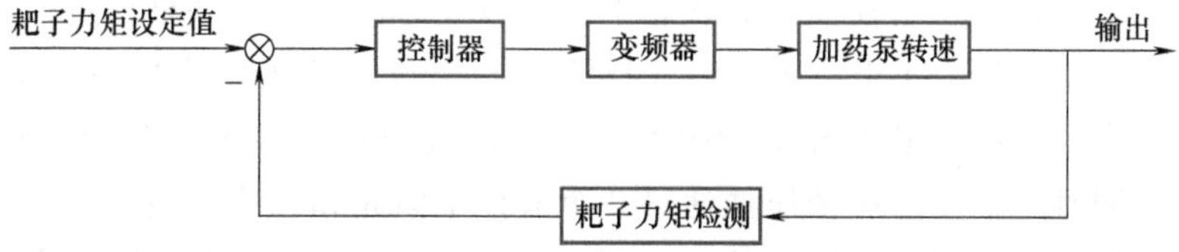

图 7-15　基于耙子力矩的絮凝剂投加量的控制系统

2. 底流浓度的控制

底流浓度过低不能满足后续处理的工艺要求，浓度过高则容易造成管道堵塞、排料不畅。将底流浓度的测定值与底流泵联锁，通过控制放矿量来决定矿浆在浓密池的停留时间，进而控制底流浓度。底流浓度高时，加大底流放矿量；底流浓度低时，减小放矿量，从而达到稳定的底流浓度。

根据目前我国选矿厂浓密机的特点，矿浆在压缩层的浓度能够快速反映原矿浆浓密的状态。适合采用以原矿浆浓度和流量为前馈输入、中间矿层浓度为反馈输入的浓密机絮凝剂自动添加系统控制器，中间矿层浓度的引入能在一定程度上减小检测滞后对响应过程的影响，有利于保障系统的稳定性、减小超调并削弱其振荡现象。浓密机絮凝剂自动添加控制系统如图 7-16 所示。

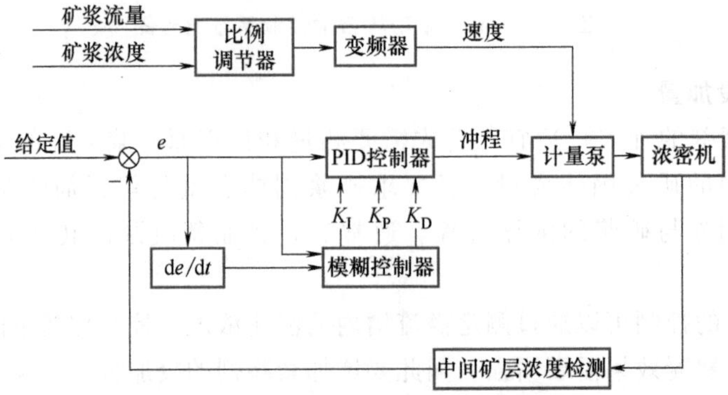

图 7-16　浓密机絮凝剂自动添加控制系统

7.3.2　压滤机自动控制

压滤机作为固液分离设备，具有分离效果好、适应性广的优点，特别是对于黏、细物体的分离，有很好的分离效果。压滤机的控制系统相当于人的“大脑”，承担着信息处理的职责，由传感器发出信号，控制器进行存储、运算、变换、加工，最终根据运算结果发出控制指令，通过驱动执行机构实现系统功能。因此，控制系统的好坏，对压滤机的性能有着直接影响。

1. 板框压滤机液压系统

板框压滤机液压系统采用 1 台高压径向柱塞泵和 1 台低压齿轮泵组成的组合泵，由 1 台电动机驱动。

(1) 板框压紧主液压缸回路　主缸驱动时，油液经柱塞泵和齿轮泵→三位四通阀→单向阀进入液压缸无杆腔，由于是在无负载状态下，所以此时液压缸活塞杆推进速度稍快，随着液压缸逐渐开始压紧，压力上升，液控顺序阀先开始溢流，低压齿轮泵油液不再进入主缸，主缸在压紧时压力从 8MPa 很快升至 16MPa。主缸回程时高压泵和低压泵同时向液压缸供油，实行快退。同时主缸无杆腔液压油通过 2 个液控单向阀和二位二通阀回流至油箱。为了保证上述动作，液控顺序阀和溢流阀的溢流压力调整为 3MPa，溢流阀调整为 16MPa，系统在多处（共 8 个点）设置了压力测量接点，能比较方便快捷地检测出各处的压力值，主液压缸上设置为电接点压力表液控顺序阀的压力，调整得太低，容易造成主液压缸行程速度太慢；溢流阀的压力调整得太高，将出现电动机电流过大的现象。另外要注意的是，液压泵虽浸入油箱油液中，但排气口与油箱顶盖相连，当泵内进入空气（如换油或加油）时，容易造成主缸压力值上不去。

（2）滤板往复移动回路　油液从高压泵→二位二通阀→节流阀→二位四通阀→液压马达。采用溢流阀组调整最高压力可达 21MPa，移动每块滤板时实际动作压力为 7MPa，压力过高对移板链条冲击磨损太大。调整节流阀的流量可以控制移板速度。在液压缸无杆腔进油路上设置了先导式溢流阀，在关闭底板时形成可调背压，溢流阀的最高额定压力为 12MPa，调整工作压力为 1MPa 即可。板框压滤机液压系统采用液压集成块，使管路大为减少、结构紧凑，并设置了相应的插接式压力测量点，使得调试操作变得简捷。与目前的同类机型或采用双电动机及多电动机，以及直接采用机械式结构相比有相当大的优势。

2. 压滤机控制系统的组成

压滤机控制系统由电控柜、压滤机动作行程开关、流量压力传感器、液压泵电动机及电磁阀和料浆、压缩空气管路电控阀门等部件组成，可以实现压滤机循环工作过程的手动或自动化操作。压滤机控制系统程序流程图如图 7-17 所示。

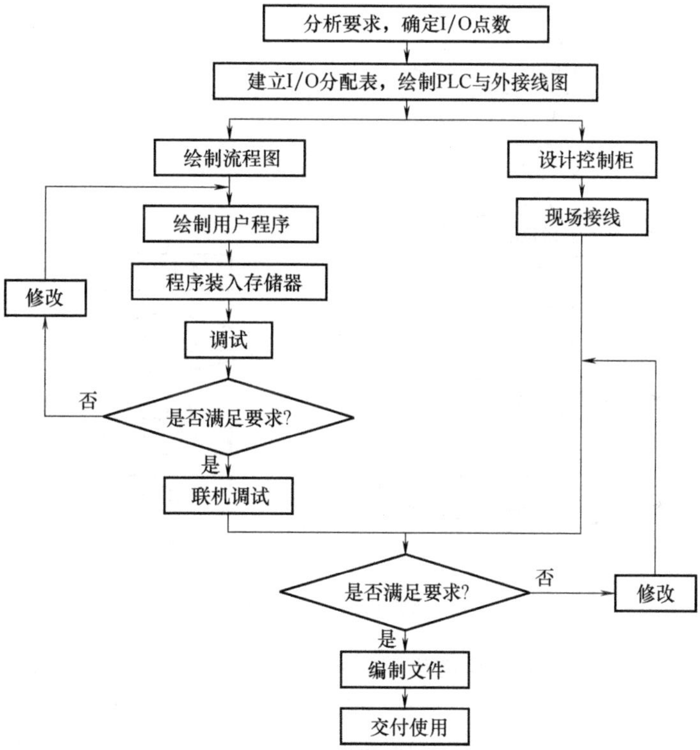

图 7-17　压滤机控制系统程序流程图

压滤机控制系统中设备运行分手动和自动两种工作状态。

（1）手动　操作人员通过操作控制柜上的按钮来控制压滤机各传动机构的运行及停止。在停止状态下，允许技术人员进行设备保养和维修，以及保养后的试运行工作。

(2) 自动　自动运行从头板松开指令开始。当压滤机在压紧状态下的进料压滤工作完成后，按下头板松开按钮，压滤机头板松开向后移动。当头板后移限位接近开关动作时，PLC输入信号，头板停止松开，系统进入拉板卸料阶段。小车在PLC控制下进行取板操作，当小车挂住了滤板后，取板电接点压力表动作，PLC输入信号，系统转为返回操作。在返回过程中操作人员可根据实际生产情况控制手操按钮，暂停返回操作。当返回电接点压力表动作时，PLC输入信号，系统又自动转为取板操作。PLC依据电接点压力表的输入情况，控制拉板自动、反复地完成取板、返回的工序。当小车限位接近开关动作时，PLC输入信号，拉板阶段完成，之后头板自动压紧。若头板自动压紧力超过设定压力，则头板电接点压力表动作，PLC输入信号，头板自动转为保压过程，此时便可进行人工手动入料。当手动入料过程中压力降至生产工艺所规定的值时，PLC输入信号，头板再次自动压紧。至此完成一个周期的工作。当生产条件具备时，再次按下头板松开按钮，进入下一个自动运行周期。

压滤机控制系统的流程图如图7-18所示。

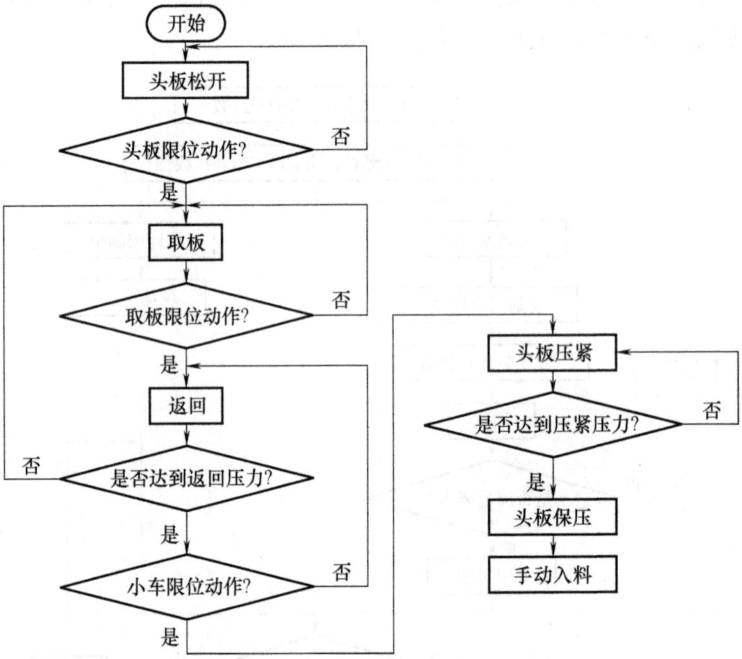

图7-18　压滤机控制系统的流程图

在投料过滤完成之后，为确保压滤机的循环运行，压滤机需要进行如下程序：

1）泄压。按下压滤机卸料按钮，使压滤机开始卸料。泄压阀打开，将液压缸内的液压油排放回油箱，以防止机头松开时液压油对液压系统的冲击。泄压时间可以通过PLC预置。

2）机头松开。转入该状态时，液压泵电动机在高速状态运行，机头松开，电磁阀和减压阀均在打开状态。液压泵输出的液压油注入液压缸的前腔，液压缸带动机头缓慢后退，滤板处于自然排列状态。当机头碰触限位开关后，液压缸后退停止，压滤机转入取板状态，卸料开始。

3）取板。液压泵电动机低速运转，取板阀和减压阀均在打开状态，液压泵输出的液压油通过液压马达带动拉板器前进取板。当拉板器靠触滤板后，液压马达遇阻堵转，油压因此上升；当油压达到设定值时，装设在该油路的液压压力继电器动作，取板停止，拉板动作开始。

4）拉板。取板阀关闭，拉板阀打开，液压马达反转。拉板器开始向后方位移、拉板。当拉板器拉动的滤板靠触压紧板或滤板时，液压马达遇阻堵转，油压上升。当油压达到设定值时，装设在油路的液压压力继电器动作，拉板停止，重新取板。以上拉取板动作循环往复，直至拉完所有的滤板。

5）机头压紧。拉板器空钩位移碰到限位开关后，液压泵电动机又转入高速运转，压紧阀打开，液压油输入液压缸后腔中，机头将滤板缓缓压紧。当滤板压到与止推板相互抵触时，与液压缸后腔相关联的油路油压上升。油压上升到电接点压力表的上限整定值时，上限电接点接通，机头压紧停止。此时，压滤机转入保压状态，根据生产工艺，可以投料、过滤。

6）保压。保压指在机头压紧过程中，维持机头对滤板的压力在一定范围内的机械控制状态。机头压紧停止后，由于液压回路存在泄漏等原因，会使机头对滤板的压力有所降低。当降低到电接点压力表的下限整定值时，下限电接点接通，液压泵电动机进入高速运转。重复机头压紧的过程，使压力恢复到电接点压力表的上限。

7.3.3　真空过滤机自动控制

PLC 是实现真空过滤机过程控制的主要手段。真空过滤机的过程控制方式包括手动和自动两种，工作人员可根据操作需求进行两种控制方式的变换。处于手动控制状态时，可以实现气动阀、各种泵及电动机的开启和关闭。当需要清洗时，可以自动清洗或手动清洗，而真空过滤机在过滤阶段一般都是自动过滤的。

不同于手动状态，自动状态操作时，首先要确保槽体排放阀和给矿阀是关闭的，同时需要打开输送皮带，防止矿物挤压。皮带不能正常工作，如出现故障，会及时报警提醒操作人员维修；然后要开启搅拌机和圆盘，以防止矿浆沉降压耙，同时搅拌还有助于提高矿物的吸附效率；最后开启真空泵以及滤液泵，关闭矿浆排放阀。真空过滤机工作时，需保证滤液罐内有一定真空度，只有真空压力才能使固液很好地分离形成矿物，在给矿阀打开前，还需要一个关键环节，即用自来水对管道的一个反冲洗过程。

经历过上述流程后，矿浆方可放入过滤机槽中，槽内液位由超声波探头、给矿阀来控制，通过超声波液位计检测槽体内液位的高低，控制给矿阀的开启与关闭，使槽体液位维持在需要的液位高度，液位的上下限可根据实际需要来设定。滤液罐内的液位直接影响了真空度的稳定性，所以设置了上、下限报警，当滤液罐上限报警时，应打开排放阀，当下限报警时，关闭排放阀。

当然，技术人员可在控制面板上对这些参数进行修改和调整。在陶瓷过滤机工作时，圆盘随主轴不停地旋转。当圆盘运行进入矿浆中时，经过滤饼形成区，在滤盘表面形成一定厚度的滤饼，经刮刀卸去后送入传送带运输至矿仓内。自动过滤的流程图如图 7-19 所示。

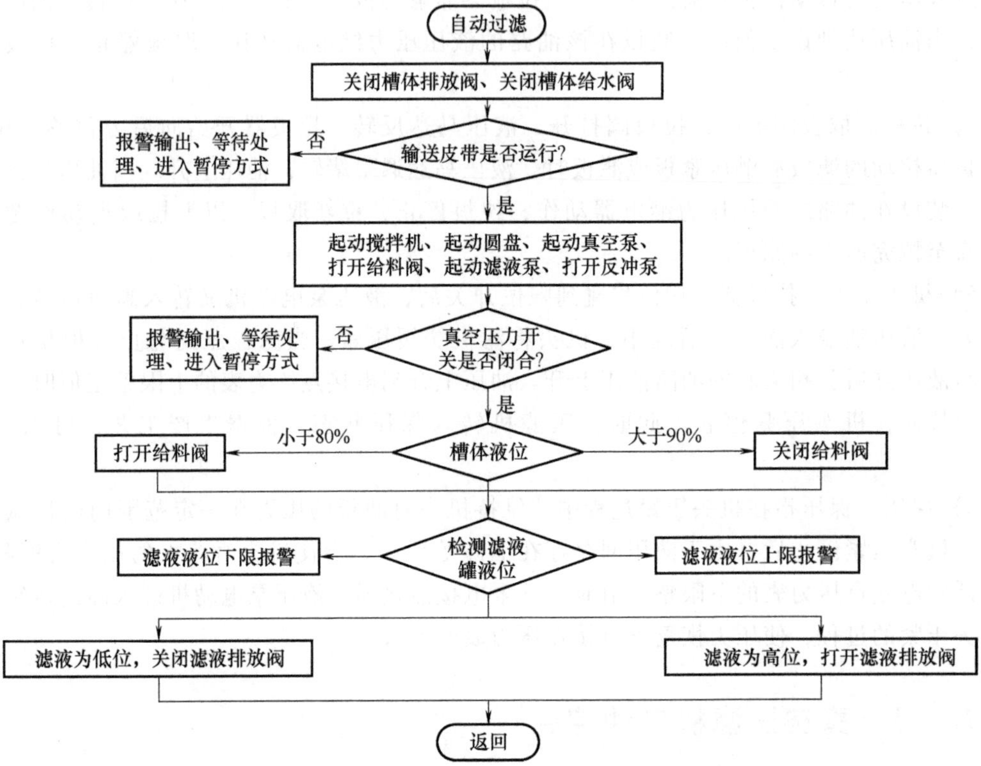

图 7-19 自动过滤的流程图

思考题

7-1 简述浓缩机的结构型式及特点。

7-2 简述中心传动式浓缩机耙架的结构型式。

7-3 简述过滤机的结构型式及特点。

7-4 简述过滤机过滤系统的配置及特点。

7-5 浓密机如何实现自动控制?

7-6 浓密机如何实现絮凝剂投加量的自动控制?

7-7 简述压滤机的自动控制原理。

7-8 简述真空过滤机的自动控制原理。

章节知识点
讲解视频

第 8 章 智慧矿山的关键技术及展望

8.1 智慧矿山的关键技术

8.1.1 矿山的数字孪生技术

数字孪生作为人类解构、描述、认识物理世界的新一代信息技术，直接面向人工智能国家战略解决先进制造、能源工业等任务需求，是目前全球信息技术发展的新焦点，其成果已直接应用于航空航天、先进制造、能源开采、智慧城市、视频监控、人机交互等领域。美国 GE 公司基于数字孪生体，采用大数据、物联网等先进技术实现了对发动机实时监控、故障诊断和健康预测。德国西门子公司基于数字孪生思想构建了生产过程的系统模型，通过模拟仿真对生产过程所有环节进行分析，实现了产品设计、制造过程的虚拟化和数字化。数字孪生车间的实现模式，为智能制造领域信息物理系统（CPS）的实现提供了理论参考。

新一轮信息技术的革新，使智慧矿山与数字孪生、5G 通信、云计算、大数据、工业物联网、人工智能（AI）等信息技术创新融合，为真正实现矿山安全、绿色、高效和智能化开采提供了关键的技术支撑，同时也为探索可持续发展的智慧矿山建设提供了新的思路。数字孪生在矿山生产的互联互通及智能化应用中发挥着连接物理世界和信息世界的桥梁作用，在矿山开采、视频监控、人机交互等方面能提供实时、智能、高效的服务。

虽然数字孪生在工业界和学术界得到了广泛关注，并在智能制造等领域展开了初步研究和探索，但在实际应用中仍存在诸多挑战，尤其是缺乏系统的数字孪生理论、方法和技术支持。未来数字孪生的发展需要加强在数字孪生模型构建、信息物理数据融合、协同控制与交互优化等理论和技术方面的深入研究。针对智能化无人开采的需求，建立矿山数字孪生体系结构和多系统优化方法，并设计基于数字孪生技术的矿山生产系统，将为智慧矿山建设注入新动力。

1. 数字孪生的概述

2003 年，美国密歇根大学 Michael Grieves 教授提出了物理实体一致性虚拟数字化映射的概念，2012 年，他又在专著中进一步描述了数字孪生体的概念模型。该模型被认为是数字孪生的雏形。数字孪生体是一个集成多物理、多尺度的概率仿真模型，用于表征当前物理模型、实时数据和历史数据等的物理实体状态。数字孪生最早可以追溯到 NASA 的阿波罗研究项目，其主要特征包括虚拟数字化、虚实融合和虚实交互。

简言之，数字孪生就是通过建立物理实体与数字孪生体之间精确的映射关系，对操作对象的状态、过程和变化进行全面建模、仿真、分析和预测，实现对物理实体的忠实映射或复制。尽管目前数字孪生研究仍处于探索阶段，研究成果相对较少且缺乏系统性，但其内涵逐渐被丰富，包括对象孪生、状态孪生、学习孪生和自主孪生等方面。同时，数字孪生具有可计算性、多学科性和超写实性，同时具备虚拟性和集成性的特点。

近年来，基于计算机辅助技术（CAD、CAE、CAM 等）和数字化物理建模等技术的广泛应用，使得在全生命周期的各阶段对产品进行数字化方式的精确描述得以实现，为其在虚拟空间建立数字孪生产品仿真模型奠定基础。另外，高性能计算和边缘计算等计算机技术的快速发展，以及机器学习、深度学习等智能优化算法的不断涌现，使得动态数据的实时采集、存储和预测成为可能，为虚拟空间和物理空间的实时关联与互动提供了重要的技术支撑。

2. 矿山数字孪生概述

随着工业物联网、边缘计算、大数据和 5G 通信等新一代信息技术的兴起与应用，数字孪生技术将面向国家战略，在智慧矿山的开发与利用、矿山无人化智能开采和智能监控、“三深”采矿及其高端装备的远程故障诊断与健康预测应用等方面发挥作用。

近年来，虚拟现实（VR）、增强现实（AR）技术在矿山虚拟现实可视化领域获得了一定发展，但由于其三维重构和数据驱动能力较弱，所以还不能对复杂条件下矿山综采工作面进行数据孪生、智能控制、实时反馈和交互映射，以及实现对矿山装备的实时监控和设备间的智能协同作业。随着矿山智能开采与虚拟现实技术进入深度融合阶段，基于数字孪生的无人化开采将促进矿山智能化技术的发展、推动智慧矿山的建设。

（1）矿山建设过程中的数字孪生　在矿山建设过程中，结合矿山的精准勘探与数字矿山精确建模技术，构建矿山可视化物理模型、可验证的仿真模型、可表示的逻辑模型、可计算的数据模型，才能实现物理矿山实体与矿山数字孪生体之间的虚实映射、实时交互。由此建立的基于数字孪生与 5G 通信技术融合的数字孪生矿山空间信息平台和公共信息平台，再利用 5G 通信网关技术、边缘计算、高带宽和低延时等优势，将为矿山地下和露天开采工作面智能化提供大规模边缘计算和高速传输。

（2）矿山生产过程中的数字孪生　在矿山生产过程中，通过将矿山生产过程的采矿和选矿技术与数字孪生、物联网、云计算、大数据和 AI 等新型信息技术融合，形成感知分析、交互反馈、智能控制、智能决策的智能系统，实现物理矿山和选矿厂的实体与数字矿山和选矿厂孪生体之间的虚实映射、实时交互，使矿山无人化开采和选矿厂生产过程呈现全息感知、全过程智能化运行、拟人化作业与虚拟场景展现。

（3）矿山监控过程中的数字孪生　在矿山监控过程中，基于数字孪生的智能监控系统对生产场景实时监控和虚拟映射，在三维可视化平台可实时获取矿山开采和选矿过程中的运行数据，实现矿山生产过程的远程可视化实时监控，并通过数字孪生、数据融合、深度学习与迭代优化，使矿山生产监控由信息化向智能化转变，推动实现矿山生产运行维护服务全生命周期的智能化和智慧化。

3. 矿山数字孪生关键技术

（1）矿山数字孪生模型的构建　矿山数字孪生模型的构建是根据矿山物理实体及矿山

生产机械的特征，建立矿山物理环境及生产设备协同的数字孪生虚拟模型，并建立实现虚拟空间与物理空间之间的虚实信息交互与数据同步映射，对矿山实时数据采集、融合、分析后，通过人机交互接口提供智能应用服务的整体模型。矿山数字孪生模型基本结构自下而上包括：矿山全要素物理实体、矿山信息物理融合、矿山数字孪生模型、矿山孪生数据交互层、矿山智能应用层。

矿山全要素物理实体是矿山数字孪生模型的基础，基于矿山三维可视化（3D-GIS）、建筑信息化模型（BIM）、人工智能等技术，结合矿山水文、矿压、环境等监测系统的实时监测数据及动态三维地质模型，建立矿山三维可视化规划数据、地质构造数据、围岩巷道数据、矿山设施数据和矿山物联网感知数据等。矿山信息物理融合是矿山数字孪生模型的载体，是通过现代通信技术实现虚拟孪生体与物理实体之间的交互映射和同步反馈的信息通道。矿山数字孪生模型由矿山生产设备的物理模型、仿真模型、逻辑模型和数据模型相互耦合和演化而成。矿山孪生数据交互层通过数据驱动实现信息交互与同步反馈。矿山孪生数据源于物理实体、虚拟模型和虚拟孪生体应用服务，它将物理实体、数字孪生模型和数字孪生体连接为一个有机的整体，使得信息与数据在各部分间相互耦合与交互反馈，实现双向通信与服务交互。矿山智能应用层通过人机接口获取实时传感数据，实现物理工作面与虚拟数字孪生工作面的实时交互与同步反馈，对矿山生产各工作面的数字孪生虚拟操作与智能远程监控。矿山数字孪生模型的五个层次通过信息物理系统实现相互联系，使用网络化空间以远程的、可靠的、实时的、安全的、协作的方式操控整个矿山数字孪生体。

（2）矿山数字孪生体　数字孪生体是建立在虚拟空间的、反映物理实体真实性的数字模型，通过矿山设备的对象孪生、过程孪生和性能孪生，对数字孪生体进行性能评估。通过虚拟矿山生产过程的数字孪生体，描述矿山生产工作面的机械、电气和液压等设备系统，实现矿山生产工作面物理设备全生命周期的映射，从而为矿山生产设备的性能仿真和健康预测提供决策支持。

（3）基于数字孪生的矿山控制系统　矿山控制系统是智慧矿山的“大脑”，它利用智能传感技术，实时采集设备状态参数及场景识别、监控等生产过程数据，通过矿山数字孪生控制系统调优、决策，实现完整性校验和算法迭代优化、性能评估，以及自主决策控制对物理实体实时状态和历史状态进行真实反馈与自主学习。基于数字孪生的矿山控制系统如图 8-1 所示。

（4）基于数字孪生的矿山设备故障预测　矿山故障预测是利用多源传感器和数据融合方法对矿山设备的健康状况进行评估，并对矿山设备故障诊断及性能预测进行表征的。矿山故障预测基于孪生数据驱动，实现矿山物理设备与虚拟设备的同步映射、实时交互及精准服务，矿山故障预测形成矿山设备健康管理新模式，对物理设备运行状况进行远程监测、故障诊断、控制优化和健康预测。孪生数据驱动的矿山故障预测系统如图 8-2 所示。

（5）基于数字孪生的人机交互技术　智慧矿山典型的应用场景就是人机交互协同，通过人机交互可实现远程控制、实时监测、精确定位与健康预测，提高智慧矿山的全息感知、可视化运维和智能监控效率。基于数字孪生的人机交互，构建与矿山物理空间面映射的虚拟空间数字孪生体，通过 AI 模式识别、语义理解或手势感知等指令，同步更新虚拟场景的作业进程，实现人—机—环境—控制的智能协同与有机融合。

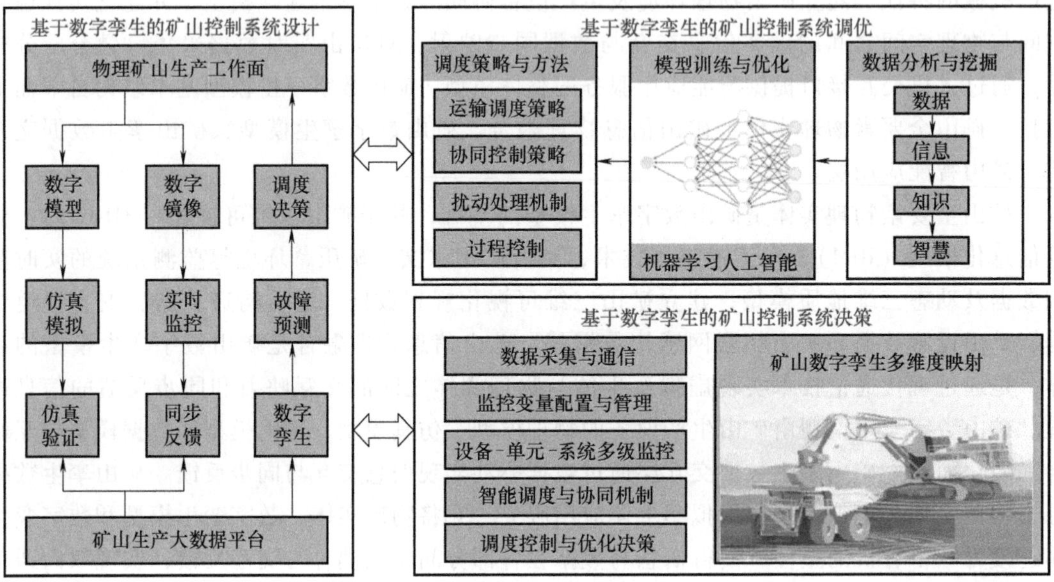

图 8-1 基于数字孪生的矿山控制系统

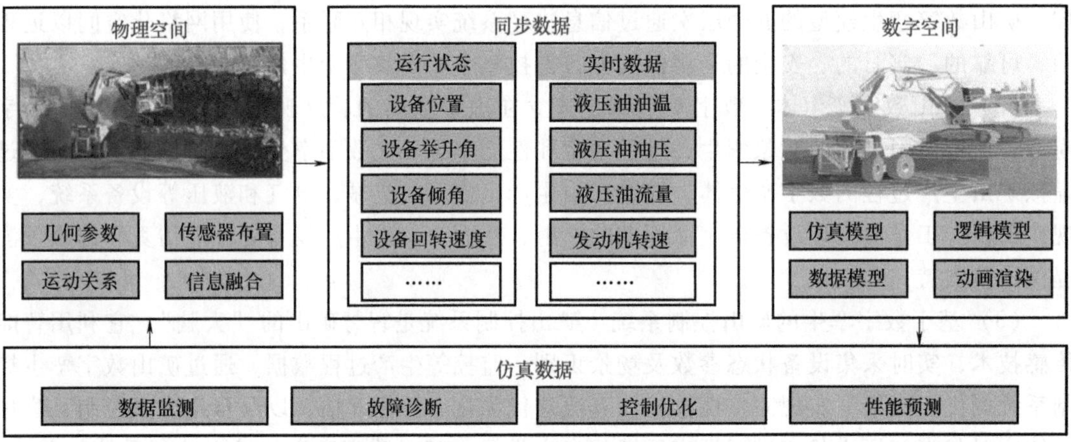

图 8-2 孪生数据驱动的矿山故障预测系统

8.1.2 矿山装备的远程监控与诊断技术

科技与网络通信技术的飞速发展及应用，使基于网络的远程监控与诊断技术在矿山装备领域得以应用。目前，许多设备制造厂家已经将该技术应用到矿山机械的监测以及故障报警、诊断和处理上，并且形成了自己的体系，如卡特彼勒、小松等公司。从投入成本上考虑，由于矿山装备的种类和数量都较多，在设备管理过程中应用远程监控及诊断技术，无论是从经济上还是从自身的管理提升上都是可行和必要的。

1. 远程监控与诊断系统的结构及原理

远程监控与诊断系统以远程监控和故障诊断中心及现场监控终端为核心，采用现代通信技术，集合数据采集、实时控制、地理信息系统、现代通信等技术手段，由远程故障诊断中心向设备终端发送指令，设备终端将设备状态信息通过通信网络传输回现场监控中心和故障诊断中心。现场监控中心对传回的信息进行数据运算和评价，并在终端上显示，相关人员可以通过互联网登录监控中心获得相关信息，实时操作并发布相关作业指令。矿山装备的远程监控与诊断系统的结构图如图 8-3 所示。现场监控中心的上位机通过传感器对设备进行监控，上位机将实时数据发送到故障诊断中心，故障诊断中心的专家诊断系统对接收到的数据进一步分析，有效地判断设备故障。当设备出现故障时，系统界面会通过弹窗或警报的方式提醒工作人员。

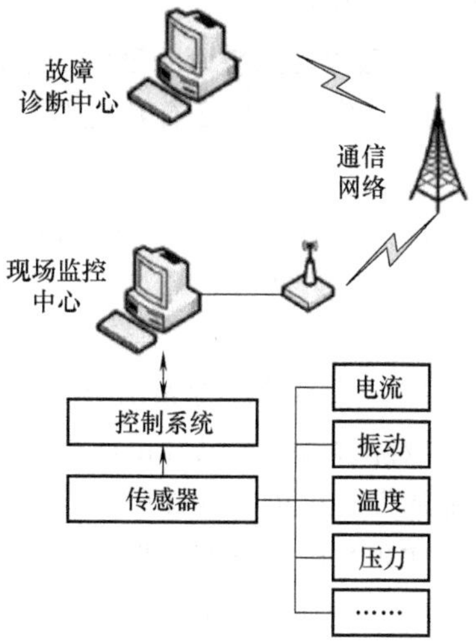

图 8-3　矿山装备的远程监控与诊断系统的结构图

2. 故障诊断专家系统

故障诊断专家系统是利用人工智能技术，在采集被诊断对象的信息后，综合运用各种规则（专家经验），进行一系列的推理，必要时还可以随时调用各种应用程序。该系统在运行过程中向用户索取必要的信息后，可快速地找到最终故障或最有可能的故障，结合专业知识和实际经验，采用模块化设计，包括故障知识库建立、故障检测、故障推理机制、诊断结果输出、用户交互界面、系统维护与更新等核心模块，自动分析设备运行数据、识别潜在故障，并提供相应的维修建议。故障诊断专家系统主要由数据库、知识库、推理机、诊断结果和知识获取等组成，如图 8-4 所示。数据库通常由静态数据库和动态数据库两部分构成。静态数据库是相对稳定的参数，如设备的设计参数、固有频率等；动态数据库是设备运行中所检测到的状态参数，如工作转速、介质流量、电压或电流等。知识库存放的知识可以是矿山工作环境、设备结构知识、设备运行机理、设备故障特征值、故障诊断算法、推理规则等，是专家领域知识的集合。推理机根据获取的信息，综合运用各种规则，进行故障诊断并输出诊断结果，是故障诊断专家系统的组织控制机构。

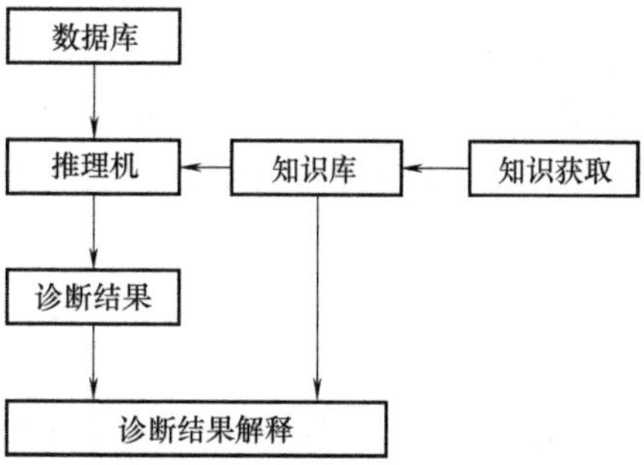

图 8-4　故障诊断专家系统的结构

根据知识组织方式与推理机制的不同，目前常用的故障诊断专家系统可分为基于规则的故障诊断专家系统、基于模型的故障诊断专家系统、基于人工神经网络的故障诊断专家系统、基于模糊推理的故障诊断专家系统和基于事例的故障诊断专家系统。现有的各种系统都具有各自的优点，同时也存在局限性。因此，未来采用融合多种模型（知识模型与推理模型）的故障诊断专家系统是提高故障诊断准确度的有效途径。

目前，现有的故障诊断专家系统大多是面向单台设备或单服务器的，各系统之间相互独立，可扩充性、灵活性、通用性较差。因此，应建立远程分布式跨平台综合智能诊断系统，可实现异地多种专家系统对同一系统、设备的协同诊断以及多台设备共享同一诊断系统，以提高诊断的成功率和效率，同时也有利于诊断案例的积累，以弥补单个故障诊断专家系统领域知识的不足。

3. 远程监控与诊断系统的功能

（1）实时采集运行数据监控运行状态　通过传感器对设备运行的各类状态信息（包括温度、速度、电流、压力、振动等）进行收集整理，在终端监控器上显示，并通过网络将数据传输至监控中心，并将信息动态显示在监控中心的终端显示器上，便于生产调度人员进行有效监控。同时也将这些实时工况数据存储于数据库中，用以改进产品设计或改善售后服务措施。

（2）实时诊断专家系统　随着矿山生产用户对矿山装备可靠性、稳定性要求的不断提高，故障诊断技术已经由原来简单的对故障设备进行离线故障检测，发展为对系统、设备全生命周期提供可靠性保障。实时诊断专家系统是基于传感器网络的健康状态在线检测和诊断，实现故障的早期预报以及故障发生后的在线实时定位与排除。这些都对未来故障诊断专家系统的实时性提出了更高要求。

（3）远程检测和控制　远程监控与诊断中心对接收到的运行数据进行收集处理后，判断设备运行是否正常，经故障诊断专家系统分析判断后，通过现场监控中心发出声光警报来提醒设备操作人员，同时将报警信号以及故障代码存储，指示操作人员和维护人员进行恰当的处理。

通过监控中心对专业数据的分析和判断，向用户提出矿山装备的维护保养建议，使对设备的定期服务由被动变为主动，起到有效预防设备故障发生的作用。当设备发生故障时，通过远程监控和诊断，可以有效制订维修保养方案、缩短故障排除时间。当有较大故障发生或即将发生时，监控中心人员可通过系统对设备进行保护性的远程提醒和控制，避免造成不必要的安全事故和机械事故。同时，可以通过对设备使用历史数据的分析，判断设备的经济寿命、使用寿命以及制订合理的维修计划。

8.1.3　矿山的物联网技术

物联网这一名词最早进入人们视野是在 1995 年比尔·盖茨创作的《未来之路》中，但受到当时科技水平与人类的认识水平的限制，物联网并没有引起人们的关注。20 世纪末，美国麻省理工学院研究中心的 Ashton 教授系统性地给出物联网的定义：在融合计算机网络技术与无线射频技术（RFID）、5G 移动通信等技术的基础上，通过传感器、计算机图像识别技术、电子标签等物联网技术使设备实现互联。现阶段对物联网通俗的定义是：通过信息识别与信息交互，实现对物体的智能化识别、定位、跟踪、监控和管理。在信息技术突飞猛进的大背景下，物联网相关的各个方面的技术也趋于成熟，特别在传感器智能识别技术、图像处理与实时跟踪技术、大数据处理与云计算技术、数据高速传输与异步通信等技术方面取得了显著突破，这些成就促进了矿山物联网系统的发展。

矿山物联网是一种新型的技术，利用计算机、无线传感器、互联网以及通信技术等，将矿山的生产和管理部门结合起来，建立起一套综合性的自动监测平台，对各种矿山生产设备的情况进行实时监测，同时对矿山的工作环境也进行监测。矿山物联网的科学建设，能够更好地促进矿山的智能化与可视化，为矿山生产提供更为有效的保障系统。

1. 矿山物联网的架构

矿山物联网可分为感知层、网络层、应用层，如图 8-5 所示。感知层由 RFID 感应器、RFID 标签、各个监测位置与目标布置的传感器、环境监测布置的摄像头、地理位置信息收集布置的 GPS 及终端等构成。网络层起到中枢神经的作用，主要是将下游感知层采集的各种信息进行无损、快速地传输。应用层是物联网架构的输出层，能最为直观地反映物联网的作用，智慧矿山的建设也是其应用出口之一。建立基于物联网的矿山生产实时监控系统，并形成一套物联网信息编码、传输、处理的协议，实现矿山生产过程中各设备间的高效协同。

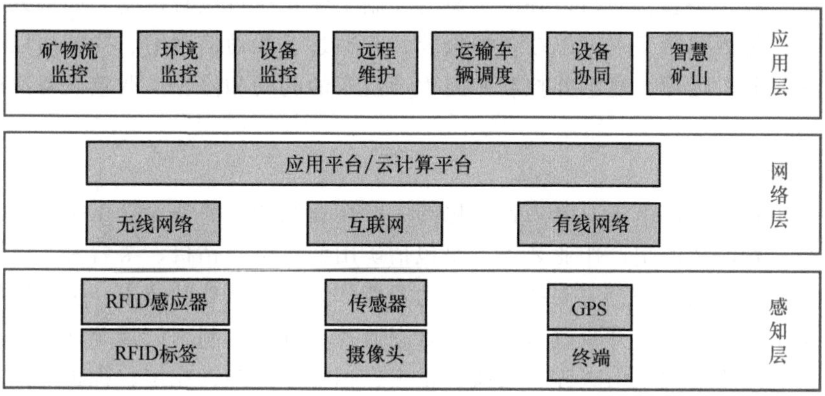

图 8-5　矿山物联网的架构

2. 物联网监控系统

基于物联网的智能监控系统主要包括无线传感器网络、监控中心和故障诊断中心。其中有特殊功能的无线传感器节点需要安装在采矿设备主体的指定部位，用于收集设备的一些工作信号和参数，如监测到的提升机的电流与温度、凿岩钻车的位置和钻孔深度、矿卡行走的速度及位置等。收集到的信号往往由数字信号处理器处理，然后通过无线网络传输到交换机，最后通过光纤继续将其上传到控制中心。控制中心分析和处理接收的信号。在此期间，任何参数超过预设值，设备将发出报警信号，帮助设备驱动程序和监控中心工作人员及时做出应急响应。

（1）无线传感器网络　由于矿山的情况复杂、设备的类型多，所以作业环境复杂，为了获得更加精准的数据，如获得井下的温度、湿度等信息，采集运输设备的位置和姿态信息等，就需要重点加强传感器的运用，并利用物联网对实时数据进行对接和交换。传感器作为矿山监测物联网的关键装置，需要通过先进的测试技术和控制技术去获得感知层的数据，再将信号传输到交换机中，交换机通过无线网络将实时监测结果传输到监控中心并进行分析。

（2）系统硬件　物联网监控系统的硬件主要负责收集和传输设备本身的参数和工作环境参数。每个传感器终端节点主要由设备传感器模块、微处理器模块、无线通信模块和电源模块组成。设备传感器模块用于信息收集、数据转换，并将转换后的数据发送到微处理器模块。微处理器模块主要负责控制整个传感器节点的操作，存储和处理从其他节点收集的数据。无线通信模块负责与其他传感器节点的无线通信，交换控制信息以及发送和接收数据。电源模块主要为传感器节点提供所需的电源。由于矿山生产监控点的工作环境恶劣，电源电池通常不易更换。因此，需要使用大容量、使用寿命长、免维护操作的高性能电源。

（3）系统软件　基于物联网背景下的矿山生产多设备监控系统软件主要依靠互联网技术中的软件处理技术以及计算机编程技术。系统的软件设计主要包括控制电路初始化程序、监控程序和无线通信节点程序。监控程序对系统中具体的各个部分进行初始化，激活每一个无线传感节点以及监控设备，收集它们工作时的状态，对采集到的数据进行精确化处理，再发送至无线通信传感节点。无线通信传感节点自动确定系统的控制状态。如果此节点处于手动的控制状态，程序将会自动结束并由实地的控制工作站执行应有控制。如果处于自动控制的状态，数据异常传感器节点可以在现场报警，并通过无线通信网络、局域网以及光纤网络传输给控制中心分析处理、显示并控制矿山生产设备的起动和停止，调整设备速度、姿态以及实时定位。

3. 矿山物联网体系

目前，矿山物联网体系主要分为智能化的生产作业装备、装备监控系统、固定设施无人值守系统三类。智能化的生产作业装备主要包括矿山铲运机、钻机、凿岩台车、装药车、电铲、牙轮钻机、运矿汽车等，主要技术方向为智能作业和无人驾驶技术。装备监控系统主要用于实现对矿山已有装备的升级改造，实现状态监控、远程控制、产量统计等。固定设施无人值守系统主要用于实现矿山破碎、通风、排水、运输、提升、充填、称重等的自动化、智能化和无人化。

矿山物联网体系大多呈离散作业和流程作业相互交织的状态，而凿岩爆破和铲装运作业装备的智能化、协同化乃至无人化是矿山未来发展的重点和难点。通过构建物联网生态体系，可为这些重、难点找到技术突破口。由于矿山的恶劣作业条件，矿山开采作业中的设备及作业人员的安全尤为重要，因此建立采矿安全监测系统是矿山物联网体系中不可缺少的一部分。

8.2 智慧矿山的展望

智慧矿山是指运用信息技术、互联网等高新技术手段，对矿山生产过程中的各种数据进行采集、传输、存储和分析，并在此基础上实现矿山生产的信息化、自动化和智能化。通过智慧矿山技术的应用，可以提高矿山生产率、降低生产成本、减少环境污染、提升安全生产水平。

智慧矿山应用范围广泛，涵盖了矿山生产的各个环节。下面是智慧矿山常见的应用场景：

1）传感器网络。通过在矿山中布设传感器，实时采集矿山生产过程中的各种数据，如温度、湿度、压力等。

2）数据分析与建模。利用大数据分析和机器学习技术，对矿山生产数据进行分析和建模，挖掘其中的规律和关联。

3）自动化设备与系统。采用自动化设备和系统，实现矿山生产过程的自动化运行和管理。

4）无人化操作。利用遥控、自主导航等技术，实现矿山生产过程中的设备和机械的无人化操作。

5）虚拟仿真与现场监控。通过虚拟仿真技术，对矿山生产过程进行模拟和优化，同时进行现场监控和调度。

从系统架构的角度，智慧矿山需要在物理实体与智能数字孪生体衍生与构建、控制系统优化、人机交互协同、健康管理预测等诸多关键技术上进行突破。从应用实际需求出发，矿山数字孪生技术是实现智慧矿山技术路径中需要解决的关键技术问题。

目前，我国矿山的智能化建设已由最初的探索性研究向常态化应用转变，但仍有很多问题制约智慧矿山的进一步发展。

8.2.1　无人化矿山

国外无人矿山系统研发起步早，并已经取得了令人瞩目的发展。在露天矿无人运输系统装备领域，国外企业，如卡特、小松、日立、沃尔沃等，均已实现了不同程度的矿山无人化作业，其中卡特和小松已经实现了无人矿车的商业运行，然而其设备极为昂贵，且对我国矿山环境适配性较差。我国露天矿无人运输技术装备较为落后，长期被发达国家垄断，是典型的“卡脖子”技术。我国矿山的无人化存在极端场景数据不足、极端条件下测试困难、复杂场景下矿山重型机械规划控制难度大、大规模调度效率低和精确度差等难点。

智慧矿山是复杂的超大型系统，需要实现泛在感知、互联互通、自适应、自调节、自学习等的智能应用，还需要实现智能分析、智能决策、智能管理、智能开采、智能运输等全生命周期的智能化，最终建成矿山生产的智能全生态体系。

1. 露天无人化矿山

露天无人化矿山将实现无人机在空中巡检、智能感知对环境和设备出现的问题及时报警、生产现场设备无人驾驶、各系统应用数据信息可进行远程诊断、智能决策集中管理的智能化矿山新模式。露天无人化矿山是一项复杂的工程，现有装备及技术制约着露天无人化矿山的发展，主要问题是基础设备、自动化控制设备、检测系统、传输系统的可靠性有待提升：自动化系统检测设备（传感器）的可靠性相对较差；运行过程中无有效的监测和控制方法及手段，惯性导航系统垂直于水平方向还未能实现轨迹描绘；岩土识别关键技术难以突破，无法实现精准开采；系统总体协调控制差，无法摆脱人工干预。

2. 地下无人化矿山

地下无人化矿山的发展趋势是建立装备总控制网络信息综合决策为主、单机装备为执行机构的体系结构。将凿岩机械、装运机械、提升机械等装备有机结合起来，构建成一个相互联系、相互依存、相互制约的矿山开采系统，逐步实现凿岩钻车和铲运装载机械无人驾驶、智能或遥控钻进炮孔，以及运输矿车连续装、卸载的自动化。通过建立系统控制决策模型分析结果，实现对井下装备的远程控制、智能导航与巡检、协调管理与集中控制的智能运行。依靠远程计算机集控系统，工人和管理人员可通过地面监控画面执行远程操作。在井下作业面除了检修工人在检修外，几乎看不到其他工人。大型机械设备、智能遥控系统，以及现代化的管理体系，还有高度自动化和智能化的矿山系统和设备，是确保地下无人化矿山安全高效开采的关键。

3. 智慧矿山软件系统

无人化智慧矿山的建设离不开智慧矿山软件系统。目前各企业已经根据自己的需要设置了不同的软件系统，实现企业的生产协同设计、安全生产业务管理、专家知识管理分析和目标经营管理等功能。基础软件主要包括操作、数据库、虚拟化、大数据、网管、防火墙、杀毒、通信、负载均衡、流量管理等；管理平台软件主要包括信息编码、协同、数据管控、三维可视化、地理信息等；地质保障软件主要包括地测地理、资产评价、资产动态优化等；安全保障软件主要包括三维组态、安全管理、灾害预警、设备故障、灾害防治与风险防控等；生产执行系统软件主要包括采掘生产计划、采矿协同、智能通防、输配电等；矿山企业资源计划（ERP）软件主要包括定额管理、计划管理、全面预算、项目管理、人资管理、设备管理、物资管理、运销管理、成本管理、党政工团管控、财务管理等；综合调度指挥软件主要包括大数据分析、综合调度、应急指挥等；模拟与控制系统软件主要包括数字化模拟平台，通过该平台实现智慧矿山全方位的一键式启动和可视化透明管控。

无人化智慧矿山是矿山工业现代化的必然趋势，智慧化是一个不断发展的过程，需要不断地探索与攻关，逐步解决关键核心技术难题，实现智慧矿山与智能化开采近期、中期和长远期的发展目标。

8.2.2 智能化选厂

1. 智能化选厂的五级结构

智能化选厂作为智慧矿山的一部分，符合智慧矿山的五级结构。一级为基础层，又称为感知层，主要包含生产控制所需的基本测量元件、生产设备、传感器、执行器，还有管理层面的门禁、视频监控、通信网络等。二级为过程控制层，主要包含了以感知层为基础的各个控制系统，是生产控制系统的核心。三级为生产执行层，是针对过程控制层中众多的生产控制系统进行的数据管理和整合，形成一个全面的整体的生产管理系统，不仅能够从宏观上统计数据，对生产的整体情况进行把握，还能够进行生产计划安排、生产管理等众多管理工作。四级为资源规划层，属于公司的资源管理层，包括办公自动化（OA）、ERP、人力、销售和公司正常经营相关的系统。五级为智能决策层，是整个企业的大脑，可以综合所有生产和经营数据，对公司的发展和决策进行分析，甚至可以直接通过数据决策进行生产的调整和经营方向的调整。

对于上述五级结构，落实到各层级来说，各个矿山企业的主要工作普遍集中在前三层上。第三级生产执行层，是各大企业普遍缺少的承上启下的数据汇总层，对于矿山智能化来说，该层的建立还是主要任务。各大企业的第二级过程控制层普遍还都停留在传统的经典控制领域，对于先进控制方式应用较少，优化控制方式和控制策略可以有效提高控制品质，进而提高生产率，这点主要体现在智能化改造带来的经济效益方面。为了满足第二层先进控制算法的要求，需要增加更多的仪表以获取必要的控制参数，所以第一、二级的建设往往是同步的。

2. 智能选厂的主要表现

智能选厂主要体现在过程仪表智能化、选矿装备智能化、过程控制智能化和运维管控智能化等几个方面。

（1）过程仪表智能化　智能仪表通过先进的检测技术，实现对复杂被测变量的实时监测。仪表自带智能算法，会根据检测到的变量自行拟合和判断，最终输出经过状态判断的结果，为后端的智能决策提供参数支持。同时仪表本身有着远程标定、自诊断等功能。

（2）选矿装备智能化　选矿设备的大型化智能化是目前世界选矿工艺的发展方向，通过设备自身成套的PLC系统实现对设备的运行监管，实现运行状态的检测、操作自动化、故障诊断以及连锁控制等功能。

（3）过程控制智能化　选矿流程包括破碎流程、磨矿分级流程、选别流程以及脱水流程。过程控制智能化依托智能仪表的强大检测能力，利用人工智能、先进控制和专家系统取代原有的简单PID控制，优化控制参数，改善控制质量，寻找最优生产过程，实现选矿过程控制的自动化与智能化，同时也实现选矿过程的最优经济化。

（4）运维管控智能化　利用三维数字化选厂和虚拟现实技术，实现物理矿山实体与矿山数字孪生体之间的虚实映射。做到数据集中管理、专业协同作业、人工智能分析，最终达到矿山生产管控的智能化和无人化，为建设现代矿业提供新思路和新途径。

3. 智能选厂亟待解决的问题

1）过程仪表智能化亟待解决磨机智能分析系统、磨机衬板智能监测、浮选泡沫自动分析系统、浮选在线品位分析仪等几个问题。

2）选矿装备智能化亟待需要解决基于图像识别、感知技术、机器视觉、深度学习等人工智能的前沿科技技术——智能光电选矿技术。通过矿石颜色、纹理、光泽、大小、密度、厚度等不同特征信息，选择合适的检测方式对矿石成分进行分析，再进行智能判断，将矿石和废石分离。

3）过程控制智能化需要从磨矿分级优化控制专家系统、浮选专家系统两方面进行优化，提高选厂的自动化水平、产品质量和生产率，降低能耗，提升经济效益。

4）运维管控智能化的三维数字化选厂是智能化选厂的核心。三维数字化选厂需要解决利用三维可视化、地理信息系统、虚拟现实以及物联网等信息化手段，将选厂从设计到运行的所有数字化数据集合在一起，建立一个安全、可靠、高效的三维平台，对选厂地理信息数据、设备数据、生产数据及业务系统进行综合管理。此外，三维数字化选厂还需要实现与企业生产管理系统的对接，选厂的生产情况和生产数据将可以直接地传输到上层的企业管理系统中，企业管理人员可以时刻了解选厂的生产运营情况，实现设备工况、材料能源、安全环保、质量、生产调度、现场作业、生产统计与分析的协同管理。同时，管理层制订的生产计划也可以直接下达到操作人员手中，计划层和生产控制层的双向打通，直接加快了企业的信息的传递速度、改善了企业的生产状况，从而持续提高企业生产力和劳动生产率，为企业管理工作带来全面提升。

矿山生产中的各个系统、应用场景、设备和工况都有着复杂性和特殊性，智能化的进度无法保证统一在一个层次，有些可能只能达到机械化或者电气化的程度，距离数字化还有较大的差距。无论是无人矿山还是智能选厂的建设都只能遵守循序渐进、不断探索的原则，从局部出发，经过局部完成数字化改造或局部的智能化实现，最终合并成一个大的数字化系统，从而实现矿山生产的全面数字化或智能化。

思考题

8-1 智慧矿山的关键技术有哪些？其相互之间存在怎样的联系？

8-2 简述你对智慧矿山的认识。

参考文献

[1] 马立峰. 矿山机械：上册［M］. 北京：冶金工业出版社，2021.

[2] 马立峰. 矿山机械：下册［M］. 北京：冶金工业出版社，2021.

[3] 宁恩渐. 采掘机械［M］. 2版. 北京：冶金工业出版社，1999.

[4] 阎书文. 机械式挖掘机设计［M］. 2版. 北京：机械工业出版社，1991.

[5] 於仁灵. 矿山机械构造［M］. 北京：机械工业出版社，1981.

[6] 李健成. 矿山机械：装载机械部分［M］. 北京：冶金工业出版社，1981.

[7] 郎宝贤，郎世平. 破碎机［M］. 北京：冶金工业出版社，2008.

[8] 张翼. 选矿过程自动化［M］. 北京：化学工业出版社，2018.

[9] 杨建国. 选煤厂电气设备与自动化［M］. 徐州：中国矿业大学出版社，2018.

[10] 邓海波，高志勇. 矿物加工过程检测与控制技术［M］. 北京：冶金工业出版社，2017.

[11] 刘闯. 我国选矿自动化发展现状及改善策略［J］. 河南科技，2021，40（5）：75-77.

[12] 周志鸿，马飞，张文明，等. 地下凿岩设备［M］. 北京：冶金工业出版社，2004.

[13] 晋民杰，李自贵. 矿井提升机械［M］. 北京：机械工业出版社，2011.

[14] 张复德. 矿井提升设备［M］. 北京：煤炭工业出版社，1995.

[15] 洪晓华. 矿井运输提升［M］. 2版. 徐州：中国矿业大学出版社，2014.

[16] 程居山. 矿山机械［M］. 徐州：中国矿业大学出版社，1997.

[17] 卢燕. 矿井提升机电力拖动与控制［M］. 北京：冶金工业出版社，2001.

[18] 全国煤炭技工教材编审委员会. 矿山电力拖动与控制［M］. 北京：煤炭工业出版社，2002.

[19] 何凤有，谭国俊. 矿井直流提升机计算机控制技术［M］. 徐州：中国矿业大学出版社，2003.

[20] 陈国山. 采矿概论［M］. 3版. 北京：冶金工业出版社，2016.

[21] 陈国山. 地下采矿技术［M］. 2版. 北京：冶金工业出版社，2018.

[22] 陈国山. 露天采矿技术［M］. 2版. 北京：冶金工业出版社，2019.

[23] 于春梅. 选矿概论［M］. 北京：冶金工业出版社，2010.

[24] 杨家文. 碎矿与磨矿技术［M］. 北京：冶金工业出版社，2018.

[25] 周恩浦. 矿山机械：选矿机械部分［M］. 北京：冶金工业出版社，1979.

[26] 张强. 选矿概论［M］. 北京：冶金工业出版社，1984.

[27] 车兆学，才庆祥，刘勇. 露天煤矿半连续开采工艺及应用技术研究［M］. 徐州：中国矿业大学出版社，2006.

[28] 胡乃联，李国清. 我国金属矿山智能化现状与问题探讨［J］. 金属矿山，2024（1）：7-19.

[29] 李延龙，胡国斌，蒋先尧，等. 凿岩台车钻孔定位技术及应用［J］. 黄金，2017，38（10）：44-47.

[30] 茹猛. 煤矿提升机智能监控及故障诊断技术研究［J］. 机械工程与自动化，2024（3）：197-199.

[31] 原庆和. 煤矿提升机变频调速系统研究［J］. 能源与环保，2023，45（6）：209-214.

[32] 张帆，葛世荣，李闯. 智慧矿山数字孪生技术研究综述［J］. 煤炭科学技术，2020，48（7）：168-176.

[33] 马晓辉. 基于物联网技术的智慧矿山研究［J］. 机电工程技术，2019，48（12）：65-66；226.

[34] 韩志磊，张达. 物联网技术在金属矿山的应用思考［J］. 工矿自动化，2018，44（5）：1-6.

[35] 赵宏强，李美香，高斌，等. 潜孔钻机凿岩过程自动防卡钻理论与方案研究［J］. 机械科学与技术，2008（6）：739-743.

[36] 周俊武，徐宁. 选矿自动化新进展［J］. 有色金属（选矿部分），2011（S1）：47-54；63.

参考文献